Diskrete Mathematik für Einsteiger

Albrecht Beutelspacher ·
Marc-Alexander Zschiegner

Diskrete Mathematik für Einsteiger

Bachelor und Lehramt

5., erweiterte Auflage

 Springer Spektrum

Prof. Dr. Dr. h.c. Albrecht Beutelspacher
Mathematisches Institut
Justus-Liebig-Universität Gießen
Gießen, Deutschland

Dr. Marc-Alexander Zschiegner
Christian-Wirth-Schule
Usingen, Deutschland

ISBN 978-3-658-05780-0   ISBN 978-3-658-05781-7 (eBook)
DOI 10.1007/978-3-658-05781-7

Die Deutsche Nationalbibliothek verzeichnet diese Publikation in der Deutschen Nationalbibliografie; detaillierte bibliografische Daten sind im Internet über http://dnb.d-nb.de abrufbar.

Springer Spektrum

Springer Spektrum ist eine Marke von Springer DE. Springer DE ist Teil der Fachverlagsgruppe Springer Science+Business Media
www.springer-spektrum.de

Vorwort zur fünften Auflage

Diskrete Mathematik in der Schule? In Deutschland immer noch ein Fremdwort. Während in anderen Ländern die diskrete Mathematik fest in den Lehrplänen verankert ist, fristet sie in Deutschland ein Schattendasein. Das ist schade, denn es gibt viele Argumente, diskrete Mathematik in der Schule zu behandeln:

Diskrete Mathematik ist voraussetzungsarm: Eine große Schwierigkeit des üblichen Mathematikunterrichts ist, dass die Inhalte kontinuierlich aufeinander aufbauen. Schüler, die einmal den Anschluss verloren haben, haben es sehr schwer wieder „einzusteigen". Viele Gebiete der diskreten Mathematik dagegen kommen ohne große Voraussetzungen aus. Oft ist ein spielerischer Einstieg ohne großen Formalismus möglich.

Diskrete Mathematik ist reine Mathematik: Diskrete Mathematik zeigt an vielen Stellen besser als der herkömmliche Schulstoff das eigentliche Wesen der Mathematik auf. An Stelle des in der Schule oft praktizierten kalkülhaften Ausrechnens tritt hier das problemorientierte Denken und Argumentieren in den Vordergrund. Dadurch können auch überfachliche Kompetenzen geschult werden.

Diskrete Mathematik ist angewandte Mathematik: Im herkömmlichen Mathematikunterricht werden Anwendungen oft sehr künstlich erzeugt. Manche Aufgaben wirken dadurch eher albern als motivierend. Die diskrete Mathematik dagegen liefert echte, lebensnahe Anwendungen. Schülerinnen und Schüler können Probleme lösen, die sie wirklich interessieren.

Diskrete Mathematik zeigt Zusammenhänge auf: Viele Inhalte der diskreten Mathematik haben Entsprechungen in der kontinuierlichen Mathematik. Diese Analogien können im Unterricht aufgezeigt werden, um so ein tieferes Verständnis der mathematischen Strukturen zu erzeugen.

Um zu zeigen, wie Elemente der diskreten Mathematik auch Eingang in den Schulunterricht finden können, haben wir jedes Kapitel um einen Abschnitt „Didaktische Anmerkungen" erweitert. Hier finden sich Vorschläge, wie und wann man mit den jeweiligen Inhalten den Unterricht bereichern kann. Manche Themen er-

gänzen den traditionellen Mathematik- oder Informatikunterricht, andere eignen
sich gut für Projektwochen oder Arbeitsgemeinschaften für mathematisch interessierte Schülerinnen und Schüler. Alle Ideen sind von uns in der Praxis erprobt
worden. Wir wünschen viel Spaß beim Ausprobieren!

Gießen, im März 2014   Albrecht Beutelspacher
                                                            Marc-A. Zschiegner

Vorwort

Was ist diskrete Mathematik?

Diskrete Mathematik ist ein junges Gebiet der Mathematik, das in einzigartiger Weise sogenannte „reine Mathematik" mit „Anwendungen" verbindet.

Um diese Antwort zu verstehen, müssen wir etwas weiter ausholen. Bis vor wenigen Jahrzehnten hatte nach allgemeiner Meinung die angewandte Mathematik ausschließlich die Aufgabe, die physikalische Welt möglichst gut und aussagekräftig zu beschreiben. Typische Fragen waren dabei:

Wie modelliert man den Raum?

Wie misst man den Raum?

Wie beschreibt man Bewegungen?

Die mathematischen Disziplinen, die sich mit solchen Fragestellungen beschäftigen, sind die Geometrie und die Analysis, sowie alle sich daraus ableitenden Teildisziplinen. Dies sind vor allem Teilgebiete der Mathematik, die sich mit kontinuierlichen, „stetigen" Phänomenen beschäftigen.

Im 20. Jahrhundert, insbesondere seit der Einführung des Computers in der Mitte des Jahrhunderts, drängte sich ein anderer Typ von Fragen in den Vordergrund. Die Herausforderung besteht darin, Modelle zum Verständnis und zur Beherrschung von *endlichen*, eventuell allerdings sehr großen Phänomenen und Strukturen zu entwickeln. Solche Strukturen können sein:

Eine Gesellschaft als Menge ihrer endlich vielen Mitglieder,

ein ökonomischer Prozess mit nur endlich vielen möglichen Zuständen,

ein Computer, der nur Zahlen bis zu einer gewissen Größe verarbeiten kann, usw.

Die mathematischen Disziplinen, die sich mit solchen diskreten Phänomenen beschäftigen, sind Kombinatorik, Graphentheorie, Algebra, Zahlentheorie, Codierungstheorie, Kryptographie, Algorithmentheorie usw. Man fasst diese Disziplinen oft unter dem Begriff *diskrete Mathematik* zusammen. Diskrete Mathematik schafft eine Verbindung von der reinen Mathematik zu den Anwendungen und insbesondere zur Informatik. Das Wort „diskret" hat also in diesem Zusammenhang nichts zu tun mit „heimlich", „verborgen" o. ä., sondern bezieht sich darauf, dass endliche, das heißt diskrete Phänomene untersucht werden.

Das Ziel dieses Buches besteht darin, Sie in möglichst elementarer Weise mit den Grundzügen einiger der oben genannten Gebiete vertraut zu machen. Das beginnt in Kap. 1 mit dem Schubfachprinzip, einer fast trivialen Aussage mit unglaublichen Folgerungen. In Kap. 2 werden Färbungsmethoden eingesetzt, und zwar konstruktiv und für Nichtexistenzbeweise. Die vollständige Induktion, ein unentbehrliches mathematisches Werkzeug wird in Kap. 3 eingeführt und an Beispielen klar gemacht. Kapitel 4 ist einem zentralen Aspekt der diskreten Mathematik gewidmet, nämlich dem Zählen; wir werden eine ganze Reihe von Formeln erarbeiten, die es uns ermöglichen, Mengen mit komplexen Elementen abzuzählen. Daran schließt sich das Kapitel an, in dem die Zahlen der Untersuchungsgegenstand sind; es geht hauptsächlich um die Teilbarkeit ganzer Zahlen.

Der zweite Teil des Buches ist ausgesprochen angewandten Themen gewidmet. Im sechsten Kapitel werden Codes behandelt; dazu gehören zum Beispiel die Strichcodes der Lebensmittel und die ISBN-Codes der Bücher. In Kap. 7 geht es um Datensicherheit, das heißt Kryptographie; insbesondere werden die Themen „Verschlüsselung" und „Authentifizierung" behandelt, und zwar sowohl in der klassischen Kryptographie als auch in der modernen Public-Key-Kryptographie. Im achten Kapitel werden Graphen behandelt, ein außerordentlich wichtiges Gebiet der diskreten Mathematik. Dies wird in Kap. 9 durch die Behandlung von gerichteten Graphen fortgeführt. Das letzte Kapitel widmet sich schließlich der Booleschen Algebra und der Entwicklung elektronischer Schaltkreise.

An mathematischen Vorkenntnissen wird nicht viel vorausgesetzt. Sie kommen mit Schulkenntnissen gut aus. Insbesondere wird keine Analysis und keine lineare Algebra gebraucht. Allerdings müssen wir, wie in der Mathematik unumgänglich, Ihre Bereitschaft voraussetzen, sich ein Stück weit auf vergleichsweise abstrakte Argumentation einzulassen, bei der man nicht immer sofort sieht, worauf sie hinaus soll.

Das Buch eignet sich zur Begleitung der entsprechenden Vorlesungen an Fachhochschulen und Universitäten. Es eignet sich besonders gut zum Selbststudium und kann in Arbeitsgemeinschaften an Gymnasien eingesetzt werden. Beim Schreiben haben wir besonders an die „Einsteiger" gedacht. In den ersten Kapiteln gehen wir sehr behutsam vor und legen keinen Wert auf übertriebenen Formalismus. In den späteren Kapiteln wird die Argumentationsdichte dann größer.

Das Buch enthält eine Fülle von Übungsaufgaben, insgesamt über 200. Wir sind der Überzeugung, dass alle lösbar sind, manche sogar sehr einfach. Sie dienen nicht nur dazu, den Stoff zu festigen, sondern erschließen oft auch neue Aspekte. Im letzten Kapitel finden Sie ausführliche Lösungen zu allen Übungsaufgaben. Sie dürfen gerne nachschauen – aber erst, wenn Sie selbst probiert haben!

Wenn Sie, liebe Leserin, lieber Leser, Anregungen haben oder gar Druck- oder andere Fehler gefunden haben, bitten wir Sie, uns diese mitzuteilen.

Wir danken den Hörern unserer Vorlesungen und unseren Kolleginnen und Kollegen für zahlreiche Anregungen und dem Verlag Vieweg+Teubner für die unendliche Geduld mit diesem Projekt.

Gießen, im Januar 2011   Albrecht Beutelspacher
                                                                   Marc-A. Zschiegner

Inhaltsverzeichnis

Das Schubfachprinzip

Eines der grundlegenden Prinzipien der Mathematik ist das Schubfachprinzip. Es wirkt vollkommen unschuldig und macht keinerlei Aufhebens von sich. Aber es tut nur so, in Wirklichkeit kann man mit ihm die unglaublichsten Aussagen beweisen. Das Schubfachprinzip heißt manchmal auch „Taubenschlagprinzip" (pigeonhole principle). Es wurde erstmals von L. Dirichlet (1805–1859) explizit formuliert.

1.1   Was ist das Schubfachprinzip?

Die folgenden Aussagen sind offenbar richtig:

* Unter je 13 Personen gibt es mindestens zwei, die im selben Monat Geburtstag haben.
* Unter je drei Personen haben mindestens zwei dasselbe Geschlecht.
* Unter je 20 Studenten gibt es mindestens zwei aus demselben Fachbereich.
* Unter je 50 Studierenden gibt es mindestens zwei mit derselben Semesterzahl.
* Es gibt zwei Deutsche mit derselben Anzahl von Haaren.

Hinter all diesen Aussagen steckt ein allgemeines Schema – das Schubfachprinzip:

> **Schubfachprinzip**
> Seien m Objekte in n Kategorien („Schubfächer") eingeteilt. Wenn $m > n$ ist, so gibt es mindestens eine Kategorie, die mindestens zwei Objekte enthält.

A. Beutelspacher und M.-A. Zschiegner, *Diskrete Mathematik für Einsteiger*, DOI 10.1007/978-3-658-05781-7_1, © Springer Fachmedien Wiesbaden 2014

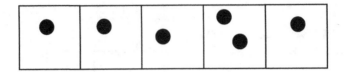

Abb. 1.1 Sechs Objekte sind in fünf Kategorien eingeteilt

Die Veranschaulichung ist klar: Wenn viele Tauben sich auf wenige Taubenschläge verteilen, dann sitzen in mindestens einem Taubenschlag mindestens zwei Tauben (siehe Abb. 1.1).

Der *Beweis* des Schubfachprinzips ist klar: Wenn jede der n Kategorien höchstens ein Objekt enthalten würde, dann gäbe es insgesamt höchstens n Objekte: ein Widerspruch, da es nach Voraussetzung mehr Objekte als Schubfächer gibt.   □

Wir diskutieren jetzt einige Anwendungen dieses Prinzips. Die ersten sind ganz einfach, andere vergleichsweise raffiniert.

1.2 Einfache Anwendungen

1.2.1 Die Socken von Professor Mathemix

In der Sockenkiste von Professor Mathemix befinden sich 10 graue und 10 braune Socken. Der Professor nimmt – in Gedanken versunken – eine Reihe von Socken heraus. Wie viele muss er herausnehmen, um

(a) garantiert zwei gleichfarbige,
(b) garantiert zwei graue Socken zu erhalten?

Lösung Wir teilen die Socken des Herrn Professor in zwei Kategorien ein, in die Kategorie der grauen und die der braunen Socken; dann ist $n = 2$.

(a) Wenn Professor Mathemix $m = 3$ Socken seiner Kiste entnimmt, so sind nach dem Schubfachprinzip mindestens zwei aus derselben Kategorie. Also hat er entweder zwei graue oder zwei braune Socken gezogen.

Abb. 1.2 Bekanntschaften

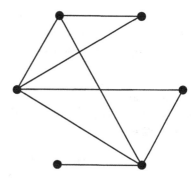

(b) Wenn er aber darauf besteht, zwei Socken seiner Lieblingsfarbe grau zu bekommen, so muss er im schlimmsten Fall 12 Socken ziehen, denn die ersten 10
könnten ja alle braun sein.   □

1.2.2 Gleiche Zahl von Bekannten

In jeder Gruppe von mindestens zwei Personen gibt es zwei, die die gleiche
Anzahl von Bekannten innerhalb dieser Gruppe haben.

Dabei setzen wir voraus, dass „bekannt sein" symmetrisch ist, dass also aus der
Tatsache, dass X mit Y bekannt ist, auch folgt, dass Y mit X bekannt ist. Außerdem
wollen wir zu den Bekannten einer Person nicht diese Person selbst rechnen.

Man kann statt „bekannt sein" jede andere symmetrische Relation einsetzen. Abbildung 1.2 zeigt eine solche Relation.

Warum ist diese Behauptung richtig? Warum gilt sie nicht nur für dieses Beispiel sondern für alle denkbaren Konstellationen von Personen und ihren Bekannt-
schaftsverhältnissen?

Um das einzusehen, brauchen wir das Schubfachprinzip. Dazu müssen wir uns
klarmachen, was die Objekte und was die Kategorien sind.

Für die Objekte gibt es naheliegende Kandidaten, nämlich die Personen der
Gruppe.

Sei m die Anzahl der Personen.

Für die Kategorien müssen wir die Bekanntschaftsrelation berücksichtigen. Wir fassen diejenigen Personen in einer Kategorie zusammen, die die gleiche Anzahl von Bekannten haben. Das bedeutet:

- In der Kategorie K_0 sitzen genau die armen Tropfe, die überhaupt keine Bekannten haben;
- in K_1 stecken diejenigen elitären Menschen, die sich mit einem einzigen Bekannten begnügen;
- ...
- in K_{m-1} finden sich schließlich diejenigen liebenswerten Menschen, die alle anderen kennen (und jedem anderen bekannt sind).

Allgemein können wir sagen:

- In der Kategorie K_i befinden sich genau diejenigen Personen der Gruppe, die genau i Bekannte innerhalb der Gruppe haben.

Damit haben wir die Kategorien K_0, K_1, ..., K_{m-1} definiert; dies sind genau m Kategorien, also genau so viele wie Objekte. Können wir das Schubfachprinzip anwenden? Nein, denn dieses hat als Voraussetzung, dass die Anzahl der Objekte größer als die Anzahl der Kategorien ist.

Was tun? Die einzige Möglichkeit ist, eine Kategorie loszuwerden. Das können wir aber nicht dadurch machen, dass wir eine Kategorie verbieten, sondern dadurch, dass wir nachweisen, dass eine Kategorie in Wirklichkeit überhaupt nicht in Erscheinung tritt. Welche Kategorie könnte das sein? Das können wir nicht sagen, wir können aber zeigen, dass folgende Aussage gilt: *Von den Kategorien K_0 und K_{m-1} tritt höchstens eine auf.* Mit anderen Worten: *Wenn eine von diesen Kategorien ein Objekt enthält, dann die andere bestimmt nicht.*

Wir betrachten also die Situation, dass mindestens eine Person P in die Kategorie K_{m-1} fällt. Das bedeutet, dass P alle anderen Personen der Gruppe kennt. Dann kennen aber auch alle Personen der Gruppe die Person P („bekannt sein" ist symmetrisch!). Also hat jede Person der Gruppe mindestens einen Bekannten. Das heißt, dass keine Person in der Kategorie K_0 ist.

Also haben wir unsere Zwischenaussage bewiesen. Es gibt daher höchstens $m-1$ Kategorien, die überhaupt eine Person enthalten. Jetzt können wir das Schubfachprinzip anwenden. Dieses liefert uns eine Kategorie mit mindestens zwei Objekten, also zwei Personen mit der gleichen Anzahl von Bekannten.   □

1.3 Cliquen und Anticliquen

Jetzt fragen wir nach größeren Bekanntschaftskreisen. Wir behaupten:

1.3.1 Satz über Cliquen und Anticliquen

> Unter je sechs Personen gibt es stets drei, die sich paarweise kennen, oder drei, die sich paarweise nicht kennen.

In Abb. 1.3 erkennen wir eine Relation ohne Cliquen, aber mit mehreren Anticliquen.

Warum ist das richtig? Wir greifen irgendeine Person, sagen wir P_1, heraus und betrachten zunächst deren Bekannte. Hätte P_1 höchstens 2 Bekannte und 2 Nichtbekannte, dann könnte es nur 4 weitere Personen geben. Also hat P_1 drei Bekannte oder drei Nichtbekannte in der Gruppe. Nehmen wir zu seinen Gunsten an, er habe drei Bekannte P_2, P_3 und P_4.

Nun unterscheiden wir zwei einfache Fälle.

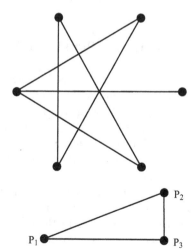

Abb. 1.3 Bekanntschaften
unter 6 Personen

Abb. 1.4 P_1, P_2 und P_3
kennen sich

Abb. 1.5 P_2, P_3 und P_4
kennen sich gegenseitig
nicht

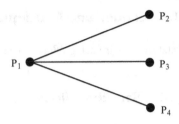

1. Fall Unter den Personen P_2, P_3, P_4 gibt es zwei, die sich kennen, sagen wir P_2 und P_3 (Abb. 1.4). Dann kennen sich P_1, P_2 und P_3 gegenseitig. Daher ist die Behauptung richtig.

2. Fall Keine zwei der Personen P_2, P_3, P_4 kennen sich. Dann ist P_2, P_3, P_4 eine Menge von Personen, die sich gegenseitig nicht kennen (Abb. 1.5). Auch in diesem Fall gilt also die Behauptung.   □

Bemerkung Diese einfache Beobachtung ist der Beginn der sogenannten *Ramsey-Theorie*. Im Jahre 1928 bewies F. P. Ramsey (1903–1930) einen Satz eines neuen Typs: *Gegeben seien zwei natürliche Zahlen m, n ≥ 2. Dann gibt es eine natürliche Zahl M, so dass für jede Menge von mindestens M Personen gilt: Es gibt unter den Personen der Menge n Personen, die sich paarweise kennen oder m Personen, die sich paarweise nicht kennen* (siehe Ramsey 1930 und van Lint 2001).

1.4   Entfernte Punkte im Quadrat

Wir betrachten ein Quadrat der Seitenlänge 2 und fragen uns, wie viele Punkte wir in das Quadrat einzeichnen können, von denen je zwei „weit voneinander entfernt" sind. Die Vorstellung ist die, dass „weit voneinander entfernt zu sein" eine sehr starke Eigenschaft ist, so dass es nur wenige Punkte geben wird. Wenn wir zum Beispiel fordern, dass die Punkte gegenseitig den Abstand 2 (oder minimal weniger) haben sollen, dann gibt es höchstens vier Punkte, und diese müssen ziemlich genau in den Ecken liegen.

Nun fordern wir viel weniger; wir untersuchen Punkte, deren gegenseitiger Abstand größer als $\sqrt{2}$ ($\approx 1{,}41$) ist. Man könnte vermuten, dass man es schafft, mehr als vier Punkte mit diesem Abstand im Quadrat unterzubringen. Überraschenderweise ist dies aber nicht so; dies sagt die nächste Behauptung:

Abb. 1.6 Einteilung in
Teilquadrate

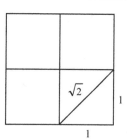

1.4.1 Satz über Punkte im Quadrat

> Unter je fünf Punkten, die in einem Quadrat der Seitenlänge 2 liegen, gibt es
> zwei, die einen Abstand $\leq \sqrt{2}$ haben.

Warum ist dies so? Genauer gefragt: Was sind die Kategorien bzw. die Schubfächer?

Wir denken uns das Quadrat der Seitenlänge 2 in natürlicher Weise in vier Teilquadrate der Seitenlänge 1 eingeteilt (siehe Abb. 1.6).

Die Punkte eines jeden Teilquadrats fassen wir zu einer Kategorie zusammen; es gibt also genau vier Kategorien. Da es aber fünf Objekte (die Punkte) gibt, sagt uns das Schubfachprinzip, dass es eine Kategorie mit zwei Objekten gibt. Das heißt: Es gibt ein Teilquadrat, in dem zwei der fünf Punkte liegen. Da der maximale Abstand in einem Teilquadrat gleich $\sqrt{2}$ (die Länge der Diagonale) ist, haben diese beiden Punkte einen Abstand $\leq \sqrt{2}$. □

1.5 Differenzen von Zahlen

Jetzt betrachten wir natürliche Zahlen und deren Teilbarkeit. Das ist ganz einfach: Eine natürliche Zahl ist durch 5 **teilbar**, wenn sie ein Vielfaches von 5 ist, also kurz gesagt, wenn sie eine Fünferzahl ist.

1.5.1 Satz

> Unter je sechs natürlichen Zahlen gibt es stets zwei, deren Differenz durch 5 teilbar ist.

Beispiel Wenn die Zahlen 8, 17, 21, 25, 33, 49 sind, so ergibt sich, dass $33 - 8 = 25$ durch 5 teilbar ist.

Nun *beweisen* wir die Richtigkeit der obigen Aussage. Um das Schubfachprinzip anwenden zu können, müssen wir wissen, was die Objekte und was die Kategorien sind. Die Objekte sind die 6 natürlichen Zahlen. Diese werden nun in fünf Kategorien $K_0, K_1, \ldots, K_4$ eingeteilt:

- In K_0 kommen diejenigen Zahlen, die Vielfache von 5 sind,
- in K_1 kommen diejenigen Zahlen, die bei Division durch 5 den Rest 1 ergeben,
- in K_2 kommen diejenigen Zahlen, die bei Division durch 5 den Rest 2 ergeben,
- in K_3 kommen diejenigen Zahlen, die bei Division durch 5 den Rest 3 ergeben,
- in K_4 kommen diejenigen Zahlen, die bei Division durch 5 den Rest 4 ergeben.

Da jede Zahl bei Division durch 5 den Rest 0, 1, 2, 3 oder 4 ergibt, ist jede Zahl in mindestens einer Kategorie enthalten.

Das Schubfachprinzip sagt jetzt, dass es eine Kategorie mit zwei Objekten gibt. Das bedeutet: Es gibt zwei Zahlen, die bei Division durch 5 denselben Rest ergeben. Wenn wir die Differenz dieser Zahlen bilden, „hebt sich der Rest weg". Das heißt: Wenn man die Differenz dieser Zahlen durch 5 teilt, geht diese ohne Rest auf. Mit anderen Worten: Die Differenz ist durch 5 teilbar.   □

1.6 Teilen oder nicht teilen

Wir nennen zwei ganze Zahlen **teilerfremd**, wenn ihr größter gemeinsamer Teiler 1 ist.

Zum *Beispiel* sind 7 und 12 teilerfremd, da sie keine gemeinsamen Teiler außer 1 haben; 8 und 12 dagegen sind nicht teilerfremd, da 4 ein gemeinsamer Teiler ist.

1.6.1 Satz

> Unter je $n + 1$ Zahlen der Menge $\{1, 2, 3, \ldots, 2n\}$ gibt es stets zwei teilerfremde.

Warum? Unter je $n + 1$ Zahlen der Menge $\{1, 2, 3, \ldots, 2n\}$ gibt es stets zwei aufeinanderfolgende; diese Zahlen sind sicher teilerfremd. □

1.6.2 Satz

> Unter je $n + 1$ Zahlen der Menge $\{1, 2, 3, \ldots, 2n\}$ gibt es stets zwei Zahlen, von denen die eine die andere teilt.

Beweis Seien $a_0, a_1, \ldots, a_n$ die gewählten $n + 1$ Zahlen. Wir schreiben jede dieser Zahlen als Produkt einer Zweierpotenz und einer ungeraden Zahl; das heißt

$$a_i = 2^{e_i} u_i,$$

wobei e_i eine natürliche Zahl ist (e_i darf Null sein) und u_i ungerade ist. (Zum Beispiel: Wenn a_i ungerade ist, dann ist $e_i = 0$ und $u_i = a_i$. Im Fall $a_i = 12$ ist $e_i = 2$ und $u_i = 3$.)

Dann sind die u_i ungerade Zahlen zwischen 1 und $2n$. Da es in diesem Intervall nur n ungerade Zahlen gibt, muss es ein i und ein j ($i \neq j$) geben mit $u_i = u_j$. Dann ist

$$a_i = 2^{e_i} u_i \quad \text{und} \quad a_j = 2^{e_j} u_j.$$

Dann teilt die Zahl mit der kleineren Zweierpotenz die mit der größeren. □

1.7 Das verallgemeinerte Schubfachprinzip

> **Verallgemeinertes Schubfachprinzip**
> Seien m Objekte in n Kategorien eingeteilt. Wenn $m > r \cdot n$ ist, so enthält mindestens eine Kategorie mindestens $r + 1$ Objekte.

Beweis Wenn jede Kategorie höchstens r Objekte enthalten würde, so gäbe es insgesamt höchstens $r \cdot n$ Objekte.   □

Bemerkung Das einfache Schubfachprinzip ergibt sich, wenn man $r = 1$ setzt.

1.8   Das unendliche Schubfachprinzip

Unendliches Schubfachprinzip
Wenn man eine unendliche Menge in endlich viele Kategorien einteilt, gibt es mindestens eine Kategorie, die unendlich viele Elemente enthält.

Auch hier ist der *Beweis* klar: Wenn jede der endlich vielen Kategorien nur endlich viele Objekte enthalten würde, dann gäbe es insgesamt auch nur endlich viele Objekte.   □

Beispiel Sei $n \geq 2$ irgendeine natürliche Zahl. Wir betrachten die „Restklassen" K_0, $K_1, K_2, \ldots, K_{n-1}$ bezüglich n. Das heißt: K_0 ist die Menge der natürlichen Zahlen, die Vielfache von n sind; K_1 ist die Menge der natürlichen Zahlen, die bei Division durch n den Rest 1 ergeben, usw. *Dann gibt es mindestens eine Restklasse, die unendlich viele Primzahlen enthält.*
   Warum? Es gibt unendlich viele Primzahlen (siehe Satz 5.6.2).

Bemerkung Es gilt ein viel stärkerer Satz: Wenn eine Restklasse K_i die Eigenschaft hat, dass i und n den größten gemeinsamen Teiler 1 haben, dann enthält K_i unendlich viele Primzahlen. Dieser Satz wurde von R. Dedekind (1831–1916) bewiesen.
   Zum *Beispiel* enthalten also K_1 und K_{n-1} in jedem Fall unendlich viele Primzahlen.

1.9   Übungsaufgaben

1. In der Sockenkiste von Professor Mathemix befinden sich 10 graue, 10 braune und 10 schwarze Socken. Der Professor nimmt eine Reihe von Socken heraus. Wie viele muss er herausnehmen, um
   (a) garantiert zwei gleichfarbige,
   (b) garantiert zwei graue Socken zu erhalten?

2. Machen Sie sich mit dem Schubfachprinzip klar: Unter je zehn Punkten in einem Quadrat der Seitenlänge 3 gibt es stets zwei, deren Abstand $\leq \sqrt{2}$ ist.

3. Zeigen Sie: Unter je neun Punkten in einem Würfel der Kantenlänge 2 gibt es stets zwei, deren Abstand $\leq \sqrt{3}$ ist.

4. Unter je *hmhm* Punkten in einem Würfel der Kantenlänge 3 gibt es stets zwei, deren Abstand $\leq \sqrt{3}$ ist. Was ist *hmhm*?

5. Zeigen Sie: Unter je fünf Punkten in einem gleichseitigen Dreieck der Seitenlänge 1 gibt es stets zwei, deren Abstand höchstens 1/2 ist.

6. Zeigen Sie: Unter je 17 Punkten in einem gleichseitigen Dreieck der Seitenlänge 1 gibt es stets zwei, deren Abstand höchstens *hmhm* ist. Was ist *hmhm*?

7. Bei einer Party begrüßen sich die Personen, indem sie miteinander anstoßen. Das dauert seine Zeit. Zeigen Sie: In jedem Augenblick gibt es zwei Personen, die mit der gleichen Anzahl von Personen angestoßen haben.

8. Wie viele Springer kann man auf einem 8×8-Schachbrett so aufstellen, dass sie sich gegenseitig nicht bedrohen?

9. Auf einem 8×8-Schachbrett befinden sich 23 Springer. Zeigen Sie, dass man stets 12 so auswählen kann, dass sie sich gegenseitig nicht bedrohen.

10. Zeigen Sie: Unter je elf natürlichen Zahlen gibt es stets drei, so dass die Differenz von je zweien durch 5 teilbar ist.

11. Wie viele Möglichkeiten gibt es, auf einem 8×8-Schachbrett acht Türme so aufzustellen, dass sie sich gegenseitig nicht bedrohen?

12. Zeigen Sie: Unter je fünf Punkten der Ebene mit ganzzahligen Koordinaten gibt es zwei, deren Mittelpunkt ebenfalls ganzzahlige Koordinaten hat.

13. Unter je *hmhm* Punkten im 3-dimensionalen Raum mit ganzzahligen Koordinaten gibt es zwei, deren Mittelpunkt ebenfalls ganzzahlige Koordinaten hat. Was ist *hmhm*?

14. Zeigen Sie: Unter je zehn Punkten der Ebene mit ganzzahligen Koordinaten gibt es zwei, bei denen der Punkt, der ihre Strecke im Verhältnis 2 : 1 teilt, ebenfalls ganzzahlige Koordinaten hat.

15. Machen Sie sich klar: Unter je neun natürlichen Zahlen gibt es mindestens zwei, deren Differenz durch 8 teilbar ist.

16. Gilt auch folgendes: Unter je 1000 natürlichen Zahlen gibt es zwei, deren Differenz durch 8 teilbar ist?

17. Verallgemeinern Sie Aufgabe 15, indem Sie „8" durch „*n*" ersetzen.

18. Gilt auch die folgende Aussage? Unter je sechs natürlichen Zahlen gibt es zwei, deren *Summe* durch 5 teilbar ist. [Sie müssen entweder diese Aussage beweisen oder ein Gegenbeispiel finden.]

▸ **Didaktische Anmerkungen** Das Schubfachprinzip ermöglicht es, verblüffende Aussagen auf einfache Weise zu beweisen. Die Inhalte und
Übungsaufgaben dieses Kapitels eignen sich gut für mathematisch interessierte Schülerinnen und Schüler, die gerne Probleme lösen. Sie
könnten zum Beispiel in einer Mathematik-AG in der Mittelstufe behandelt werden. Die Fragestellungen in diesem Kapitel fördern die
Problemlöse- und die Argumentationskompetenz, zum Teil auch die
Modellierungskompetenz der Schülerinnen und Schüler.

Literatur

Biggs, N.L.: Discrete Mathematics. Oxford University Press, Oxford (1996)

Cameron, P.J.: Combinatorics: Topics, Techniques, Algorithms. Cambridge University Press,
Cambridge (1994)

van Lint, J.H., Wilson, R.M.: A Course In Combinatorics, 2. Aufl. Cambridge University Press,
Cambridge (2001)

Ramsey, F.P.: On a problem of formal logic. Proc. London Math. Soc. **30**, 264–286 (1930)

Färbungsmethoden

2

In der Mathematik werden Probleme oft dadurch gelöst, dass man eine zusätzliche Struktur einführt. Diese Struktur hat in der Regel nur eine Hilfsfunktion, sie kommt weder in der Voraussetzung noch in der Behauptung vor, sondern dient nur für den Beweis. In vielen Fällen kann man eine solche Struktur durch eine Färbung realisieren. Durch eine geschickte Färbung wird dabei ein Problem gelöst, das gar nichts mit Farben zu tun hat. Mit dieser Methode kann man sowohl Existenz- wie auch Nichtexistenzsätze beweisen.

2.1 Überdeckung des Schachbretts mit Dominosteinen

Wir stellen uns ein ganz normales Schachbrett vor, auf dem wir allerdings nicht Schach spielen werden. Wir betrachten vielmehr nur das Brett (Abb. 2.1).

Neben dem Schachbrett haben wir noch eine Menge von 2×1-Dominosteinen, von denen jeder genau zwei benachbarte Felder des Schachbretts überdecken kann. Auch bei den Dominosteinen kommt es uns nicht darauf an, was darauf steht, sondern nur auf die Form.

Wir stellen drei scheinbar ganz ähnliche, in Wirklichkeit aber völlig verschiedene Fragen, von denen die letzte den eigentlichen Pfiff enthält.

2.1.1 Einfache Frage

Kann man die Felder des Schachbretts lückenlos mit Dominosteinen so überdecken, dass sich keine zwei Dominosteine überlappen?

A. Beutelspacher und M.-A. Zschiegner, *Diskrete Mathematik für Einsteiger*,
DOI 10.1007/978-3-658-05781-7_2, © Springer Fachmedien Wiesbaden 2014

Abb. 2.1 Ein Schachbrett

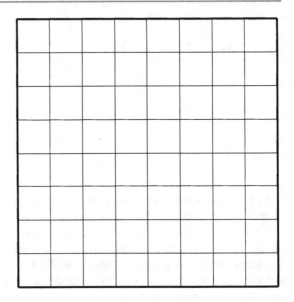

Abb. 2.2 Eine mögliche
Überdeckung des Schach-
bretts

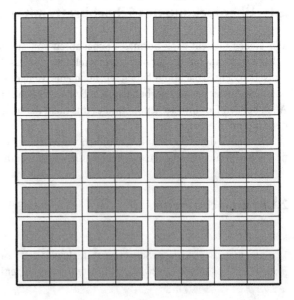

Abb. 2.3 Das verstümmelte Schachbrett

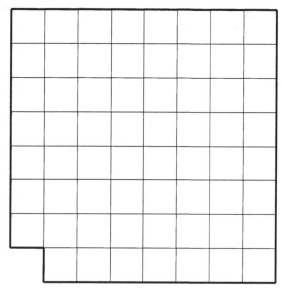

Natürlich, es gibt Tausende von Möglichkeiten, das zu tun; die einfachste ist die in Abb. 2.2 gezeigte.

2.1.2 Dumme Frage

Nun schneiden wir ein Feld des Schachbretts heraus, zum Beispiel ein Eckfeld (siehe Abb. 2.3). Kann man auch dieses „verstümmelte Schachbrett" lückenlos und überschneidungsfrei so mit Dominosteinen überdecken, dass kein Stein „übersteht"?

Zur Antwort müssen wir uns überlegen, wie viele Felder unser verstümmeltes Schachbrett hat. Das Originalschachbrett hat $8 \times 8 = 64$ Felder, also hat das verstümmelte genau 63 Felder. Wie viele Dominosteine bräuchten wir zur Überdeckung? Da 31 Steine nur 62 Felder überdecken, reichen 31 nicht; 32 Steine überdecken aber bereits 64 Felder, also sind 32 Steine zuviel.

Also ist die Antwort „nein": Es gibt keine Überdeckung des verstümmelten Schachbretts. Blöd!

Abb. 2.4 Das doppelt
verstümmelte Schachbrett

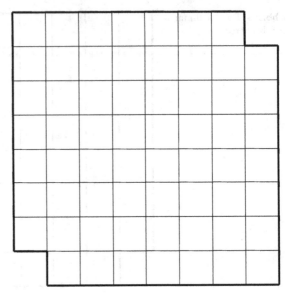

2.1.3 Interessante Frage

Jetzt schneiden wir zwei Felder aus dem Schachbrett aus, und zwar gegenüberliegende Eckfelder (siehe Abb. 2.4). Kann man dieses „doppelt verstümmelte" Schachbrett lückenlos und überschneidungsfrei mit Dominosteinen überdecken?

Auf den ersten Blick scheint nichts dagegen zu sprechen. Wir haben 62 Felder, und diese müssten mit 31 Steinen überdeckt werden.

Wohl jeder wird so anfangen, dass in die unterste Reihe drei Steine gelegt und einer senkrecht gestellt wird. Aber das geht nicht gut; ein Versuch ist in Abb. 2.5 dargestellt.

Man kann zwar noch problemlos drei Steine unterbringen, aber man müsste vier Steine schaffen!

Auch andere Versuche schlagen fehl. Vielleicht geht es ja wirklich nicht? Aber wie können wir uns überzeugen, dass es nicht geht? Mathematisch gesprochen: Wie können wir *beweisen*, dass es keine Lösung gibt? Wir müssten beweisen, dass keine der möglichen tausend und abertausend Ansätze zum Ziel führt! Aber kein Mensch wird alle diese Möglichkeiten auflisten und ausprobieren!

Abb. 2.5 Ein Überdeckungsversuch

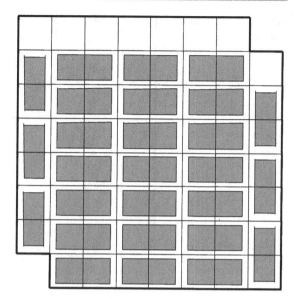

Wir müssen alle diese unübersehbar vielen Fälle *auf einen Schlag* erledigen! Aber wie?

Hier ist die Idee: Bislang haben wir nur ganz wenige Eigenschaften des Schachbretts benutzt, eigentlich nur seine äußeren Abmessungen. Jeder weiß aber, dass ein Schachbrett auch gefärbt ist, seine Felder sind abwechselnd schwarz und weiß gefärbt. Die Idee ist, diese Färbung (Abb. 2.6) zu betrachten.

Wenn unsere Idee Erfolg haben soll, dann müssen wir zwei Dinge mit Hilfe dieser Färbung untersuchen: Einerseits das Schachbrett und andererseits die Dominosteine.

Das Schachbrett: Wie viele schwarze und wie viele weiße Felder hat das Originalschachbrett? Von jeder Sorte gleich viele, also 32. Man kann sich das auf viele Weisen klar machen, zum Beispiel dadurch, dass man bemerkt, dass in jeder Zeile genau vier weiße und vier schwarze Felder sind.

Wie viele schwarze und wie viele weiße Felder hat das „doppelt verstümmelte" Schachbrett? Dazu müssen wir einfach überlegen, welche Felder entfernt wurden. Die entfernten Felder sind gegenüberliegende Eckfelder, und diese haben immer die gleiche Farbe. In unserem Beispiel haben wir zwei schwarze Felder entfernt. Deshalb hat das „doppelt verstümmelte" Schachbrett genau so viele weiße Felder wie das Originalschachbrett, aber zwei schwarze Felder weniger. Im Klartext: Das „doppelt verstümmelte" Schachbrett hat genau 32 weiße und nur 30 schwarze Felder.

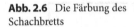

Abb. 2.6 Die Färbung des
Schachbretts

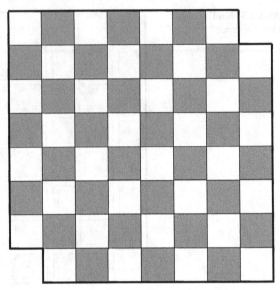

Die Dominosteine: Jeder Dominostein auf dem Schachbrett überdeckt zwei benachbarte Felder, also zwei Felder verschiedener Farbe, ein weißes und ein schwarzes. Das bedeutet: Unabhängig davon, wie viele Dominosteine auf dem Schachbrett
liegen, überdecken diese immer gleich viele weiße wie schwarze Felder! Ein Dominostein überdeckt ein weißes und ein schwarzes Feld, dreißig Dominosteine bedecken 30 weiße und 30 schwarze Felder. Keines mehr und keines weniger. Exakt.

Zusammen erhalten wir folgende überraschende Erkenntnis: *Das „doppelt verstümmelte" Schachbrett kann mit Dominosteinen nicht lückenlos überdeckt werden!*
Denn dazu müssten wir 32 weiße und 30 schwarze Felder überdecken. Jedes Ar-
rangement von Dominosteinen erfasst aber gleich viele weiße wie schwarze Felder.
Wenn wir 30 Dominosteine verwenden, haben wir alle schwarzen Felder besetzt
aber zwei weiße sind noch leer. Diese können nie mit einem Dominostein überdeckt werden.

2.2 Überdeckung des Schachbretts mit größeren Steinen

Anstelle des normalen Schachbretts betrachten wir nun ein „Schachbrett" beliebiger
Größe, es muss auch nicht quadratisch sein, sondern darf ein Rechteck beliebiger
Größe sein. Ein *m × n*-**Schachbrett** ist ein Schachbrett mit m Zeilen und n Spalten;

es hat $m \cdot n$ Felder. In dieser Sprechweise ist das normale Schachbrett ein „8×8-Schachbrett".

Wir fragen uns, wann ein solches Schachbrett mit Dominosteinen überdeckt werden kann, wobei wir uns jetzt nicht nur die normalen 2×1-Dominosteine, sondern allgemein $a \times 1$-**Dominosteine** vorstellen. Diese bestehen aus einer Reihe von a aneinandergefügten Feldern.

Eine Aussage ist einfach einzusehen:

2.2.1 Satz

Wenn m oder n ein Vielfaches von a ist, dann kann man das $m \times n$-Schachbrett lückenlos mit $a \times 1$-Dominosteinen überdecken.

Beweis Wenn die Anzahl m der Reihen ein Vielfaches von a ist, dann kann man sogar jede Spalte mit $a \times 1$-Dominosteinen ausfüllen. Indem man jede Spalte auffüllt, erhält man eine (ziemlich langweilige, aber immerhin!) Überdeckung des gesamten Schachbretts. □

Die Frage ist, ob auch die Umkehrung gilt, ob also aus der Tatsache, dass ein $m \times n$-Schachbrett lückenlos durch $a \times 1$-Dominosteine überdeckt werden kann, schon folgt, dass m oder n ein Vielfaches von a ist. Das würde bedeuten, dass man eine Überdeckung nur dann hinbekommt, wenn es auch die langweilige Überdeckung gibt.

Ein Fall ist einfach: Wenn a eine Primzahl ist, dann gilt die Umkehrung. (*Warum?* Sei z die Anzahl der benötigten Steine. Da das $m \times n$-Schachbrett genau $m \cdot n$ Felder hat und jeder Stein genau a davon überdeckt, muss $z \cdot a = m \cdot n$ sein. Also teilt a das Produkt $m \cdot n$. Da a eine Primzahl ist, muss a also einen der Faktoren m oder n teilen. Daher ist m oder n ein Vielfaches von a.)

Der erste offene Fall ist daher $a = 4$ und $m = n = 6$. Die Frage lautet: Kann man ein $6 \cdot 6$-Schachbrett mit 4×1-Dominosteinen überdecken? Die Antwort kann man durch systematisches Probieren erhalten. Man nimmt an, es geht. Dann muss einer der Steine ein Eckfeld überdecken. Dann überlegt man sich sukzessive, wie die anderen Steine liegen müssen und sieht dann sehr schnell, dass es nicht geht. (Siehe Übungsaufgabe 1.)

Die Umkehrung gilt aber allgemein:

Abb. 2.7 Eine Färbung mit
a Farben

1	2	3	...	a	1	...
2	3	4	...	1	2	...
3	4	5	...	2	3	...
⋮	⋮	⋮	⋱	⋮	⋮	⋱
a	1	2	...	a−1	a	...
1	2	3	...	a	1	...
⋮	⋮	⋮	⋱	⋮	⋮	⋱

2.2.2 Satz

Wenn man das $m \times n$-Schachbrett lückenlos mit $a \times 1$-Dominosteinen überdecken kann, dann ist eine der Zahlen m oder n ein Vielfaches von a.

Beweis Wir färben jetzt das Schachbrett nicht nur mit 2, sondern mit a Farben; wir
bezeichnen diese mathematisch nüchtern mit $1, 2, 3, \ldots, a$.

Wir färben das Schachbrett damit auf die einfachste Art und Weise: Wir beginnen links oben mit der Farbe 1 und machen dann nach rechts und nach unten in
der Reihenfolge der Farben weiter: $1, 2, 3, \ldots, a, 1, 2, \ldots$ (siehe Abb. 2.7).

Wir beobachten, dass jeder $a \times 1$-Dominostein jeweils ein Feld jeder Farbe überdeckt. Das bedeutet: Wenn das Schachbrett vollständig mit $a \times 1$-Dominosteinen
überdeckt werden kann, dann muss es von jeder Farbe gleich viele Felder geben.

Die Idee des Beweises besteht darin zu untersuchen, was in der rechten unteren
Ecke passiert.

Sei $m = ha + b$ die Anzahl der Zeilen und $n = ka + c$ die Anzahl der Spalten; dabei
sind b und c Zahlen zwischen 0 und $a - 1$. Wenn $b = 0$ oder $c = 0$ ist, gilt unsere
Behauptung. Deshalb nehmen wir $b \neq 0$ und $c \neq 0$ an.

Zunächst stellen wir fest, dass in den ersten ka Spalten jede Farbe gleichhäufig
vorkommt (denn jede Farbe kommt in den ersten ka Zellen jeder Zeile genau k mal
vor). Nun betrachten wir die restlichen c Spalten. In diesen kommt in den ersten ha
Zeilen jede Farbe gleichhäufig vor (siehe Abb. 2.8).

Es bleibt ein Rechteck in der rechten unteren Ecke zu untersuchen, das b Zeilen
und c Spalten hat. Wir können annehmen, dass $c \geq b$ ist (siehe Abb. 2.9).

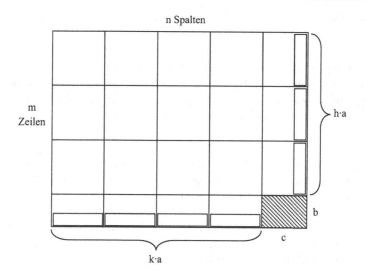

Abb. 2.8 Aufteilung des $m \times n$-Schachbretts

Abb. 2.9 Das Rechteck rechts unten

1	2	3	...	...	...	c
2	3	4	...	...	c	c+1
⋮				⋰	⋰	⋮
b	...	...	c	c+1	...	...

Behauptung: In diesem Rechteck kommt die Farbe c häufiger vor als die Farbe a.

Da $c < a$ ist, kommt in der ersten Zeile dieses Rechtecks die Farbe a nicht vor und in jeder Zeile tritt jede Farbe höchstens einmal auf. Demgegenüber kommt die Farbe c in jeder Zeile genau einmal vor. Insgesamt folgt, dass die Farbe c häufiger vorkommt als die Farbe a.

Also kommen nicht alle Farben gleich häufig vor, und damit ist im Fall $b \neq 0$ und $c \neq 0$ keine Überdeckung möglich. □

2.2.3 Satz

Ein $m \times n$-Schachbrett sei lückenlos durch eine Mischung aus 1×4- und 2×2-Steinen überdeckt. Nun entfernt man einen 1×4-Dominostein und fügt einen 2×2-Stein hinzu. Behauptung: Mit diesem Set kann man das Schachbrett nicht überdecken!

Warum geht das nicht? Wir färben das Schachbrett mit den Farben 1, 2, 3, 4 wie im vorigen Satz. Das heißt, wir beginnen links oben mit der 1 und führen die Färbung dann nach rechts und unten in zyklischer Reihenfolge 1, 2, 3, 4, 1, 2, 3, 4, … fort.

Jeder 1×4-Dominostein überdeckt alle vier Farben, während ein 2×2-Stein zwei Felder der gleichen Farbe überdeckt und dafür eine Farbe gar nicht enthält. Daher kann man keinen 1×4-Dominostein durch einen 2×2-Stein ersetzen.   □

2.3 Monochromatische Rechtecke

Wir betrachten wieder „Schachbretter" beliebiger Größe, und auch bei der Färbung lassen wir jede mögliche Freiheit zu. Die einzige Forderung soll sein, dass jedes Feld entweder schwarz oder weiß gefärbt ist – sonst gibt es keine Regeln.

Wir untersuchen jetzt also Strukturen wie etwa die in Abb. 2.10 dargestellte.

Wir stellen uns folgende Frage: Können wir ein Rechteck finden, dessen Eckfelder alle mit der gleichen Farbe gefärbt sind? Ein solches Rechteck nennen wir **monochromatisch** („einfarbig"). Im „Schachbrett" aus Abb. 2.10 gibt es viele monochromatische Rechtecke; zwei davon sind in Abb. 2.11 zu sehen.

Wir stellen jetzt aber eine viel allgemeinere und prinzipiell viel schwierigere Frage: Kann man in jedem, noch so wild gefärbten Schachbrett wenigstens ein monochromatisches Rechteck finden?

Abb. 2.10 Ein „Schachbrett"

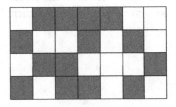

Abb. 2.11 Monochromatische Rechtecke

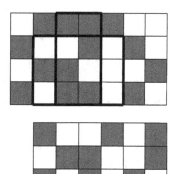

Abb. 2.12 Keine monochromatischen Rechtecke

Die Antwort darauf ist „nein", und das sieht man am Schachbrett aus Abb. 2.12. In diesem Schachbrett wird kein Mensch ein monochromatisches Rechteck entdecken! Ist also die Antwort auf obige Frage „nein"? Nein: Die Antwort ist fast immer „ja"! Genauer gesagt gilt der folgende Satz:

2.3.1 Satz

Wenn das Schachbrett mindestens die Ausmaße 3 × 7 hat, dann gibt es immer ein monochromatisches Rechteck.

Das bedeutet: Wenn das Brett genügend groß ist, so kann sich das verrückteste Gehirn eine noch so verrückte Färbung ausdenken – wir Mathematiker können uns ruhig und gelassen zurücklehnen in der Gewissheit: Wir *wissen*, dass es ein monochromatisches Rechteck gibt.

Aber zuvor müssen wir uns davon überzeugen. Dazu stellen wir uns vor: *Was wäre, wenn* es kein monochromatisches Rechteck gäbe? Dazu betrachten wir einen Streifen der Höhe 3 des Feldes und studieren die Möglichkeiten für diese Spalten.

Theoretisch könnte es die acht verschiedenen Spalten aus Abb. 2.13 geben.

Nun untersuchen wir die möglichen Kombinationen dieser Spalten genauer.

1. Feststellung Keine Spalte kommt doppelt vor.

Denn wenn eine dieser Spalten zweimal auf dem Feld vorkommen würde, so gäbe es ein monochromatisches Rechteck. (In jeder Spalte kommen entweder zwei

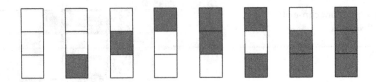

Abb. 2.13 Alle acht verschiedenen Spalten

weiße oder zwei schwarze Kästchen vor; diese bilden die Ecken eines monochromatischen Rechtecks.)

2. Feststellung Die ganz schwarze Spalte ist nicht vorhanden.

Denn wenn sie vorhanden wäre, dürfte keine andere Spalte mit zwei schwarzen Feldern vorkommen – sonst hätten wir ein monochromatisches Rechteck; also könnte es höchstens fünf Spalten geben, es gibt aber mindestens sieben.

Genauso sieht man:

3. Feststellung Auch die makellos weiße Spalte taucht nicht auf.

Zusammen ergibt sich: Das Schachbrett kann aus höchstens sechs Spalten bestehen, nämlich aus denen, die mindestens ein weißes und mindestens ein schwarzes Feld haben.

Das bedeutet umgekehrt: Wenn das Feld mindestens sieben Spalten hat, so gibt es ein monochromatisches Rechteck.   □

2.4 Eine Gewinnverhinderungsstrategie

Wir spielen folgendes Zweipersonenspiel auf kariertem Papier. Die Spieler spielen abwechselnd, indem der eine ein Feld mit einem Kreuz, der andere mit einem Kringel versieht. Wer zuerst eine vorgegebene Figur mit seinem Zeichen ausgefüllt hat, hat gewonnen.

Wir betrachten hier als Zielfigur das 2×2-Quadrat. Es wird sich herausstellen, dass es hier keine Gewinnstrategie gibt. Genauer gesagt gilt:

2.4.1 Satz

Der zweite Spieler hat eine Strategie, einen Sieg des ersten Spielers zu verhindern!

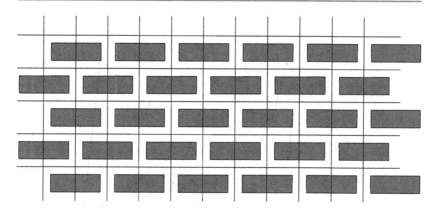

Abb. 2.14 Dominosteine bedecken das Spielfeld

Wie geht das? Der zweite Spieler muss auf jeden Zug des ersten die richtige Antwort haben! Wie soll diese aussehen?

Der Trick besteht darin, dass sich der erste Spieler das Spielfeld auf die in Abb. 2.14 dargestellte Weise mit Dominosteinen ausgefüllt vorstellt.

Die Strategie des zweiten Spielers ist nun einfach die folgende: *Wenn immer der erste Spieler sein Kreuz in ein Kästchen malt, so macht er seinen Kringel in das andere Feld des Dominosteins, der durch das Kreuz ausgewählt wurde.*

Das bedeutet, dass der erste Spieler niemals beide Felder eines Dominosteins mit seinem Zeichen versehen kann. Daher kann der erste Spieler nie gewinnen: Denn jedes 2×2-Quadrat enthält bestimmt einen ganzen Dominostein – und dieser Dominostein enthält sicher keine zwei Kreuze! Also kann der erste Spieler nicht gewinnen.

2.5 Das Museumsproblem

In Museen gibt es immer ein Problem, das Problem der Aufsicht. Jeder Winkel muss ständig überwacht werden, deshalb braucht man viele Aufseher. Aber schon aus Kostengründen möchte man mit so wenig Aufsehern wie möglich auskommen.

Das Problem lautet also: Welche Zahl von Aufsehern braucht man, um ein beliebig geformtes Museum lückenlos überwachen zu können?

Was ist ein Museum? Wir betrachten dazu folgendes mathematische Modell: Wir stellen uns vor, dass das Museum nur eine Ebene ausfüllt und dass es nicht auf zwei

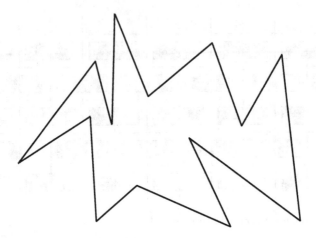

Abb. 2.15 Ein Museum

oder mehr Gebäude verteilt ist (es ist „zusammenhängend"). Ansonsten gibt es keine Einschränkung für die Architektur. Mit anderen Worten: Das Museum besteht
aus dem Innern eines beliebigen Vielecks, wie etwa in Abb. 2.15.

Auf den ersten Blick ist nicht klar, dass es überhaupt eine vernünftige Antwort
gibt. Wenn es eine gibt, erwarten wir, dass sie von der Anzahl n der Ecken abhängt:
Je mehr Ecken und Kanten das Museum hat, desto mehr Aufseher benötigt man.
Die präzise Antwort ist die folgende.

2.5.1 Satz

Ein Museum, das ein n-Eck ist, kann stets mit $n/3$ Aufsehern überwacht
werden.

Beweis Der Beweis erfolgt in drei Schritten.

1. Schritt: Wir triangulieren den Grundriss. Das bedeutet: Wir ziehen virtuelle
   Wände ein, so dass jeder Raum die Form eines Dreiecks hat.
2. Schritt: Wir färben die Ecken jetzt so mit drei Farben, dass die Ecken jedes Dreiecks mit allen drei Farben gefärbt sind (siehe Abb. 2.16). Man kann zei-

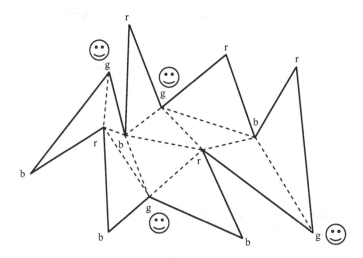

Abb. 2.16 Triangulierung und Färbung

gen, dass das immer funktioniert (siehe Kap. 3, Übungsaufgabe 7). Das Beweismittel ist die so genannte „vollständige Induktion", die im nächsten Kapitel vorgestellt wird.

3. Schritt: Wir wählen eine Farbe aus und stellen an die Ecken dieser Farbe je einen Aufseher. Diese Aufseher überblicken insgesamt das ganze Museum, da sie je jeden (virtuellen) dreieckigen Raum überblicken.

Wenn wir die Farbe wählen, die am seltensten vorkommt (also höchstens $n/3$ mal), erhalten wir eine Lösung des Problems mit höchstens $n/3$ Aufsehern. □

2.6 Punkte in der Ebene

Nun färben wir Punkte der Ebene. Nicht nur einige wenige, sondern viele, meistens alle. Im ersten Satz färben wir nur die **Gitterpunkte**. Dies sind diejenigen Punkte (x, y) im kartesischen Koordinatensystem, die ganzzahlige Koordinaten x, y haben. Man kann sich die Gitterpunkte auch als die Schnittpunkte der Linien auf einem (unendlich großen) karierten Papier vorstellen.

Abb. 2.17 Regelmäßiges
Sechseck

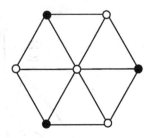

2.6.1 Satz

> Die Gitterpunkte der Ebene seien mit zwei Farben gefärbt. Dann gibt es ein
> Rechteck, dessen Ecken alle die gleiche Farbe haben.

Beweis Wir betrachten einen Ausschnitt von 3 Reihen und 9 Spalten aus dem Gitter
und zeigen, dass es schon in diesem Ausschnitt ein Rechteck mit gleichfarbigen
Ecken gibt.

Jede Spalte dieses Ausschnitts hat drei Gitterpunkte. Drei Punkte können auf
genau 8 verschiedene Arten gefärbt werden (www, wws, wsw, sww, ssw, sws, wss,
sss).

Da es 9 Spalten gibt, gibt es mindestens zwei Spalten mit derselben Farbanordnung.

In jeder Farbanordnung gibt es aber zwei Punkte, die gleich gefärbt sind.

Man nehme diese Punkte in den beiden Spalten. Diese bilden ein Rechteck mit
gleichfarbigen Ecken.   □

2.6.2 Satz

> Die Punkte der Ebene seien mit zwei Farben gefärbt. Dann gibt es ein gleich-
> seitiges Dreieck, dessen Ecken alle die gleiche Farbe haben.

Beweis Die Farben seien schwarz und weiß. Wir betrachten ein reguläres Sechseck
zusammen mit seinem Mittelpunkt. Dies ergibt die Figur aus Abb. 2.17 mit sechs
gleichseitigen Dreiecken.

Der Mittelpunkt sei weiß gefärbt. Wenn eines der sechs Dreiecke noch zwei weiße Ecken hat, ist die Behauptung gezeigt.

Also können wir annehmen, dass jede weiße Ecke des Sechsecks nur schwarze Nachbarecken hat. Wir unterscheiden nun drei Fälle.

1. Fall: Es gibt drei aufeinander

2. Fall: Es gibt keine zwei benachbarten schwarzen Ecken. Dann wechseln sich schwarze und weiße Ecke ab. Dann bilden sowohl die weißen als auch die schwarzen Ecken ein gleichseitiges Dreieck.

3. Fall: Es gibt zwei, aber keine drei aufeinander folgende schwarze Ecken. Seien die beiden unteren Ecken schwarz. Dann müssen die Ecken recht uns links weiß und die beiden oberen Ecken schwarz sein. Wir betrachten nun einen weiteren Punkt, nämlich den, der mit der weißen Ecke links und der schwarzen Ecke unten links ein gleichseitiges Dreieck bildet. Wenn dieser Punkt schwarz ist, bildet er mit den schwarzen Ecken rechts unten und links oben ein schwarzes Dreieck. Also ist dieser neue Punkt weiß.

2.6.3 Satz

Die Punkte der Ebene seien mit drei Farben gefärbt. Dann gibt es zwei Punkte vom Abstand 1, die die gleiche Farbe haben.

Beweis Die Farben seien rot, blau und gelb. Angenommen, je zwei Punkte vom Abstand 1 haben verschiedene Farbe.

Wir gehen von einem roten Punkt R aus und betrachten ein gleichseitiges Dreieck $\triangle RBG$ der Seitenlänge 1. Nach Annahme haben die Punkte R, B, G paarweise verschiedene Farben. Sei B blau und G gelb.

Nun betrachten wir das gleichseitige Dreieck $\triangle BGR'$, das durch Spiegelung an der Geraden BG entsteht (siehe Abb. 2.18).

Wieder nach Annahme muss R' rot gefärbt sein. Sei d der Abstand von R und R'.

Da diese Überlegung für jedes gleichseitige Dreieck der Seitenlänge 1 gilt, das R als Ecke hat, ergibt sich, dass der Kreis um R mit Radius d ausschließlich aus roten Punkten besteht.

Da es auf diesem Kreis sicherlich zwei Punkte vom Abstand 1 gibt, ist der Satz bewiesen. □

Abb. 2.18 $\triangle RBG$ und
$\triangle BGR'$

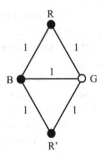

2.7 Übungsaufgaben

1. Zeigen Sie durch elementare Überlegungen, dass man ein 6×6-Schachbrett nicht mit 4×1-Dominosteinen vollständig und überschneidungsfrei überdecken kann.

2. Zeigen Sie, dass man jedes $m \times n$-Schachbrett, bei dem m und n gerade sind, mit 4×1-Dominosteinen und höchstens einem 2×2-Stein überdecken kann.

3. Ein Springer ist von einem Feld des Schachbretts aus gestartet, hat eine gewisse Anzahl von Zügen gemacht und ist zu seinem Ausgangsfeld zurückgekehrt. Warum ist die Anzahl seiner Züge eine gerade Zahl?

4. Kann man durch eine Reihe von Zügen mit einem Turm von einem Eckfeld des Schachbretts in die gegenüberliegende Ecke gelangen und dabei jedes Feld des Schachbretts genau einmal berühren?

5. Machen Sie sich klar, dass die Figuren aus Abb. 2.19 („Tetrisfiguren", auch „Tetrominos" genannt) alle zusammenhängenden ebenen Figuren sind, die man aus vier gleich großen Quadraten bilden kann.

6. Bestimmen Sie alle zusammenhängenden ebenen Figuren („Pentominos"), die man aus fünf gleich großen Quadraten bilden kann. (Unterscheiden Sie, wenn nötig, zwischen einer Figur und ihrem Spiegelbild!)

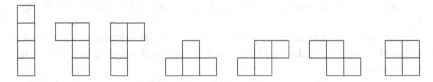

Abb. 2.19 Alle Tetrisfiguren

7. Betrachten Sie folgendes Spiel für zwei Personen: Die Spieler einigen sich auf eine Tetrisfigur, die verschieden vom 2 × 2-Quadrat ist. Sie machen abwechselnd ihr Zeichen auf ein Feld eines karierten Papiers. Gewonnen hat, wer als erster mit seinem Zeichen die verabredete Figur erhalten hat. Zeigen Sie: Es gibt eine Strategie, mit der der erste Spieler 100 %-ig gewinnt.

8. Die Gitterpunkte seien mit drei Farben gefärbt. Gibt es ein Rechteck, dessen Ecken gleichfarbige Gitterpunkte sind?

▶ **Didaktische Anmerkungen** In diesem Kapitel werden verschiedene überraschende Aussagen mit einem Färbungstrick bewiesen. Dies spricht begabte Schülerinnen und Schüler an, die an mathematischen Rätseln interessiert sind. So könnte sich etwa eine Mathematik-AG in der Mittelstufe mit den Fragestellungen dieses Kapitels auseinandersetzen. Insbesondere die Problemlöse- und Argumentationskompetenz werden dadurch geschult.

Literatur

Engel, A.: Problemlösestrategien. Didaktik der Mathematik **4**, 265–275 (1995)

Engel, A.: Problem-Solving Strategies. Springer, Berlin und Heidelberg (1997). Kap. 2

Gardner, M.: Mathematische Rätsel und Probleme. Verlag Vieweg, Braunschweig und Wiesbaden (1966)

Golomb, S.W.: Checker Boards and Polyominoes. Amer. Math. Monthly **61**, 675–682 (1954)

Induktion

3

Um Einsicht in eine Struktur oder ein Problem zu gewinnen, wird man in der Regel nicht nur *ein* Beispiel betrachten, sondern *viele*, im Idealfall *alle*. Das bedeutet, dass man sich oft mit einer unendlichen Menge von Objekten herumschlagen muss. Zur Behandlung solcher Probleme gibt es in der Mathematik ein Hauptwerkzeug, das wir auf Schritt und Tritt benützen werden, nämlich die *Induktion*, manchmal auch „vollständige" oder „mathematische" Induktion genannt.

Das Ziel der vollständigen Induktion ist es also, Beweise von Aussagen führen zu können, die sich auf unendlich viele Objekte beziehen: unendlich viele Zahlen, unendlich viele Punkte usw.

3.1 Das Prinzip der vollständigen Induktion

Wir formulieren das Prinzip der vollständigen Induktion zunächst abstrakt, um es dann durch viele Beispiele zu erläutern. Keine Angst vor der abstrakten Formulierung; diese scheint nur schwierig zu sein, in Wirklichkeit ist sie ganz natürlich.

Prinzip der vollständigen Induktion

Sei A eine Aussage oder eine Eigenschaft, die von einer natürlichen Zahl n abhängt. Wenn wir diese Abhängigkeit zum Ausdruck bringen wollen, schreiben wir auch $A(n)$.

Wenn wir wissen, dass folgendes gilt:

(1) **Induktionsbasis (Induktionsverankerung)**: Die Aussage A gilt im Fall $n = 1$ (das heißt, es gilt $A(1)$),

---

A. Beutelspacher und M.-A. Zschiegner, *Diskrete Mathematik für Einsteiger,*
DOI 10.1007/978-3-658-05781-7_3, © Springer Fachmedien Wiesbaden 2014

(2) **Induktionsschritt**: Für jede natürliche Zahl $n \geq 1$ folgt aus $A(n)$ die Aussage $A(n + 1)$,

dann gilt die Aussage A für alle natürlichen Zahlen ≥ 1.

Die Bedeutung dieses Prinzips liegt darin, dass man, um eine Aussage über unendlich viele Objekte zu beweisen, nur zwei Aussagen beweisen muss, nämlich die Induktionsbasis und den Induktionsschritt. Im Induktionsschritt muss man aus $A(n)$ die Aussage $A(n + 1)$ folgern; in diesem Zusammenhang nennt man $A(n)$ auch die **Induktionsvoraussetzung**. Sehr häufig ist die Induktionsbasis leicht zu beweisen, der Induktionsschritt aber schwieriger.

Man kann sich das Prinzip leicht am Besteigen einer Leiter klar machen: Wenn es (1) gelingt, auf die erste Sprosse einer Leiter zu gelangen, und es (2) möglich ist, von jeder Sprosse auf die nächste zu steigen, dann kann man alle Sprossen der Leiter erklimmen.

Das Betreten der ersten Sprosse entspricht der Induktionsbasis, das Fortschreiten von einer beliebigen Sprosse auf die nächste ist ein Bild für den Induktionsschritt.

Die hinter diesem Prinzip stehende „Philosophie" ist die, dass man in objektiv kontrollierbarer Weise über eine Unendlichkeit („alle" natürlichen Zahlen) sprechen kann. Die Bedeutung dieses Prinzips, das zwischen 1860 und 1920 unter anderem von Moritz Pasch und Giuseppe Peano entdeckt wurde, kann gar nicht überschätzt werden.

Wir versuchen nun, dieses Prinzip anzuwenden. Zuerst machen wir uns klar, was eine „Aussage", die von einer natürlichen Zahl n abhängt, sein kann. In der Mathematik versteht man unter einer **Aussage** einen Ausdruck, der entweder wahr oder falsch ist. Dazu betrachten wir folgende *Beispiele:*

$A(n)$: $4n$ ist eine gerade Zahl.

$A(n)$: n^2 ist eine gerade Zahl.

$A(n)$: n ist eine Primzahl.

$A(n)$: Die Anzahl der Sitzordnungen von n Studierenden auf n Stühlen ist $n!$ ($:= n \cdot (n - 1) \cdot \ldots \cdot 2 \cdot 1$, sprich „$n$ Fakultät").

$A(n)$: Unter n Personen, gibt es immer zwei, die am selben Tag Geburtstag haben.

$A(n)$: n geradlinige Straßen haben höchstens n Kreuzungen.

$A(n)$: Wenn n Computer zu je zweien durch eine Leitung verbunden werden, so braucht man genau $n(n - 1)/2$ Leitungen.

3.2 Anwendungen des Prinzips der vollständigen Induktion

In diesem Abschnitt beweisen wir einige einfache Aussagen, die im Wesentlichen zum Üben der vollständigen Induktion dienen.

Häufig wird das Prinzip der vollständigen Induktion darauf angewandt, unendliche Summen zu berechnen. Wir behandeln einige Beispiele.

Die erste Aufgabe besteht darin, die ersten n Zahlen aufzuaddieren. Es geht also darum, die Summe

$$1 + 2 + 3 + \ldots + (n - 1) + n$$

zu berechnen. Mit Hilfe von vollständiger Induktion ist das nicht schwer. Allerdings muss man dabei, wie immer bei Induktionsbeweisen, schon wissen, was herauskommt. Hier ist das Ergebnis:

3.2.1 Satz

Für jede natürliche Zahl $n \geq 1$ gilt:

$$1 + 2 + \ldots + n = \frac{n(n + 1)}{2}.$$

In Worten Die Summe der ersten n positiven ganzen Zahlen ist gleich $(n + 1)n/2$.

Eine Konsequenz dieses Satzes ist, dass man diese Summe ganz einfach ausrechnen kann und kaum Rechenfehler passieren können.

Bemerkung Die Zahlen der Form $(n + 1)n/2$, also die Zahlen 1, 3, 6, 10, 15, … heißen **Dreieckszahlen** (siehe Abb. 3.1). Man kann den Satz also auch so ausdrücken: *Die Summe der ersten n positiven ganzen Zahlen ist gleich der n-ten Dreieckszahl.*

Beweis durch Induktion nach n.

Die Aussage $A(n)$ sei genau die Aussage des Satzes. Sowohl bei der Induktionsbasis als auch beim Induktionsschritt müssen wir zeigen, dass in der entsprechenden Gleichung die linke und die rechte Seite übereinstimmen.

Induktionsbasis Sei $n = 1$. Dann steht auf der linken Seite nur der Summand 1, und auf der rechten Seite steht $2 \cdot 1/2$, also ebenfalls 1. Also gilt die Aussage $A(1)$.

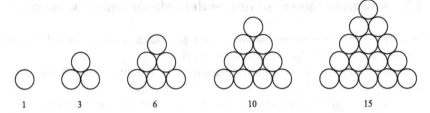

| 1 | 3 | 6 | 10 | 15 |

Abb. 3.1 Die ersten fünf Dreieckszahlen

Induktionsschritt Sei n eine natürliche Zahl ≥ 1, und sei die Aussage richtig für n. Wir müssen die Aussage $A(n + 1)$ beweisen, das heißt, wir müssen die Summe

$$1 + 2 + 3 + \ldots + (n - 1) + n + (n + 1)$$

berechnen. Um die Induktionsvoraussetzung anwenden zu können, spalten wir diese Summe auf in die ersten n Summanden einerseits und den letzten andererseits. Dann wird die Sache ganz einfach:

$$1 + 2 + 3 + \ldots + (n - 1) + n + (n + 1)$$
$$= [1 + 2 + 3 + \ldots + (n - 1) + n] + (n + 1)$$
$$= \frac{n(n + 1)}{2} + (n + 1) \quad \text{(nach Induktion)}$$
$$= \frac{n(n + 1) + 2(n + 1)}{2}$$
$$= \frac{(n + 1)(n + 2)}{2}.$$

Insgesamt haben wir genau die Gleichung bewiesen, die der Aussage $A(n + 1)$ entspricht. Die Induktionsvoraussetzung wurde beim zweiten Gleichheitszeichen verwendet. □

Interessanterweise kann man diese Formel auch ohne Induktion beweisen. Dann braucht man allerdings einen Trick, eine Idee. Dieser Trick wurde von Gauß gefunden.

Carl Friedrich Gauß (1777–1855) war einer der größten Mathematiker aller Zeiten, vielleicht sogar der größte. Die folgende Anekdote zeigt, dass sein enormes Talent schon in der Grundschule offenbar wurde. Um die Schüler zu beschäftigen, hatte der Lehrer den Schülern die Aufgabe gestellt, die Zahlen von 1 bis 100 aufzusummieren. Statt nun, wie ganz selbstverständlich für jeden Schüler dieser Altersklasse, der Reihe nach zu rechnen: $1 + 2 = 3$, $3 + 3 = 6$, $6 + 4 = 10$, $10 + 5 = 15$ usw., fiel dem jungen Gauß auf, dass in der Summation $1 + 2 + 3 + \ldots + 97 + 98 + 99 + 100$ jeweils aus zwei Zahlen am Anfang und am Ende die Zahl 101 zu bilden ist: $1 + 100 = 101$, $2 + 99 = 101$ usw. Es gibt 50 solche Paare. Es bleibt also nur eine einfache Multiplikation zu erledigen: $101 \cdot 50 = 5050$. Kein Wunder, dass Gauß nur eine einzige Zahl auf seine Tafel zu schreiben brauchte und die Lösung im Handumdrehen hatte! (Vgl. zum Beispiel Wußing 1989).

Im Allgemeinen funktioniert dieser Trick wie folgt:

$$
\begin{array}{ccccccccc}
 & 1 & + & 2 & + & \ldots & + & n-1 & + & n \\
+ & n & + & n-1 & + & \ldots & + & 2 & + & 1 \\
\hline
= & (n+1) & + & (n+1) & + & \ldots & + & (n+1) & + & (n+1) \\
= & n(n+1). & & & & & & & &
\end{array}
$$

Im folgenden Satz wird nicht die Summe aller ersten n Zahlen sondern die Summe der ersten n *ungeraden* Zahlen berechnet.

3.2.2 Satz

Für jede natürliche Zahl $n \geq 1$ gilt: $1 + 3 + 5 + \ldots + (2n-1) = n^2$. In Worten: Die Summe der ersten n ungeraden Zahlen ist gleich der n-ten Quadratzahl.

Beweis durch Induktion nach n.

Induktionsbasis Sei $n = 1$. Dann steht auf der linken Seite nur der Summand 1, und auf der rechten Seite steht 1^2, also ebenfalls 1. Somit gilt $A(1)$.

Induktionsschritt Sei n eine natürliche Zahl mit $n \geq 1$, und es gelte $A(n)$. Wir müssen $A(n+1)$ nachweisen. Wir beginnen wieder mit der linken Seite von $A(n+1)$ und formen diese so lange um, bis wir die rechte Seite von $A(n+1)$ erhalten:

$$1 + 3 + 5 + \ldots + (2n-1) + (2n+1) = [1 + 3 + 5 + \ldots + (2n-1)] + (2n+1)$$

$$= n^2 + (2n+1) \quad (\text{nach Induktion})$$

$$= n^2 + 2n + 1 = (n+1)^2.$$

Somit gilt $A(n+1)$, und damit ist die Aussage bewiesen.   □

Eine überraschende Aussage ist der folgende Satz:

3.2.3 Satz

Für jede natürliche Zahl $n \geq 1$ gilt:

$$1^3 + 2^3 + 3^3 + \ldots + n^3 = (1 + 2 + 3 + \ldots + n)^2.$$

In Worten Die Summe der ersten n positiven Kubikzahlen ist gleich dem Quadrat der Summe der ersten n positiven ganzen Zahlen.

Beweis durch Induktion nach n.

Induktionsbasis Sei $n = 1$. Dann steht auf der linken Seite 1^3 und auf der rechten 1^2, also in jedem Fall die Zahl 1. Daher gilt $A(1)$.

Induktionsschritt Sei n eine natürliche Zahl mit $n \geq 1$, und es gelte $A(n)$. Wir müssen $A(n+1)$ nachweisen. Es gilt:

$$1^3 + 2^3 + 3^3 + \ldots + n^3 + (n+1)^3 = \left[1^3 + 2^3 + 3^3 + \ldots + n^3\right] + (n+1)^3$$

$$= (1 + 2 + 3 + \ldots + n)^2 + (n+1)^3 \quad \text{(nach Induktion)}$$

$$= \frac{n^2(n+1)^2}{4} + (n+1)^3 \quad \text{(nach 3.2.1)}$$

$$= \frac{1}{4}\left[n^4 + 2n^3 + n^2 + 4n^3 + 12n^2 + 12n + 4\right]$$

$$= \frac{1}{4}(n+1)^2(n+2)^2 = \left[1 + 2 + 3 + \ldots + n + (n+1)\right]^2. \quad \text{(nach 3.2.1)}$$

Damit ist die Behauptung des Induktionsschrittes verifiziert. Also gilt der Satz.   □

Eine der wichtigsten Summenformeln bezieht sich auf die *geometrische Reihe*.

3.2.4 Satz

(a) Seien a und q reelle Zahlen, $q \neq 1$, und sei n eine natürliche Zahl. Dann gilt:

$$a + aq + aq^2 + aq^3 + \ldots + aq^n = a \cdot \frac{1 - q^{n+1}}{1 - q}.$$

Man benutzt für die linke Seite oft auch die Summenschreibweise. Dann lautet die Aussage so:

$$\sum_{k=0}^{n} a \cdot q^k = a \cdot \frac{1 - q^{n+1}}{1 - q}.$$

(b) Für $q < 1$ konvergiert die unendliche geometrische Reihe:

$$\sum_{k=0}^{\infty} a \cdot q^k = a \cdot \frac{1}{1 - q}.$$

Zum *Beispiel* gilt

$$1 + \frac{1}{2} + \frac{1}{4} + \frac{1}{8} + \ldots = \frac{1}{1 - \frac{1}{2}} = 2.$$

Bemerkung Man nennt die Folge $a \cdot q^n$ eine **geometrische Folge**. Sie hat die Eigenschaft, dass sich jedes Glied vom vorhergehenden um einen konstanten Faktor q unterscheidet. Dementsprechend bezeichnet man $\sum_{k=0}^{\infty} a \cdot q^k$ als **geometrische Reihe**.

Beweis Wir beweisen (a) durch Induktion nach n. Dies ist nicht schwer.
   Die *Induktionsbasis* ist einfach: Sei $n = 0$. Dann steht auf der linken Seite nur a und auf der rechten $a \cdot (1 - q)/(1 - q) = a$.

Induktionsschritt Sei n eine natürliche Zahl mit $n \geq 0$, und es gelte die Aussage für die Zahl n. Wir müssen die Aussage für $n + 1$ nachweisen. Es gilt:

$$a + aq + aq^2 + aq^3 + \ldots + aq^n + aq^{n+1}$$

$$= (a + aq + aq^2 + aq^3 + \ldots + aq^n) + aq^{n+1}$$

$$= a \cdot \frac{1 - q^{n+1}}{1 - q} + aq^{n+1} \quad \text{(nach Induktion)}$$

$$= a \cdot \frac{1 - q^{n+1} + q^{n+1} - q^{n+2}}{1 - q} = a \cdot \frac{1 - q^{n+2}}{1 - q}.$$

Damit gilt der Induktionsschritt und damit die Behauptung.

(b) ergibt sich aus (a), da für $q < 1$ die Folge $1, q, q^2, q^3, \ldots$ eine Nullfolge ist, also kleiner als jede noch so kleine Zahl wird. Daher konvergiert $\frac{1-q^{n+1}}{1-q}$ gegen $\frac{1}{1-q}$. $\square$

Eine andere wichtige Klasse von Aussagen, die man mit vollständiger Induktion zu beweisen pflegt, sind Ungleichungen.

3.2.5 Bernoullische Ungleichung

Für jede natürliche Zahl n und für jede reelle Zahl $x > -1$ gilt

$$(1 + x)^n \geq 1 + n \cdot x.$$

Beweis durch Induktion nach n.

Induktionsbasis Für $n = 0$ steht auf beiden Seiten 1, und für $n = 1$ steht auf beiden Seiten $1 + x$. Also gilt in diesen Fällen sogar Gleichheit; insbesondere ist die linke Seite größer oder gleich der rechten Seite.

Induktionsschritt Sei nun n eine natürliche Zahl mit $n \geq 1$, und sei die Behauptung richtig für n. Da $1 + x > 0$ ist, folgt damit

$$(1 + x)^{n+1} = (1 + x)^n \cdot (1 + x)$$
$$\geq (1 + nx) \cdot (1 + x) \quad (\text{nach Induktion})$$
$$= 1 + nx + x + nx^2 \geq 1 + nx + x = 1 + (n + 1)x. \quad (\text{da } nx^2 \geq 0)$$

Damit ist der Induktionsschritt bewiesen, und damit gilt der Satz. □

Bemerkung Die Ungleichung ist nach Jakob Bernoulli (1654–1705) benannt.

3.2.6 Satz

Für jede natürliche Zahl $n \geq 4$ gilt

$$n! > 2^n.$$

Beweis durch Induktion nach n.

Induktionsbasis Sei $n = 4$. Dann ist $n! = 4! = 4 \cdot 3 \cdot 2 \cdot 1 = 24$ und $2^n = 2^4 = 16$. Da $24 > 16$ ist, gilt die Behauptung in diesem Fall.

Induktionsschritt Sei n eine natürliche Zahl mit $n \geq 4$, und sei die Behauptung richtig für n. Dann folgt

$$(n + 1)! = (n + 1) \cdot n!$$
$$\geq (n + 1) \cdot 2^n \quad (\text{nach Induktion})$$
$$\geq 2 \cdot 2^n = 2^{n+1}. \quad (\text{da } n + 1 \geq 5 \geq 2)$$

Also ist der Induktionsschritt richtig, und somit folgt die Behauptung. □

Abschlussbemerkung Manche Aussagen $A(n)$, wie etwa die aus Satz 3.2.6, gelten nicht für alle natürlichen Zahlen, sondern erst ab einer gewissen Zahl n_0 (im Beispiel ist $n_0 = 4$). Auch solche Aussagen kann man mit Induktion beweisen; man formuliert das Induktionsprinzip dazu etwas allgemeiner wie folgt:

Prinzip der vollständigen Induktion (allgemein)
Sei A eine Aussage oder eine Eigenschaft, die von einer ganzen Zahl n abhängt. Wenn wir diese Abhängigkeit zum Ausdruck bringen wollen, schreiben wir auch $A(n)$.

Wenn wir wissen, dass folgendes gilt:

(1) **Induktionsbasis (Induktionsverankerung)**: Die Aussage A gilt im Fall $n = n_0$ (das heißt, es gilt $A(n_0)$),
(2) **Induktionsschritt**: Für jede ganze Zahl $n \geq n_0$ folgt aus $A(n)$ die Aussage $A(n + 1)$,

dann gilt die Aussage A für alle ganzen Zahlen $\geq n_0$.

3.3   Landkarten schwarz-weiß

Wir stellen uns vor, dass ein Gebiet, etwa ein Erdteil, durch geradlinige Grenzen in Länder aufgeteilt ist. Die Grenzen sollen dabei so gezogen sein, dass sie den ganzen Erdteil durchqueren.

Wir stellen uns folgende Frage: *Wie viele Farben braucht man, um die Länder so zu färben, dass keine zwei Länder, die ein Stück Grenze gemeinsam haben, gleich gefärbt sind?*

Bemerkungen

1. Länder, die nur einen Punkt gemeinsam haben, dürfen sehr wohl gleich gefärbt sein.
2. Eine solche Färbung nennt man auch eine **zulässige Färbung**.

In Abb. 3.2 ist ein zulässige Färbung dargestellt.

Vermutung: Man kommt bei jeder solchen Landkarte mit *zwei* Farben (zum Beispiel schwarz und weiß) aus.

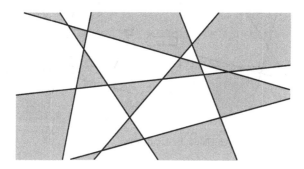

Abb. 3.2 Eine Landkarte mit geraden Grenzen

3.3.1 Satz

Jede Landkarte, die dadurch entsteht, dass man einen Erdteil durch Geraden aufteilt, kann mit zwei Farben so gefärbt werden, dass je zwei Länder, die eine gemeinsame Grenze haben, verschieden gefärbt sind.

Der *Beweis* erfolgt durch Induktion. Aber für einen Induktionsbeweis brauchen wir immer eine Aussage, die von einer natürlichen Zahl n abhängt. Was soll n sein? Der naheliegendste Gedanke ist der, dass man mit n die Anzahl der Geraden bezeichnet, die den Erdteil aufteilen. Dann lautet die zu beweisende Aussage so:

$A(n)$: Jede Landkarte, die dadurch entsteht, dass man einen Erdteil durch n Geraden aufteilt, kann mit den Farben schwarz und weiß so gefärbt werden, dass je zwei Länder, die eine gemeinsame Grenze haben, verschieden gefärbt sind.

Ans Werk!

Induktionsbasis Sei $n = 1$. Wir müssen zeigen, dass jede Landkarte, die durch Aufteilung mittels nur einer Geraden entsteht, mit zwei Farben gefärbt werden kann. Das ist klar: Durch Aufteilung mit einer Geraden entstehen ohnedies nur zwei Länder, wenn man diese mit verschiedenen Farben färbt, so haben angrenzende Länder verschiedene Farben.

Induktionsschritt Sei n eine natürliche Zahl mit $n \geq 1$, und sei die Aussage $A(n)$ richtig. Wir müssen beweisen, dass auch die Aussage $A(n + 1)$ gilt.

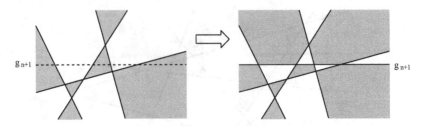

Abb. 3.3 Umfärben der oberen Hälfte der Landkarte

Dazu betrachten wir eine beliebige Landkarte, die durch Ziehen von $n+1$ Geraden $g_1, g_2, \ldots, g_{n+1}$ entstanden ist. Wir müssen zeigen, dass diese Landkarte zulässig mit den Farben schwarz und weiß gefärbt werden kann.

Wir drehen unsere Landkarte so, dass die Gerade g_{n+1} waagerecht liegt, und lassen dann diese Gerade (vorerst) außer Betracht.

Dann haben wir eine Landkarte, die nur durch die n Geraden $g_1, \ldots, g_n$ entstanden ist. Nach Induktionsvoraussetzung ist diese Landkarte also mit den Farben schwarz und weiß zulässig färbbar!

Das ist aber (noch) nicht das, was wir zeigen müssen; wir müssen die Landkarte mit $n+1$ Geraden färben! Dazu fügen wir die $(n+1)$-te Gerade wieder ein. Dabei entstehen neue Länder, und sicherlich ist die alte Färbung nicht mehr brauchbar. Wir müssen also die Länder oder jedenfalls einen Teil der Länder *umfärben*.

Das ist der eigentliche Trick des Beweises! Wir färben die obere Hälfte der Karte um! Das bedeutet: Jedes Land, das oberhalb von g_{n+1} liegt, wechselt die Farbe, wird also schwarz, wenn es weiß war, und umgekehrt. Die Länder im unteren Teil der Karte behalten dagegen ihre Farbe (siehe Abb. 3.3).

Wir müssen uns jetzt noch klarmachen, dass die so entstandene Färbung zulässig ist, dass also je zwei benachbarte Länder L und L' verschieden gefärbt sind. Da diese Länder benachbart sind, gibt es eine Gerade g_i, mit der die Grenze der Länder gebildet wird. Wir unterscheiden drei Fälle.

1. Fall: Die Grenze von L und L' liegt unterhalb von g_{n+1}. Dann hatten die Länder L, L' bzw. die Länder, aus denen sie durch Teilung mittels g_{n+1} hervorgegangen sind, verschiedene Farbe. Da sich in diesem Bereich *nichts* geändert hat, haben L und L' nach wie vor verschiedene Farbe.

2. Fall: Die Grenze von L und L' liegt oberhalb von g_{n+1}. In dem Bereich oberhalb von g_{n+1} hat sich *alles* geändert. Da L und L' vorher verschiedene Farben hatten, haben sie auch jetzt verschiedene Farben.

3. Fall: Die Grenze von L und L' liegt auf g_{n+1}. Dann sind L und L' durch Aufteilung eines alten Landes L^* entstanden: durch Einziehen von g_{n+1} entstand aus L^* ein südliches Land (sagen wir L) und ein nördliches, sagen wir L'. Wenn L^* weiß war, bleibt L weiß, während L' schwarz wird.

Insgesamt haben wir gezeigt, dass je zwei benachbarte Länder verschieden gefärbt sind. Also ist auch die neue Landkarte zulässig gefärbt.

Damit ist alles gezeigt. □

Bemerkung Ein berühmtes Problem der Mathematik ist das folgende: Wie viele Farben braucht man, um eine *beliebige* Landkarte, also eine Landkarte, die nicht durch Ziehen von Geraden entsteht, zulässig zu färben? Über 100 Jahre war die Vermutung, dass vier Farben ausreichen, unbewiesen, bis im Jahre 1976 die Sensation perfekt war: Die Amerikaner W. Apel und K. Haken konnten mit massivem Computereinsatz den „Vierfarbensatz" beweisen. Dabei bauten sie entscheidend auf Vorarbeiten des Deutschen H. Heesch auf. (Vgl. etwa Fritsch 1994.)

Dieses Problem werden wir in Kap. 8 wieder aufgreifen, wo wir mit Hilfe der Graphentheorie den „Fünffarbensatz" beweisen werden.

3.4 Fibonacci-Zahlen

Im Jahre 1202 erschien das Buch *Liber Abaci* („Das Rechenbuch") des 1175 geborenen *Leonardo von Pisa*, der auch *Fibonacci* (Fi Bonacci = „Sohn des Bonacci") genannt wurde. Ein Hauptziel dieses Buches war es, die Überlegenheit des indisch-arabischen Dezimalsystems gegenüber den römischen Zahlen und dem mittelalterlichen „Rechnen auf den Linien" zu demonstrieren. Berühmt wurde dieses Buch (und mit ihm sein Verfasser) aber durch folgende unscheinbare Aufgabe.

Wir betrachten die Nachkommenschaft eines Kaninchenpaares. Wie jedermann weiß, ist diese außerordentlich groß. Wir wollen aber ganz genau wissen, wie viele Nachkommen ein solches Kaninchenpaar hat. Dazu gehen wir davon aus, dass sich die Kaninchenpaare strikt an die folgenden mathematischen Fortpflanzungsregeln halten:

(i)   Jedes Kaninchenpaar wird im Alter von 2 Monaten gebärfähig.

(ii) Jedes Paar bringt von da an regelmäßig in jedem Monat ein neues Paar zur Welt.

(∞) Alle Kaninchen leben ewig.

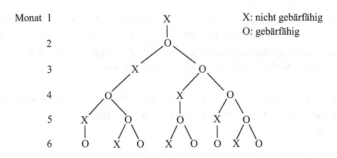

Abb. 3.4 Kaninchenfortpflanzung

Unter diesen Annahmen lebt im ersten Monat ein Paar; dieses wird im zweiten Monat gebärfähig und gebiert im dritten Monat ein weiteres Paar. Auch im vierten Monat bringt das erste Paar ein neues Paar zur Welt, während im fünften Monat beide Paare ein Kaninchenpaar zur Welt bringen. Im fünften Monat gibt es also schon 5 Kaninchenpaare.

Wir können uns das Fortpflanzungsverhalten mit Hilfe von Abb. 3.4 veranschaulichen.

Mit f_n bezeichnen wir die Anzahl der Kaninchenpaare, die im n-ten Monat leben (einschließlich derer, die in diesem Monat geboren werden). Die obige Überlegung zeigt

$$f_1 = 1, f_2 = 1, f_3 = 2, f_4 = 3, f_5 = 5, f_6 = 8, \ldots$$

Und so weiter? Wie geht es denn weiter? Das ist die Frage, mit der wir uns im Folgenden beschäftigen werden.

3.4.1 Satz

Für alle natürlichen Zahlen $n \geq 1$ gilt $f_{n+2} = f_{n+1} + f_n$.

Zum *Beweis* betrachten wir die Situation im $(n + 1)$-ten Monat. Zu diesem Zeitpunkt gibt es nach Definition genau f_{n+1} Kaninchenpaare. Von diesen sind genau f_n gebärfähig, nämlich diejenigen, die schon im n-ten Monat gelebt haben (genau diese Paare sind jetzt schon mindestens zwei Monate alt). Im $(n + 2)$-ten Monat bringen also genau f_n der f_{n+1} Paare ein junges Paar zur Welt. Das bedeutet

f_{n+2} = Anzahl der Kaninchenpaare im $(n + 2)$ten Monat

= Anzahl der Kaninchenpaare im $(n + 1)$ten Monat

+ Anzahl der Kaninchenpaare, die im

$(n + 1)$ten Monat geboren werden

= $f_{n+1} + f_n$.

□

Dieser Satz ermöglicht es uns, die Zahlen $f_1, f_2, f_3, \ldots$ sehr schnell auszurechnen:

n	1	2	3	4	5	6	7	8	9	10	11	12
f_n	1	1	2	3	5	8	13	21	34	55	89	144

Die Zahlen $f_1, f_2, f_3, \ldots$, die definiert sind durch

$$f_1 = 1 \quad \text{und} \quad f_2 = 1$$

und

$$f_{n+2} = f_{n+1} + f_n \quad \text{für alle natürlichen Zahlen } n \geq 1$$

heißen die **Fibonacci-Zahlen**. Die Fibonacci-Zahl f_n ist also die Anzahl der Kaninchenpaare, die im n-ten Monat leben.

Fibonacci-Zahlen spielen innerhalb und außerhalb der Mathematik eine entscheidende Rolle. Insbesondere bei Wachstumsprozessen kommen Fibonacci-Zahlen regelmäßig vor, etwa bei Tannenzapfen, Ananas, Kakteen, … (siehe Beutelspacher und Petri 1996)

Wir wollen zwei mathematische Sachverhalte über die Fibonacci-Zahlen hier präsentieren und dabei das Prinzip der vollständigen Induktion üben. Die erste Frage ist, ob man die Fibonacci-Zahlen nur rekursiv (das heißt mit Hilfe der Formel aus Satz 3.4.1) ausrechnen kann oder ob das auch „direkt" geht. Wir wünschen uns also eine Formel, in die man n einsetzen kann, und dann ergibt sich automatisch f_n. Eine solche Formel ist die so genannte Binet-Formel (nach J. P. M. Binet, 1786–1856).

3.4.2   Satz (Binet-Formel)

Für jede natürliche Zahl $n \geq 1$ gilt

$$f_n = \frac{\left(\frac{1+\sqrt{5}}{2}\right)^n - \left(\frac{1-\sqrt{5}}{2}\right)^n}{\sqrt{5}}.$$

Bemerkung Das Erstaunliche an dieser Formel ist, dass sich für jedes n die Wurzelterme so wegheben, dass nur eine natürliche Zahl, nämlich f_n, stehen bleibt.

Beweis Wir wenden das Prinzip der vollständigen Induktion an. Die Aussage $A(n)$ ist

$$f_n = \frac{\left(\frac{1+\sqrt{5}}{2}\right)^n - \left(\frac{1-\sqrt{5}}{2}\right)^n}{\sqrt{5}}.$$

Induktionsbasis Wir müssen die Aussage für $n = 1$ beweisen, also die Aussage $A(1)$. Dazu rechnen wir einfach die Formel (also die rechte Seite) für den Fall $n = 1$ aus:

$$\frac{\left(\frac{1+\sqrt{5}}{2}\right)^1 - \left(\frac{1-\sqrt{5}}{2}\right)^1}{\sqrt{5}} = \frac{\frac{1+\sqrt{5}}{2} - \frac{1-\sqrt{5}}{2}}{\sqrt{5}} = \frac{\frac{2\sqrt{5}}{2}}{\sqrt{5}} = 1 = f_1.$$

Damit gilt $A(1)$. Wir beweisen nach ähnlichem Muster auch noch $A(2)$:

$$\frac{\left(\frac{1+\sqrt{5}}{2}\right)^2 - \left(\frac{1-\sqrt{5}}{2}\right)^2}{\sqrt{5}} = \frac{\frac{1+2\sqrt{5}+5}{4} - \frac{1-2\sqrt{5}+5}{4}}{\sqrt{5}} = \frac{\frac{4\sqrt{5}}{4}}{\sqrt{5}} = 1 = f_2.$$

Damit gilt auch $A(2)$.

Induktionsschritt Sei n eine natürliche Zahl mit $n \geq 2$, und es mögen die Aussagen $A(n)$ und $A(n-1)$ gelten. Wir müssen zeigen, dass dann auch $A(n+1)$ gilt. Dazu verwenden wir die Rekursionsformel $f_{n+1} = f_n + f_{n-1}$, und wenden sowohl auf f_n

also auch auf f_{n-1} die Induktionsvoraussetzung an:

$$f_{n+1} = f_n + f_{n-1} = \frac{\left(\frac{1+\sqrt{5}}{2}\right)^n - \left(\frac{1-\sqrt{5}}{2}\right)^n}{\sqrt{5}} + \frac{\left(\frac{1+\sqrt{5}}{2}\right)^{n-1} - \left(\frac{1-\sqrt{5}}{2}\right)^{n-1}}{\sqrt{5}}$$

$$= \frac{\left(\frac{1+\sqrt{5}}{2}\right)^{n-1} \cdot \left[\frac{1+\sqrt{5}}{2} + 1\right] - \left(\frac{1-\sqrt{5}}{2}\right)^{n-1} \cdot \left[\frac{1-\sqrt{5}}{2} + 1\right]}{\sqrt{5}}.$$

An dieser Stelle passiert ein kleines Wunder, und das gleich zweimal. Wir können nämlich die eckigen Klammern günstig umformen. Genauer gesagt gilt:

$$\frac{1+\sqrt{5}}{2} + 1 = \left(\frac{1+\sqrt{5}}{2}\right)^2 \quad \text{und} \quad \frac{1-\sqrt{5}}{2} + 1 = \left(\frac{1-\sqrt{5}}{2}\right)^2.$$

Man sieht beide Formeln sofort ein, wenn man die jeweiligen rechten Seiten ausrechnet. Was letztlich hinter diesem Wunder steckt, wird dadurch natürlich nicht klar; dieses hängt aber mit dem „goldenen Schnitt" zusammen, der in diesen Formeln versteckt ist (siehe unten).

Nun kann uns aber nichts mehr hindern, die obige Gleichungskette weiterzuspinnen:

$$f_{n+1} = \frac{\left(\frac{1+\sqrt{5}}{2}\right)^{n-1}\left[\frac{1+\sqrt{5}}{2}\right]^2 - \left(\frac{1-\sqrt{5}}{2}\right)^{n-1}\left[\frac{1-\sqrt{5}}{2}\right]^2}{\sqrt{5}} = \frac{\left(\frac{1+\sqrt{5}}{2}\right)^{n+1} - \left(\frac{1-\sqrt{5}}{2}\right)^{n+1}}{\sqrt{5}}.$$

Wenn wir Anfang und Ende der Gleichungskette betrachten, sehen wir, dass damit die Aussage $A(n+1)$ bewiesen ist.

Nach dem Prinzip der vollständigen Induktion gilt also die Aussage A für alle natürlichen Zahlen. $\square$

Vor der nächsten Eigenschaft der Fibonacci-Zahlen machen wir uns einen mathematischen Zaubertrick klar – allerdings einen unfairen. Wir zerschneiden ein Quadrat der Seitenlänge $8 + 5 = 13$ wie in Abb. 3.5 zu sehen in vier Teile. Diese setzen wir zu einem Rechteck mit den Seitenlängen 8 und 21 wieder zusammen.

Wir haben also aus einem Quadrat mit einem Flächeninhalt von $13 \cdot 13 = 169$ ein Rechteck mit dem Flächeninhalt von $8 \cdot 21 = 168$ gemacht. Also haben wir eine Einheit verloren! Wo steckt sie?

Natürlich geht alles mit rechten Dingen zu: In Wirklichkeit erhalten wir gar kein vollständiges Rechteck, denn in der Mitte bleibt ein kleiner Streifen frei – allerdings nur eine Einheit auf 168 Einheiten, viel weniger als 1 % und deshalb kaum wahrnehmbar.

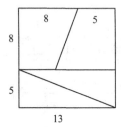
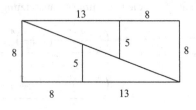

Abb. 3.5 Zauberei?

Man kann einen entsprechenden Trick immer dann machen, wenn man ein Quadrat der Seitenlänge $f_n = f_{n-1} + f_{n-2}$ wählt und dieses dann in ein „Rechteck" mit den Seitenlängen f_{n-1} und $f_{n+1} = f_n + f_{n-1}$ verwandelt. Dabei entsteht jeweils nur ein Fehler von einer Einheit: Mal entsteht ein kleiner Schlitz, mal eine kleine Überlappung. Dass das immer so ist, erkennt man aus dem folgenden Satz.

3.4.3   Satz (Simpson-Identität)

Für jede natürliche Zahl $n \geq 2$ gilt

$$f_{n+1} \cdot f_{n-1} - f_n^2 = (-1)^n.$$

In Worten: $f_{n+1} \cdot f_{n-1}$ und f_n^2 unterscheiden sich nur um 1, mal um +1, mal um −1.

Beweis Wir beweisen diese Formel durch Induktion nach n. Die Aussage $A(n)$ sei die Aussage des Satzes.

Induktionsbasis Sei $n = 2$. Wir müssen die Aussage $A(2)$ zeigen. Dazu rechnen wir einfach die linke Seite aus:

$$f_3 \cdot f_1 - f_2^2 = 2 \cdot 1 - 1^2 = 1.$$

Dies ist gleich $(-1)^2$, also gilt $A(2)$.

Induktionsschritt Sei nun n eine natürliche Zahl ≥ 2, und es gelte die Aussage $A(n)$. Wir müssen $A(n + 1)$ zeigen. Auch dazu rechnen wir einfach die entsprechende linke Seite aus:

$$
\begin{aligned}
f_{n+2} \cdot f_n - f_{n+1}^2 &= (f_{n+1} + f_n) \cdot f_n - f_{n+1}^2 \\
&= f_{n+1} \cdot (f_n - f_{n+1}) + f_n^2 \\
&= f_{n+1} \cdot (f_n - f_{n+1}) + f_{n+1} \cdot f_{n-1} - (-1)^n \quad \text{(nach Induktion)} \\
&= f_{n+1} \cdot (f_n - f_{n+1} + f_{n-1}) + (-1)^{n+1} = f_{n+1} \cdot 0 + (-1)^{n+1} \\
&= (-1)^{n+1}.
\end{aligned}
$$

$\square$

Bemerkung Wie in der Binet-Formel bereits deutlich wurde, stehen die Fibonacci-Zahlen in engem Zusammenhang mit der Zahl

$$
\varphi = \frac{1 + \sqrt{5}}{2} \approx 1{,}618.
$$

Diese Zahl heißt **goldener Schnitt** und ist die positive Lösung der quadratischen Gleichung $x^2 - x - 1 = 0$.

Man kann zeigen, dass die Folge f_{n+1}/f_n der Quotienten aufeinander folgender Fibonacci-Zahlen gegen φ konvergiert (siehe zum Beispiel Beutelspacher und Petri 1996).

Der goldene Schnitt hat folgende schöne Eigenschaft (siehe Übungsaufgabe 19): Wenn man eine Strecke so teilt, dass sich die größere Teilstrecke M zur kleineren Teilstrecke m so verhält wie die Gesamtstrecke $M + m$ zum größeren Teil M, das heißt

$$
\frac{M}{m} = \frac{M + m}{M},
$$

so ist dieses Verhältnis gleich φ. Zum Beispiel teilen sich die Diagonalen eines regelmäßigen Fünfecks im goldenen Schnitt.

3.5 Übungsaufgaben

1. Wie viele Gitterpunkte enthält ein Gitterquadrat der Seitenlänge n?
2. Wie viele Gitterpunkte enthält ein gleichseitiges Dreieck, dessen eine Seite eine Gitterstrecke der Länge n ist?

3. Wie viele Gitterpunkte enthält ein reguläres Sechseck (auf dem Rand und im Innern), dessen eine Seite eine Gitterstrecke der Länge n ist?

4. Ein bekanntes mathematisches Spiel ist der „Turm von Hanoi". Auf einem von drei Stäben sitzen n Scheiben, die kleinste oben, die größte unten. Die Aufgabe besteht darin, diese Scheiben auf einen der anderen Stäbe zu bringen, wobei folgende Regeln zu beachten sind:

   1. In jedem Schritt darf nur eine Scheibe bewegt werden.

   2. Nie darf eine größere Scheibe auf einer kleineren liegen. Zeigen Sie mit vollständiger Induktion, dass man diese Aufgabe mit $2^n - 1$ Schritten lösen kann.

5. Es geht die Legende, dass die Mönche eines buddhistischen Klosters das Spiel „Turm von Hanoi" mit $n = 64$ Scheiben aus echtem Gold spielen, ... und solange sie damit beschäftigt sind, geht die Welt nicht unter. Angenommen, die Mönche brauchen zu jedem Zug genau eine Sekunde. Wie viele Jahre brauchen sie, bis sie fertig sind?

6. Zeigen Sie: Wenn ein Erdteil durch eine gewisse Anzahl von Kreisen in Länder eingeteilt wird, so kann man diese Landkarte mit zwei Farben zulässig färben.

7. Ein beliebiges n-Eck sei „trianguliert", das heißt lückenlos und überschneidungsfrei in Dreiecke unterteilt. Zeigen Sie, dass man die Ecken des n-Ecks so mit drei Farben färben kann, dass die Ecken jedes Dreiecks mit allen drei Farben gefärbt sind.

8. Beweisen Sie Satz 3.2.2 mit dem Trick von Gauß.

9. Beweisen Sie die geometrische Summenformel Satz 3.2.4 (a) mit dem Trick von Gauß.

10. Beweisen Sie $1 + 2 + 4 + \ldots + 2^n = 2^{n+1} - 1$ für jede natürliche Zahl $n \geq 1$.

11. Beweisen Sie $1 \cdot 2 + 2 \cdot 2^2 + 3 \cdot 2^3 + 4 \cdot 2^4 + \ldots + n \cdot 2^n = (n-1) \cdot 2^{n+1} + 2$ für jede natürliche Zahl $n \geq 1$.

12. Beweisen Sie mit vollständiger Induktion nach n:

$$1^2 + 2^2 + 3^2 + \ldots + n^2 = \frac{n \cdot (n+1) \cdot (2n+1)}{6}.$$

13. Für welche natürlichen Zahlen n gilt $2^n > n^2$? Formulieren und beweisen Sie Ihre Vermutung.

14. Für welche natürlichen Zahlen gilt $n! \geq 3^n$? Beweisen Sie Ihre Vermutung.

15. Zeigen Sie mit vollständiger Induktion, dass für alle natürlichen Zahlen n die Zahl $7^n - 1$ ein Vielfaches von 6 ist.

16. Im Folgenden sehen Sie Ausschnitte aus Zahlenfolgen. Entscheiden Sie jeweils, ob es sich um einen Ausschnitt aus der Folge der Fibonacci-Zahlen handelt und begründen Sie Ihre Entscheidung.

□ ..., 144, 233, 322, ...

□ ..., 2584, 3181, 5765, ...

□ ..., 46.568, 75.025, 121.593, ...

□ ..., 39.087.968, 63.245.684, 102.333.652, ...

17. Ein Briefträger steigt täglich eine lange Treppe nach folgendem Muster empor: Die erste Stufe betritt er auf jeden Fall. Von da an nimmt er jeweils nur eine Stufe oder aber zwei Stufen auf einmal. Auf wie viele Arten kann der Briefträger die n-te Stufe erreichen?

    [Machen Sie sich zunächst die Fälle $n = 2, 3, 4$ klar.]

18. Eine Drohne (männliche Biene) schlüpft aus einem *un*befruchteten Ei einer Bienenkönigin, während aus *befruchteten* Eiern die (weiblichen) Arbeiterbienen und Königinnen schlüpfen. Eine Drohne hat also nur ein „Elter" (nämlich eine Königin), während Königinnen, wie es sich gehört, zwei Eltern haben. Überlegen Sie sich, dass eine Drohne in der n-ten Vorfahrensgeneration genau f_n Vorfahren hat. [Machen Sie sich die Situation für die Fälle $n = 2, 3, 4$ anhand einer Schemazeichnung klar.]

19. Zeigen Sie: Wenn man eine Strecke so teilt, dass sich die größere Teilstrecke M zur kleineren Teilstrecke m so verhält wie die Gesamtstrecke $M + m$ zum größeren Teil M, das heißt

$$\frac{M}{m} = \frac{M + m}{M},$$

so ist dieses Verhältnis gleich dem goldenen Schnitt.

20. Zeigen Sie durch Induktion nach n, dass für die Fibonacci-Zahlen f_n folgendes gilt:

$$1 + f_2 + f_4 + f_6 + \ldots + f_{2n} = f_{2n+1}.$$

21. Zeigen Sie durch Induktion nach n, dass für die Fibonacci-Zahlen gilt

$$1 + f_1 + f_2 + \ldots + f_n = f_{n+2}.$$

▶ **Didaktische Anmerkungen** Während die vollständige Induktion bis vor einigen Jahren zumindest für Leistungskurse verbindlich vorgeschrieben war, ist sie heute aus vielen Lehrplänen verschwunden. Immer noch stellt sie jedoch ein wichtiges Beweisverfahren dar, das in verschiedensten Gebieten der Mathematik zur Anwendung kommt. Sie ermöglicht es mit zwei, meist überschaubaren Schritten Aussagen über unendlich viele Objekte zu beweisen. Beweise mit Induktion schulen die Argumentationskompetenz und die Kompetenz, mit symbolischen, formalen und technischen Elementen der Mathematik umzugehen. Eine typische schulische Anwendung der vollständigen Induktion ist der Beweis der Summenformeln, die zur Berechnung der Ober- und Untersumme zur Beginn der Integralrechnung benötigt werden. Vertiefend behandelt werden könnte Induktion im Rahmen des Wahlthemas „Beweisverfahren" in der Qualifikationsphase Q4. Alle Beispiele aus diesem Kapitel sind dafür gut geeignet.

Einige Themen dieses Kapitels eignen sich auch schon für die Unter- bzw. Mittelstufe. Das Bildungsgesetz der Fibonacci-Zahlen kann bereits in der 5. Klasse entdeckt werden, und ihr Vorkommen in der Natur untersucht werden. Ergänzend könnte in dieser Klassenstufe das Kapitel „Die Bonatschi-Zahlen" aus Hans Magnus Enzensbergers „Der Zahlenteufel" gelesen werden.

Der Goldene Schnitt ist eine schöne (im wahrsten Sinne) Anwendung quadratischer Gleichungen, wie sie in der 9. Klasse gelöst werden können. Er bietet zudem großes Potential zu fächerübergreifendem Unterricht (Natur, Kunst, Musik, Dichtung).

Literatur

Beutelspacher, A., Petri, B.: Der goldene Schnitt, 2. Aufl. Spektrum Akademischer Verlag, Heidelberg (1996). Kap. 6: Fibonacci-Zahlen

Wußing, H.: Carl Friedrich Gauß. B. G. Teubner Verlagsgesellschaft, Stuttgart (1989)

Zählen

4

Ein zentrales Problem der diskreten Mathematik ist die Frage nach der Anzahl der Elemente einer Menge. Diese Frage scheint auf den ersten Blick einfach zu beantworten zu sein, insbesondere wenn die Menge durch eine Aufzählung ihrer Elemente gegeben ist. Interessant ist dieses Problem allerdings, wenn die Mengen durch eine Beschreibung ihrer Eigenschaften gegeben sind oder wenn aus gegebenen, einfachen Mengen neue, komplexere Mengen konstruiert werden.

Für eine Menge M bezeichnet $|M|$ die Anzahl ihrer Elemente; wir nennen diese Zahl die **Mächtigkeit** der Menge M.

Beispiele

(a) Die Mächtigkeit der Menge $\{1, 2, a, b, c\}$ ist gleich $|\{1, 2, a, b, c\}| = 5$.

(b) Wenn M die Menge der Einwohner der Bundesrepublik Deutschland ist, so ist $|M| \approx 80.000.000$.

(c) Wenn M die Menge der Atome des Weltalls bezeichnet, so ist $|M| \approx 10^{78}$.

Wir interessieren uns im Rahmen der diskreten Mathematik hauptsächlich für **endliche** Mengen, also für solche Mengen, die nur eine endliche Anzahl von Elementen enthalten. Daher vereinbaren wir: Wenn nicht ausdrücklich anders gesagt, sei jede vorkommende Menge endlich.

4.1 Einfache Zählformeln

Als erstes geben wir eine Formel an, mit der man die Anzahl der Elemente in der Vereinigung $A \cup B$ und im Durchschnitt $A \cap B$ berechnen kann. Wir erinnern uns dazu: Die **Vereinigung** $A \cup B$ („A vereinigt mit B") der Mengen A und B besteht aus all den Elementen, die in A *oder* in B enthalten sind; der **Durchschnitt** $A \cap B$ („A

A. Beutelspacher und M.-A. Zschiegner, *Diskrete Mathematik für Einsteiger*, DOI 10.1007/978-3-658-05781-7_4, © Springer Fachmedien Wiesbaden 2014

geschnitten mit B") der Mengen A und B enthält genau diejenigen Elemente, die in A *und* in B enthalten sind.

Zum *Beispiel*: Wenn B die Menge der Studierenden im Fach Biologie und C die Menge der Studierenden des Faches Chemie ist, dann ist $B \cup C$ die Menge derjenigen Menschen, die Biologie oder Chemie oder beides studieren, während $B \cap C$ die Menge derjenigen Studierenden ist, die sowohl Biologie als auch Chemie studieren.

4.1.1 Summenformel

Für je zwei Mengen A und B gilt

$$|A \cup B| = |A| + |B| - |A \cap B|.$$

In dem Spezialfall, dass A und B kein gemeinsames Element haben (man sagt dazu: A und B sind **disjunkt**), gilt

$$|A \cup B| = |A| + |B|.$$

Beispiele

(a) Um die Anzahl der Studierenden, die Biologie oder Chemie studieren, zu erhalten, genügt es nicht, nur die Anzahl der Biologiestudierenden und die Anzahl der Chemiestudierenden zu kennen, man muss auch noch wissen, wie viel Menschen Biologie *und* Chemie studieren.
(b) Die Anzahl der Studierenden im Fach Psychologie ist gleich der Anzahl der weiblichen plus der Anzahl der männlichen Studierenden des Faches Psychologie. (Wenn W die Menge der weiblichen und M die Menge der männlichen Psychologiestudierenden ist, so sind W und M disjunkt, also ist die Anzahl aller Studierenden des Faches Psychologie gleich $|W| + |M|$.)

Der *Beweis* von 4.1.1 ist einfach: Wenn man die Mächtigkeiten von A und B addiert, hat man die Elemente des Durchschnitts doppelt gezählt. Daher muss man die Mächtigkeit des Durchschnitts wieder subtrahieren. $\square$

Nun wenden wir uns der *Produktformel* zu. Für zwei Mengen A, B definieren wir $A \times B$ als die Menge aller Paare, von denen der erste Teil aus A, der zweite aus B kommt. Formaler:

$$A \times B := \{(a, b) \mid a \in A, b \in B\}.$$

Beispiele

(a) Wenn $A = \{1, 2, 3\}$ und $B = \{x, y\}$ ist, so gilt

$$A \times B = \{(1, x), (1, y), (2, x), (2, y), (3, x), (3, y)\}.$$

(b) Wenn S die Menge aller Studierenden und V die Menge aller Vorlesungen ist, so ist $S \times V$ die Menge aller denkbaren Vorlesungsbesuche.

Man nennt $A \times B$ das **kartesische Produkt** der Mengen A und B. Dies geht zurück auf den französischen Mathematiker und Philosophen René Descartes (lat. Cartesius, 1596–1650), der die Punkte der Ebene durch Paare von reellen Zahlen darstellte und so die Geometrie einer algebraischen Behandlung zugänglich machte; für dieses Vorgehen hat sich ungeschickterweise auch international der Name *analytische Geometrie* eingebürgert.

Man kann das kartesische Produkt auch von mehr als zwei Mengen bilden: Wenn $M_1, M_2, \ldots, M_s$ nichtleere Mengen sind, so ist

$$M_1 \times \ldots \times M_s := \{(m_1, \ldots, m_s) \mid m_i \in M_i\}.$$

Die Menge $M_1 \cdot \ldots \cdot M_s$ besteht also aus allen Folgen der Länge s, wobei das i-te Folgenglied aus der Menge M_i gewählt wird.

Man nennt $(m_1, \ldots, m_s)$ auch ein s-**Tupel**. Die i-te Stelle (also die Stelle von M_i) heißt auch die i-te **Komponente** des s-Tupels.

4.1.2 Produktformel

Für je zwei nichtleere Mengen A und B gilt

$$|A \times B| = |A| \cdot |B|.$$

Dies kann man auf das kartesische Produkt beliebig vieler Mengen verallgemeinern. Für nichtleere Mengen $M_1, \ldots, M_s$ gilt:

$$|M_1 \times \ldots \times M_s| = |M_1| \cdot \ldots \cdot |M_s|.$$

Diese Regel ist nicht so unmittelbar einsichtig wie die Summenregel; deshalb muss dieser Einsicht etwas nachgeholfen werden, aber der *Beweis* ist nicht schwierig.

Um die Menge aller Paare aus einem Element aus A und einem Element aus B zu zählen, geht man so vor: Für die erste Komponente kommt jedes Element von A in Frage; also gibt es genau so viele Möglichkeiten wie Elemente in A, also $|A|$ Möglichkeiten. Entsprechend gibt es für die zweite Komponente genau so viele Möglichkeiten wie die Anzahl der Elemente von B angibt, also genau $|B|$ Möglichkeiten.

Da man diese Möglichkeiten unabhängig kombinieren kann, folgt:

$$|A \times B| = \text{Anzahl der Möglichkeiten für ein Element aus } A \times B = |A| \cdot |B|.$$

Die zweite Aussage ergibt sich entsprechend (formal durch Induktion nach s). □

Beispiel Die Geheimzahl (PIN: Persönliche Identifizierungs-Nummer), die in Verbindung mit Bank-Karten oder Kreditkarten zur Identifizierung der Kunden am Geldautomaten oder beim Einkaufen dient, besteht aus 4 Dezimalstellen, wobei bei manchen Anbietern als erste Ziffer keine 0 auftreten darf. Wie viele PINs gibt es in diesem Fall?

Für die erste Stelle gibt es 9 Möglichkeiten (die Ziffern $1, \ldots, 9$), während für die zweite, dritte und vierte Stelle jeweils 10 Möglichkeiten zur Verfügung stehen. Also ist die Anzahl aller PINs gleich

$$9 \cdot 10 \cdot 10 \cdot 10 = 9000.$$

Eine wichtige Anwendung der Produktformel ist das Zählen von Folgen, insbesondere von binären Folgen.

Sei $B = \{0, 1\}$ die Menge, die nur aus den Elementen 0 und 1 besteht. Eine **binäre Folge** der **Länge** n ist eine Folge $(b_1, b_2, \ldots, b_n)$ mit $b_i \in B$. Wir fragen uns, wie groß die Anzahl aller binären Folgen der Länge n ist.

Beispiel Die binären Folgen der Länge 3 sind die folgenden:

$$000, 001, 010, 100, 011, 101, 110, 111;$$

also gibt es genau acht binäre Folgen der Länge 3.

Allgemein gilt:

4.1.3 Satz

Die Anzahl der binären Folgen der Länge n ist gleich 2^n.

Zum *Beispiel* gibt es über 1 Million binäre Folgen der Länge 20.

Beweis Die Menge der binären Folgen der Länge n ist gleich dem n-fachen kartesischen Produkt der Menge $B = \{0, 1\}$. Mit der Produktformel ergibt sich:

$$|B \times B \times \ldots \times B| = |B| \cdot |B| \cdot \ldots \cdot |B| = |B|^n = 2^n.$$

So einfach ist das! □

Sei M eine Menge. Eine Menge M' ist eine **Teilmenge** von M, falls jedes Element von M' auch ein Element von M ist. Wir schreiben dafür auch $M' \subseteq M$.

Jede Menge hat sich selbst als Teilmenge; eine andere „triviale" Teilmenge ist die **leere Menge**, die kein Element enthält; diese wird mit $\{\}$ oder mit $\varnothing$ bezeichnet.

Die Menge aller Teilmengen einer Menge M bezeichnen wir mit $P(M)$ und nennen $P(M)$ die **Potenzmenge** von M.

Als *Beispiel* bestimmen wir alle Teilmengen der Menge $M = \{a, b, c\}$:

$$\{\}, \{a\}, \{b\}, \{c\}, \{a, b\}, \{a, c\}, \{b, c\}, \{a, b, c\}.$$

Dies führt uns zur Vermutung, dass eine Menge mit n Elementen genau 2^n Teilmengen hat.

4.1.4 Satz

Sei M eine n-elementige Menge. Dann hat M genau 2^n Teilmengen.

Beweis Wir beweisen den Satz durch Induktion nach n.

Sei zunächst $n = 1$. Dann hat M nur ein Element, und somit nur zwei Teilmengen, nämlich {} und M. Somit gilt der Satz in diesem Fall.

Sei nun n eine natürliche Zahl mit $n \geq 2$, und sei die Aussage richtig für $n - 1$. Wir betrachten ein festes Element m_0 von M. Dann gibt es zwei Sorten von Teilmengen von M: solche, die m_0 enthalten, und solche, die m_0 nicht enthalten.

Die Teilmengen von M, die m_0 nicht enthalten, sind genau die Teilmengen der $(n - 1)$-elementigen Menge $M \setminus \{m_0\}$. Also gibt es nach Induktion genau 2^{n-1} solche Teilmengen.

Die Teilmengen von M, die m_0 enthalten, entsprechen aber auch genau den Teilmengen von $M \setminus \{m_0\}$. Denn durch Entfernen des Elements m_0 werden die Teilmengen der einen Sorte in die der anderen überführt. Somit gibt es auch genau 2^{n-1} Teilmengen dieser Sorte.

Insgesamt besitzt M also $2^{n-1} + 2^{n-1} = 2^n$ Teilmengen.   □

4.2 Binomialzahlen

Nun studieren wir nicht alle Teilmengen einer gegebenen Menge, sondern nur die Teilmengen einer festen Mächtigkeit.

Wir definieren: Die Anzahl der Teilmengen der Mächtigkeit k einer n-elementigen Menge wird mit

$$\binom{n}{k}$$

bezeichnet (gesprochen: „n über k"); diese Zahlen heißen **Binomialzahlen**.

Beispiele von Binomialzahlen:

$$\binom{n}{0} = 1,$$

da jede Menge genau eine 0-elementige Teilmenge hat, nämlich die leere Menge.

$$\binom{n}{n} = 1,$$

da jede n-elementige Menge nur eine n-elementige Teilmenge besitzt, nämlich sich selbst.

$$\binom{n}{1} = n,$$

da eine n-elementige Menge genau n Elemente, also auch genau n Teilmengen der Mächtigkeit 1 besitzt.

$$\binom{4}{2} = 6,$$

da die 4-elementige Menge $\{a, b, c, d\}$ die folgenden sechs 2-elementigen Teilmengen hat: $\{a, b\}, \{a, c\}, \{a, d\}, \{b, c\}, \{b, d\}, \{c, d\}$.

Beim Lotto „6 aus 49" werden sechs der Zahlen $1, 2, \ldots, 49$ gezogen, wobei es auf die Reihenfolge nicht ankommt. In unserer Sprache heißt das: Es wird eine 6-elementige Teilmenge der Menge $\{1, 2, \ldots, 49\}$ gezogen. Dafür gibt es nach Definition genau $\binom{49}{6}$ Möglichkeiten. Wir werden diese Zahl bald ausrechnen können.

Generell stellt sich die Frage, wie man die Binomialzahlen ausrechnen kann. Dazu stehen zwei Methoden zur Verfügung: Eine rekursive und eine explizite Formel.

4.2.1 Rekursionsformel für die Binomialzahlen

Seien k und n natürliche Zahlen mit $1 \leq k \leq n$. Dann gilt

$$\binom{n}{k} = \binom{n-1}{k} + \binom{n-1}{k-1}.$$

Dieser Satz hat viele nützliche Anwendungen. Wenn wir zum *Beispiel* $\binom{6}{2}$ ausrechnen wollen, können wir wie folgt vorgehen:

$$\binom{6}{2} = \binom{5}{2} + \binom{5}{1} = \binom{4}{2} + \binom{4}{1} + \binom{5}{1} = 6 + 4 + 5 = 15.$$

Zum *Beweis* gehen wir wie folgt vor. Wir betrachten irgendeine Menge M mit n Elementen. Wir fassen eines der Elemente von M genauer ins Auge und nennen es m.

Dann kann man die k-elementigen Teilmengen von M bezüglich des Elements m in zwei Klassen einteilen. Die erste Klasse besteht aus denjenigen k-elementigen Teilmengen, die das Element m *nicht* enthalten, und die zweite aus denen, die das Element m enthalten.

Wir zählen beide Mengen separat ab. Jede Teilmenge in der ersten Klasse ist eine k-elementige Teilmenge der $(n-1)$-elementigen Menge $M \setminus \{m\}$. Also gibt es davon genau $\binom{n-1}{k}$ Stück.

Zur zweiten Klasse: Betrachten wir eine Teilmenge M' in dieser Klasse. Diese enthält m. Wir entfernen nun m aus M' und aus M. Dann ist $M' \setminus \{m\}$ eine $(k-1)$-elementige Teilmenge der $(n-1)$-elementigen Menge $M \setminus \{m\}$. Umgekehrt kann man jede $(k-1)$-elementige Teilmenge von $M \setminus \{m\}$ durch Hinzufügen von m zu einer Teilmenge der Klasse 2 ergänzen. Somit ist die Anzahl der Teilmengen in der Klasse 2 gleich $\binom{n-1}{k-1}$.

Durch Addition der beiden Anzahlen ergibt sich die Formel.   □

Die Binomialzahlen kann man sehr schön im so genannten **Pascalschen Dreieck** zusammenfassen. Dieses Dreieck war chinesischen Mathematikern schon viele Jahrhunderte vor Blaise Pascal (1623–1662) bekannt. Das Bildungsgesetz des Pascalschen Dreiecks entsprcht genau obiger Rekursionsformel: jede Zahl ist die Summe der beiden Zahlen links und rechts über ihr.

$$
\begin{array}{ccccccccccccccc}
  &   &   &   &   &   &   & 1 &   &   &   &   &   &   &   \\
  &   &   &   &   &   & 1 &   & 1 &   &   &   &   &   &   \\
  &   &   &   &   & 1 &   & 2 &   & 1 &   &   &   &   &   \\
  &   &   &   & 1 &   & 3 &   & 3 &   & 1 &   &   &   &   \\
  &   &   & 1 &   & 4 &   & 6 &   & 4 &   & 1 &   &   &   \\
  &   & 1 &   & 5 &   & 10 & & 10 & & 5 &   & 1 &   &   \\
  & 1 &   & 6 &   & 15 & & 20 & & 15 & & 6 &   & 1 &   \\
1 &   & 7 &   & 21 & & 35 & & 35 & & 21 & & 7 &   & 1 \\
  &   &   &   &   &   &   & \cdots &   &   &   &   &   &   &
\end{array}
$$

Manchmal ist auch eine explizite Formel sehr nützlich. Mit dieser kann man die Binomialzahlen insbesondere für kleine Werte von k bequem ausrechnen.

4.2.2 Explizite Formel für die Binomialzahlen

Seien k und n natürliche Zahlen mit $0 \le k \le n$. Dann gilt

$$
\binom{n}{k} = \frac{n!}{k! \cdot (n-k)!} = \frac{n \cdot (n-1) \cdot (n-2) \cdot \ldots \cdot (n-k+1)}{k!}.
$$

Zum *Beispiel* ist

$$\binom{n}{2} = \frac{n \cdot (n-1)}{2}.$$

Der *Beweis* erfolgt durch Induktion nach n.

Induktionsbasis $n = 0$. Dann muss auch $k = 0$ sein. Da $\binom{0}{0} = 1$ ist und da

$$\frac{n!}{k! \cdot (n-k)!} = \frac{0!}{0! \cdot (0-0)!} = \frac{1}{1 \cdot 1} = 1$$

ist (man beachte, dass $0! = 1$ gesetzt wird), gilt die Aussage im Fall $n = 0$.

Induktionsschritt Sei $n \geq 1$ eine natürliche Zahl, und sei die Aussage richtig für n. Wir müssen zeigen, dass sie dann auch für $n + 1$ gilt. Dazu schließen wir wie folgt:

$$\binom{n+1}{k} = \binom{n}{k} + \binom{n}{k-1} \quad \text{(nach 4.2.1)}$$

$$= \frac{n!}{k! \cdot (n-k)!} + \frac{n!}{(k-1)! \cdot (n-(k-1))!} \quad \text{(nach Induktionsannahme)}$$

$$= \frac{n!}{(k-1)! \cdot (n-k)!} \cdot \frac{1}{k} + \frac{n!}{(k-1)! \cdot (n-k)!} \cdot \frac{1}{n-k+1} \quad \text{(Ausklammern)}$$

$$= \frac{n!}{(k-1)! \cdot (n-k)!} \cdot \left(\frac{1}{k} + \frac{1}{n-k+1} \right) \quad \text{(Zusammenfassen)}$$

$$= \frac{n!}{(k-1)! \cdot (n-k)!} \cdot \frac{(n-k+1)+k}{k \cdot (n-k+1)} \quad \text{(Hauptnenner)}$$

$$= \frac{n!}{(k-1)! \cdot (n-k)!} \cdot \frac{n+1}{k \cdot (n-k+1)} \quad \text{(Vereinfachen)}$$

$$= \frac{(n+1)!}{k! \cdot (n+1-k)!}.$$

Damit gilt die Aussage auch für $n + 1$, und der Satz ist vollständig bewiesen. $\square$

Beispiel Wir können jetzt die Anzahl der Möglichkeiten beim Lotto ausrechen. Es gilt:

$$\binom{49}{6} = \frac{49!}{6! \cdot 43!} = 13.983.816.$$

Daher ist die Chance, einen Sechser im Lotto zu tippen, nur gleich 1/13.983.816; das ist weniger als 0,000.007 Prozent.

Eine wichtige Anwendung der Binomialzahlen ist der Binomialsatz, mit dem man Ausdrücke der Form $(x + y)^n$ berechnen kann.

4.2.3 Binomialsatz

Seien x und y Unbestimmte über **R**. Dann gilt für jede natürliche Zahl n die folgende Gleichung:

$$(x + y)^n = \sum_{k=0}^{n} \binom{n}{k} x^k \cdot y^{n-k}.$$

Zum *Beispiel* gilt

$$(x + y)^2 = x^2 + 2xy + y^2,$$
$$(a + b)^3 = a^3 + 3a^2b + 3ab^2 + b^3.$$

Bemerkung Der Binomialsatz hat viele Anwendungen. Zunächst sagt er aber, wie man einen schwierig zu bestimmenden Term durch einfache Terme ausdrückt. Aber Obacht: Obwohl es zunächst nicht so aussieht, ist die linke Seite die schwierig auszurechnende, während die rechte ganz einfach zu bestimmen ist.

Beispiel Was ist 11^5? Diese schwierig erscheinende Aufgabe können wir mit dem Binomialsatz ganz einfach im Kopf ausrechnen:

$$11^5 = (10 + 1)^5$$
$$= \binom{5}{0} + \binom{5}{1}10 + \binom{5}{2}10^2 + \binom{5}{3}10^3 + \binom{5}{4}10^4 + \binom{5}{5}10^5$$
$$= 1 + 510 + 10.100 + 101.000 + 510.000 + 100.000 = 161.051.$$

Beweis des Binomialsatzes. Wir stellen uns vor, wie man die linke Seite ausrechnen würde: Man müsste n mal die Terme $x + y$ miteinander multiplizieren. Wenn man dies ausmultiplizieren würde, würde man aus k dieser Terme die Variable x

und aus den anderen $n - k$ die Variable y auswählen. Also erhält man Ausdrücke der Form $x^k y^{n-k}$.

Die Frage ist nur, wie oft man den Summand $x^k y^{n-k}$ erhält. Um diesen Term zu erhalten, muss man x genau k mal unter n Möglichkeiten auswählen. Daher erhält man den Summand $x^k y^{n-k}$ genau $\binom{n}{k}$ mal. $\qquad\square$

Die Binomialzahlen werden traditionell auch „Binomialkoeffizienten" genannt, weil sie im Binomialsatz als Koeffizienten auftreten.

Man kann den Binomialsatz auch für feste Werte von x und y spezialisieren und n allgemein lassen. So erhält man eine Aussage über Binomialzahlen, die man dann in eine Aussage über Teilmengen übersetzen kann.

4.2.4 Korollar

Sei n eine natürliche Zahl. Dann gilt:

(a)
$$\sum_{k=0}^{n} \binom{n}{k} = 2^n.$$

Das heißt: Die Anzahl aller Teilmengen einer n-elementigen Menge ist 2^n.

(b)
$$\sum_{k=0}^{n} \binom{n}{k}(-1)^k = 0.$$

Mit anderen Worten:

$$\sum_{\substack{k=0 \\ k\ \text{gerade}}}^{n} \binom{n}{k} = \sum_{\substack{k=0 \\ k\ \text{ungerade}}}^{n} \binom{n}{k}.$$

Das heißt: Die Anzahl der Teilmengen gerader Mächtigkeit einer n-elementigen Menge ist gleich der Anzahl der Teilmengen ungerader Mächtigkeit.

Beweis

(a) Wir setzen im Binomialsatz $x = 1$ und $y = 1$. Dann ergibt sich:

$$2^n = (1 + 1)^n = \sum_{k=0}^{n} \binom{n}{k} 1^k 1^{n-k} = \sum_{k=0}^{n} \binom{n}{k}.$$

(b) Wir setzen im Binomialsatz $x = -1$ und $y = 1$. Dann ergibt sich:

$$0 = (-1 + 1)^n = \sum_{k=0}^{n} \binom{n}{k} (-1)^k 1^{n-k} = \sum_{k=0}^{n} \binom{n}{k} (-1)^k.$$

$\square$

Die Binomialzahlen $\binom{n}{k}$ sind definiert als die Anzahl der k-elementigen Teilmengen einer n-elementigen Menge. Man spricht manchmal auch von den „ungeordneten Auswahlen *ohne Wiederholung*" von k Objekten einer n-elementigen Menge. Wir interessieren uns jetzt noch für die Auswahlen *mit* Wiederholungen.

Beispiel Wir betrachten alle 15 ungeordneten Auswahlen mit Wiederholungen von vier Elementen der Menge $\{A, B, C\}$:

$$AAAA \quad AAAB \quad AAAC \quad AABB \quad AABC \quad AACC \quad ABBB \quad ABBC$$
$$ABCC \quad ACCC \quad BBBB \quad BBBC \quad BBCC \quad BCCC \quad CCCC.$$

Mit dem folgenden Satz erhalten wir eine allgemeine Formel für die Auswahlen mit Wiederholungen.

4.2.5 Satz

Die Anzahl der ungeordneten Auswahlen mit Wiederholung von k Objekten aus einer Menge von n Objekten ist

$$\binom{n + k - 1}{k}.$$

Beweis Wir konstruieren eine eindeutige Zuordnung (formal mathematisch gesprochen eine „bijektive Abbildung") zwischen der Menge aller ungeordneten Auswahlen, die wir betrachten, und der Menge aller binären $(n + k - 1)$-Tupel mit genau k Einsen. Da die Anzahl dieser $(n + k - 1)$-Tupel gleich

$$\binom{n + k - 1}{k}$$

ist, ist damit die Behauptung bewiesen.

Da wir ungeordnete Auswahlen betrachten, können wir diese so beschreiben, dass wir zuerst die Objekte der ersten Art, dann die der zweiten Art und so weiter aufschreiben. (Vergleichen Sie das obige Beispiel.) Wir ordnen nun jeder solchen Auswahl eine binäre Folge zu; diese ist wie folgt definiert:

Wenn n_1 die Anzahl der Objekte der ersten Art ist, dann beginnt die Folge mit n_1 Einsen; nach dieser Folge von Einsen folgt eine Null.

Wenn n_2 die Anzahl der Objekte des zweiten Typs ist, dann wird die Folge mit n_2 Einsen fortgesetzt; dann kommt eine Null.

Und so weiter.

Mit anderen Worten: Die Folgen von Einsen entsprechen den Folgen von Objekten des gleichen Typs, während die Nullen als Trennzeichen zwischen Zeichen verschiedenen Typs dienen. Zum Beispiel gehört zu der Auswahl ABCC die binäre Folge 101011. (Beachten Sie, dass gewisse n_i gleich Null sein können; in diesem Fall stehen in der binären Folge Nullen direkt beieinander. Zum Beispiel entspricht der Auswahl AACC der Folge 110011.)

Da jede Auswahl aus genau k Objekten besteht, hat jede binäre Folge genau k Einsen; da man $n - 1$ Trennzeichen braucht, um die unterschiedlichen Objekttypen zu trennen, hat jede binäre Folge genau $n - 1$ Nullen. Insbesondere hat jede binäre Folge die Länge $n + k - 1$.

Da man umgekehrt jeder binären Folge·der Länge $n + k - 1$ mit genau $n - 1$ Nullen eindeutig eine ungeordnete Auswahl mit Wiederholungen von k Objekten aus einer n-elementigen Menge zuordnen kann, ist die Behauptung bewiesen. □

4.3 Siebformel

In diesem Abschnitt soll die Summenformel (Satz 4.1.1) verallgemeinert werden. Wenn wir die Mächtigkeit der Vereinigung der drei endlichen Mengen A, B, C bestimmen wollen, gehen wir so vor:

$$|A \cup B \cup C| = |A| + |B| + |C| - |A \cap B| - |A \cap C| - |B \cap C| + |A \cap B \cap C|.$$

Dies wollen wir jetzt auf die Vereinigung beliebig vieler Mengen $A_1, A_2, \ldots, A_s$ verallgemeinern.

4.3.1 Siebformel

Seien $A_1, A_2, \ldots, A_s$ beliebige endliche Mengen. Dann gilt:

$$|A_1 \cup A_2 \cup \ldots \cup A_s| = \alpha_1 - \alpha_2 + \alpha_3 - \alpha_4 \pm \ldots + (-1)^{s-1} \cdot \alpha_s.$$

Dabei erhält man die Zahlen α_i auf folgende Weise:

(a) Man bildet den Durchschnitt von je i der Mengen $A_1, A_2, \ldots, A_s$.
(b) Man bestimmt die Mächtigkeit dieser Durchschnitte.
(c) Man addiert diese Mächtigkeiten.

Zum *Beispiel* ist α_1 die Summe der Mächtigkeiten der Mengen $A_1, A_2, \ldots, A_s$.

Bemerkung Man kann sich den Satz so vorstellen, dass α_1 den Wert der linken Seite nur sehr grob angibt (1. Approximation). Durch den Korrekturterm α_2 wird die linke Seite schon etwas besser approximiert (2. Approximation). Genauer gesagt gilt: Bei der i-ten Approximation werden die Elemente der Vereinigung genau einmal gezählt, die im Durchschnitt von höchstens i der Mengen $A_1, A_2, \ldots, A_s$ liegen.

Beweis der Siebformel. Sei s ein beliebiges Element der Vereinigung $A_1 \cup A_2 \cup \ldots \cup A_s$. Wir müssen uns davon überzeugen, dass s in dem Ausdruck auf der rechten Seite genau einmal gezählt wird.

Das Element s sei in genau r der Mengen $A_1, A_2, \ldots, A_s$ enthalten; ohne Beschränkung der Allgemeinheit sei s in $A_1, \ldots, A_r$ enthalten. Dann wird s in α_1 genau r mal gezählt, nämlich in jeder Menge $A_1, \ldots, A_r$ genau einmal. In α_2 wird s genau $\binom{r}{2}$ mal gezählt, nämlich in jedem Durchschnitt von jeweils zwei der Mengen $A_1, \ldots, A_r$ genau einmal. Entsprechend wird s in α_3 genau $\binom{r}{3}$ mal gezählt, in jedem Durchschnitt von jeweils drei der Mengen $A_1, \ldots, A_r$ genau einmal. Und so weiter. In α_r wird s genau $\binom{r}{r}$ mal gezählt, nämlich im Durchschnitt aller r Mengen $A_1, \ldots, A_r$ genau einmal. Im Durchschnitt von mehr als r der Mengen $A_1, \ldots, A_s$ ist s nicht enthalten, das heißt, für $i > r$ ist $\alpha_i = 0$.

Insgesamt wird s auf der rechten Seite also genau

$$\binom{r}{1} - \binom{r}{2} + \binom{r}{3} \mp \ldots + (-1)^{r-1} \cdot \binom{r}{r}$$

mal gezählt. Da nach Satz 4.2.4 die alternierende Summe aller Binomialzahlen gleich 0 ist, ist obige Summe gleich

$$\binom{r}{0} - \sum_{k=0}^{r} \binom{r}{k}(-1)^k = \binom{r}{0} - 0 = 1.$$

Das Element s wird also auch auf der rechten Seite genau einmal gezählt. Damit ist die Siebformel bewiesen.   □

4.3.2 Korollar

Seien $A_1, A_2, \ldots, A_s$ beliebige Teilmengen einer n-elementigen Menge A. Dann gilt:

$$|A \backslash (A_1 \cup A_2 \cup \ldots \cup A_s)| = n - \alpha_1 + \alpha_2 - \alpha_3 + \alpha_4 \mp \ldots + (-1)^s \cdot \alpha_s.$$

Dabei werden die α_i genauso wie in der Siebformel gebildet.   □

Eine interessante Anwendung der Siebformel ist die Bestimmung der Anzahl gewisser Permutationen.

Eine **Permutation** einer endlichen Menge M ist eine bijektive Abbildung der Menge M in sich. Das heißt: Jedem Element aus M wird ein Element von M so zugeordnet, dass keine zwei Elemente das gleiche Bild haben.

Zum *Beispiel* ist die Abbildung π: $\{1, 2, 3, 4, 5\} \to \{1, 2, 3, 4, 5\}$, definiert durch

$$\pi(1) = 2, \pi(2) = 4, \pi(3) = 3, \pi(4) = 5, \pi(5) = 1,$$

eine Permutation. Wir können diese Permutation auch nach folgendem Muster notieren:

$$\pi = \begin{pmatrix} 1 & 2 & 3 & 4 & 5 \\ 2 & 4 & 3 & 5 & 1 \end{pmatrix}.$$

Die Regel dabei lautet: Schreibe die Elemente von M der Reihe nach in die erste
Zeile; unter jedes Element der oberen Zeile schreibe das Bild dieses Elementes.

Da Permutationen bijektive Abbildungen einer Menge in sich sind, ergibt sich,
dass die Hintereinanderausführung von Permutationen einer Menge M wieder eine
Permutation der Menge M ist. Ferner ist die zu einer Permutation inverse Abbildung
ebenfalls eine Permutation. Mit anderen Worten: Die Permutationen einer Menge
M bilden bezüglich der Hintereinanderausführung eine „Gruppe"; man nennt sie
die **symmetrische Gruppe** von M.

(Eine **Gruppe** besteht aus einer Menge G und einer Operation, die je zwei Elementen aus G wieder ein Element aus G zuordnet, so dass diese Operation assoziativ
ist, dass es ein neutrales Element gibt und dass jedes Element aus G ein inverses Element besitzt.)

4.3.3 Satz

Die Anzahl der Permutationen einer n-elementigen Menge ist $n!$.

Beispiel Um 100 Menschen auf 100 Stühle zu setzen, gibt es genau $100! \approx 10^{158}$
Möglichkeiten.

Beweis Wir überlegen uns systematisch, wie viele Möglichkeiten es für eine Permutation π einer n-elementigen Menge M gibt. Ohne Einschränkung der Allgemeinheit können wir $M = \{1, 2, 3, \ldots, n\}$ wählen. Wir überlegen uns der Reihe nach, wie
viele Möglichkeiten es für die Bilder der Elemente $1, 2, 3, \ldots, n$ gibt.

Für das Bild des ersten Elements 1 gibt es n Möglichkeiten.

Für das Bild von 2 stehen noch $n-1$ Möglichkeiten zur Verfügung, nämlich alle
außer dem Bild $\pi(1)$ des ersten Elements.

Für das Bild von 3 stehen nur noch $n-2$ Möglichkeiten zur Verfügung, nämlich
alle außer den bereits vergebenen, das heißt den Bildern $\pi(1)$ und $\pi(2)$.

Und so weiter.

Für das vorletzte Element $n-1$ stehen gerade noch 2 Elemente als Bilder zur
Auswahl, da bereits $n-2$ Elemente vergeben sind (die Bilder von $1, 2, \ldots, n-2$).

Das Bild des letzten Elements ist vollständig determiniert.

Also gibt es insgesamt genau $n \cdot (n-1) \cdot (n-2) \cdot \ldots \cdot 2 \cdot 1 = n!$ Möglichkeiten für
die Auswahl einer beliebigen Permutation π von M.   □

Sei π eine Permutation der Menge $M = \{1, 2, 3, \ldots, n\}$. Wir nennen ein Element i von M einen **Fixpunkt** von π, falls die Permutation π das Element i auf sich abbildet, falls also $\pi(i) = i$ gilt.

Zum *Beispiel* ist bei obiger Permutation das Element 3 ein Fixpunkt. Dagegen hat die Permutation

$$\begin{pmatrix} 1 & 2 & 3 & 4 & 5 \\ 5 & 3 & 1 & 2 & 4 \end{pmatrix}$$

überhaupt keinen Fixpunkt.

Wir werden im Folgenden die Anzahl der Permutationen ohne jeden Fixpunkt bestimmen. Es gibt zahlreiche Einkleidungen dieses Problems:

(a) Eine unaufmerksame Sekretärin soll n Briefe in n Umschläge stecken. Wie viele Möglichkeiten gibt es, dies so zu machen, dass kein einziger Brief im richtigen Umschlag steckt? Wir nummerieren die Briefe und die Umschläge mit 1, 2, 3, $\ldots, n$, wobei der Umschlag i genau der sein soll, der zu Brief Nr. i gehört. Jedes Eintüten der Briefe ist eine Permutation der Menge $\{1, 2, 3, \ldots, n\}$. Eine Aktion, bei der kein Brief im richtigen Umschlag ist, entspricht einer Permutation ohne Fixpunkte.

(b) Eine Versammlung zerstreuter Professoren trifft sich zum Essen in einem Restaurant. Wir groß ist die Wahrscheinlichkeit, dass jeder beim Nachhausegehen einen falschen Mantel anzieht? Die Anzahl der Möglichkeiten für ein solches Ereignis ist die Anzahl der Permutationen ohne Fixpunkt. Wenn wir diese Anzahl durch die Anzahl aller möglichen Permutationen teilen, so erhalten wir die Wahrscheinlichkeit.

4.3.4 Satz

Die Anzahl der Permutationen einer n-elementigen Menge ohne Fixpunkt ist gleich

$$n! - \frac{n!}{1!} + \frac{n!}{2!} - \frac{n!}{3!} \pm \ldots + (-1)^n \cdot \frac{n!}{n!}.$$

Beweis Wir wenden die Siebformel an.

Sei $M = \{1, 2, 3, \ldots, n\}$. Sei A die Menge aller Permutationen von M. Nach Satz 4.3.3 enthält A genau $n!$ Elemente. Wir definieren die Mengen A_1, A_2, A_3,

..., A_n so, dass A_1 genau die Permutationen mit Fixpunkt 1 enthält, A_2 die mit Fixpunkt 2, usw. Schließlich enthält A_n die Permutationen mit Fixpunkt n.

Klar ist: Eine Permutation kann in mehreren der Mengen A_i liegen (zum Beispiel liegt die Identität in allen A_i). Die Permutationen ohne Fixpunkt sind genau die Permutationen aus A, die in keiner der Mengen $A_1, \ldots, A_n$ liegen. Nach Korollar 4.3.2 ist die gesuchte Anzahl $a(n)$ aller Permutationen ohne Fixpunkt also gleich

$$a(n) = |A \backslash (A_1 \cup A_2 \cup A_3 \cup \ldots \cup A_n)|$$
$$= n! - \alpha_1 + \alpha_2 - \alpha_3 + \alpha_4 \mp \ldots + (-1)^n \cdot \alpha_n.$$

Die α_i werden dabei wie in der Siebformel gebildet. Das bedeutet:

(a) *Man bildet den Durchschnitt von je i der Mengen A_1, A_2, ..., A_n:* Jeder dieser Durchschnitte enthält alle Permutationen mit gewissen i Fixpunkten. Zum Beispiel enthält der Durchschnitt $A_1 \cap A_3 \cap A_7$ alle Permutationen mit den Fixpunkten 1, 3 und 7. Es gibt $\binom{n}{i}$ Möglichkeiten, diese i Fixpunkte auszuwählen. Also gibt es $\binom{n}{i}$ solche Durchschnitte.

(b) *Man bestimmt die Mächtigkeit dieser Durchschnitte:* Es gibt $(n - i)!$ Permutationen mit i festgelegten Fixpunkten. (Denn die Bilder der Fixpunkte sind festgelegt, die restlichen $n - i$ Bilder können frei gewählt werden.) Also haben alle diese Durchschnitte die gleiche Mächtigkeit, nämlich $(n - i)!$.

(c) *Man addiert diese Mächtigkeiten:* Da es $\binom{n}{i}$ Stück gibt, ist $\alpha_i = \binom{n}{i} \cdot (n - i)!$. Das können wir noch vereinfachen:

$$\alpha_i = \binom{n}{i} \cdot (n - i)! = \frac{n!}{i! \cdot (n - i)!} \cdot (n - i)! = \frac{n!}{i!}.$$

Für die gesuchte Anzahl aller Permutationen ohne Fixpunkt gilt also

$$a(n) = n! - \frac{n!}{1!} + \frac{n!}{2!} - \frac{n!}{3!} \pm \ldots + (-1)^n \cdot \frac{n!}{n!}.$$

Damit ist der Satz bewiesen. $\square$

Beispiel Bei $n = 5$ zerstreuten Professoren gibt es

$$a(5) = 5! - \frac{5!}{1!} + \frac{5!}{2!} - \frac{5!}{3!} + \frac{5!}{4!} - \frac{5!}{5!}$$
$$= 120 - 120 + 60 - 20 + 5 - 1 = 44$$

Möglichkeiten, dass jeder einen falschen Mantel anzieht.

Bemerkung Eine interessante Frage ist die nach der *Wahrscheinlichkeit* dafür, dass eine Permutation einer n-elementigen Menge keinen Fixpunkt besitzt. Um diese Wahrscheinlichkeit zu bestimmen, müssen wir die Anzahl $a(n)$ der fixpunktfreien Permutationen durch die Anzahl $n!$ aller Permutationen teilen. Für diese Wahrscheinlichkeit P ergibt sich

$$P = \frac{a(n)}{n!} = 1 - \frac{1}{1!} + \frac{1}{2!} - \frac{1}{3!} \pm \ldots + (-1)^n \cdot \frac{1}{n!}.$$

Im obigen Beispiel mit $n = 5$ erhalten wir $P = 44/120 \approx 36{,}7\,\%$.

Man kann zeigen, dass sich die Wahrscheinlichkeit P für sehr große n immer mehr der Zahl

$$\frac{1}{e} \approx 36{,}8\,\%$$

annähert, wobei die Konstante $e = 2{,}71828\ldots$ die so genannte **Eulersche Zahl** ist (nach Leonhard Euler, 1707–1783).

4.4 Übungsaufgaben

1. Unter den 80 Hörern einer Vorlesung sind 55 Studentinnen sowie 60 Studierende im ersten Semester. Können Sie eine Aussage über die Anzahl der Studentinnen im ersten Semester machen?
2. (a) Wie viele Kombinationen aus drei Buchstaben gibt es?
    (b) Jeder Flughafen hat einen dreibuchstabigen Code. Zum Beispiel FRA für Frankfurt, JFK für New York, LIN für Mailand. Stellen Sie fest (etwa mit Hilfe von http://www.world-airport-codes.com), wie viele der möglichen Kombinationen tatsächlich benutzt werden.
3. In meinem Lieblingssteakrestaurant kann man sich seine Mahlzeit aus folgenden Komponenten selbst zusammenstellen:
    (a) Hüftsteak, Rumpsteak, Filetsteak, Rib-Eye Steak;
    (b) Gewicht: 180 g oder 250 g;
    (c) Beilagen: Folienkartoffeln, Pommes Frites, Kroketten, Bratkartoffeln, weißer Langkornreis, Maiskolben, Knoblauchbrot, rote Bohnen, Zwiebelringe, Champignons;
    (d) Saucen: Kräuterbutter, Pfefferrahmsauce, Sauce nach Art Béarnaise.
    Wenn ich jeden Monat einmal dort esse: Wie lange brauche ich, um alle Kombinationen durchzuprobieren?
4. Wie viele 5-stellige Postleitzahlen gibt es?
5. Ist es besser, zwei 3-stellige Zahlenschlösser oder ein 6-stelliges zu benutzen?

6. Ein Kollege erzählt mir: „Ich habe eine gute PIN: lauter verschiedene Ziffern!"
   Wie viele Möglichkeiten für PINs aus verschiedenen Ziffern gibt es? Wie viel
   hat mir mein Kollege also von seiner PIN verraten?

7. Im Jahr 2000 lebten in Deutschland 82.259.500 Menschen, davon 42.103.000
   Frauen. Wie viele Möglichkeiten gibt es, ein verschiedengeschlechtliches Paar
   zusammenzustellen? Wäre die Zahl der möglichen Paare größer, wenn es gleich
   viele Männer wie Frauen gäbe? Und was hat das Ganze mit dem kartesischen
   Produkt von Mengen zu tun?

8. Beweisen Sie Satz 4.1.4, indem Sie ihn auf Satz 4.1.3 zurückführen. [*Hinweis:*
   Nummerieren Sie die Elemente der Menge M, und ordnen Sie jeder Teilmenge
   von M eindeutig eine binäre Folge zu.]

9. Berechnen Sie $\binom{10}{5}$, $\binom{42}{40}$ und $\binom{47}{11}$.

10. Auf den üblichen Dominosteinen sind die sieben Zahlen $0, 1, \ldots, 6$ aufgemalt.
    Dabei kommen alle möglichen Kombinationen aus zwei Zahlen vor. Aus wie
    vielen Dominosteinen besteht ein vollständiges Spiel?

11. (a) Auf einer Party sind 10 Gäste. Zu Beginn stößt jeder mit jedem anderen
       Gast genau einmal an. Wie oft klingen zwei Gläser zusammen?

    (b) Auf einer anderen Party stößt ebenfalls jeder mit jedem anderen an. Man
       hört 55 mal Gläser klingen. Wie viele Teilnehmer waren da?

    (c) Bei einer dritten Party behauptet jemand, dass es zu Beginn, als je zwei
       Gäste miteinander angestoßen haben, genau 50 mal geklungen hat. Was
       sagen Sie dazu?

12. Auf einer Party befinden sich m Paare. Jeder stößt mit jedem an – außer mit
    seinem Partner. Wie oft „klingelt" es?

13. Auf einer Party befinden sich Paare und Singles. Jeder stößt mit jedem an, außer
    mit seinem Partner – falls er einen hat. Insgesamt klingelt es 62 mal. Wie viele
    Paare und wie viele Singles gibt es?

14. Machen Sie sich klar, wie man mit Hilfe des Pascalschen Dreiecks die Binomial-
    zahlen bestimmen kann. Was ergibt sich für die Zeilensummen im Pascalschen
    Dreieck – und warum?

15. Die Zahlen der Form $(n + 1)n/2$ heißen **Dreieckszahlen** (siehe Kap. 3). Wo
    kann man die Dreieckszahlen im Pascalschen Dreieck finden?

16. Zeigen Sie $\binom{n}{k} = \binom{n}{n-k}$, indem Sie mit Teilmengen einer Menge argumentie-
    ren.

17. Auf einem $m \cdot n$-Gitter startet ein Roboter links unten. Er kann nur nach rechts
    und nach oben gehen. Auf wie viele Weisen kann er den Punkt rechts oben
    erreichen? Die folgende Zeichnung zeigt einen möglichen Weg auf einem 6×8-
    Gitter.

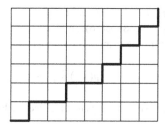

18. In einem Getränkeladen stehen 7 Getränkesorten zur Verfügung. Wie viele Möglichkeiten gibt es, eine Kiste mit 12 Flaschen zusammenzustellen?

19. Für welche $n \in \mathbb{N}$ gilt $\binom{n}{2} < \binom{n}{3}$? Beweisen Sie Ihre Behauptung.

20. Sei n eine feste natürliche Zahl. Für welche k sind die Binomialzahlen $\binom{n}{k}$ am größten?

21. Welchen Koeffizienten hat der Term $a^2 b c^3 d^4$ in $(a + b + c + d)^{10}$?

22. Ist $1{,}0001^{10.000} > 2$?

23. Zeigen Sie, dass für alle natürlichen Zahlen k und n mit $1 \le k \le n$ folgende Gleichung gilt:

$$\binom{n}{k} = \frac{n}{k} \cdot \binom{n-1}{k-1}.$$

24. Wie viele Möglichkeiten gibt es, acht Türme auf einem Schachbrett so aufzustellen, dass keine zwei sich bedrohen?

25. Schlüssel werden gemacht, indem man Schlitze verschiedener Tiefe in den Bart einfräst. Angenommen, es gibt 8 verschiedene Tiefen. Wie viele Schlitze muss man vorsehen, um 1 Million verschiedener Schlüssel machen zu können?

26. Seien A, B, C und D endliche Mengen. Bestimmen Sie $|A \cup B \cup C \cup D|$ mit der Siebformel.

27. Wie viele Möglichkeiten gibt es bei 10 Briefen und 10 zugehörigen Umschlägen, jeden Brief in einen falschen Umschlag zu stecken?

28. Zeigen Sie, dass für die Anzahl $a(n)$ aller Permutationen einer n-elementigen Menge, die keinen Fixpunkt besitzen, die folgende Rekursionsgleichung gilt:

$$a(n) = (n-1) \cdot (a(n-1) + a(n-2)) \quad \text{mit} \quad a(1) = 0 \quad \text{und} \quad a(2) = 1.$$

29. Bestimmen Sie die Anzahl der durch 2, 3 oder 5 teilbaren natürlichen Zahlen kleiner gleich 100 mit Hilfe der Siebformel.

30. Für eine positive ganze Zahl n ist die **eulersche φ-Funktion** $\varphi(n)$ definiert als die Anzahl der positiven ganzen Zahlen kleiner oder gleich n, die teilerfremd zu n sind. Bestimmen Sie $\varphi(n)$ für $n = 1, 2, 3, \ldots, 13$.

31. Was ist $\varphi(p)$, wenn p eine Primzahl ist?

32. Bestimmen Sie $\varphi(2)$, $\varphi(8)$, $\varphi(16)$, $\varphi(32)$, ..., $\varphi(2^a)$ mit $a \in \mathbb{N}$.

33. Zeigen Sie, dass für jede Primzahl p und jede natürliche Zahl a gilt

$$\varphi(p^a) = p^a - p^{a-1}.$$

34. Bestimmen Sie $\varphi(p \cdot q)$, wobei p, q verschiedene Primzahlen sind.

▶ **Didaktische Anmerkungen** Zählprobleme durchziehen die gesamte Schulmathematik. Vertieft und formaler behandelt werden kombinatorische Fragestellungen im Stochastikunterricht der Oberstufe. Hierzu stellt dieses Kapitel ergänzende und vertiefende Informationen zur Verfügung.

Auch im Algebraunterricht der Mittelstufe kann der Binomialsatz zur Sprache kommen, sowie die Bestimmung der Binomialzahlen mit dem Pascalschen Dreieck. Auf diese Weise können die binomischen Formeln für höhere Exponenten verallgemeinert werden.

Im Informatikunterricht der Oberstufe können Fakultäten und Binomialzahlen als typische Beispiele für rekursive Programmierung dienen.

Literatur

Aigner, M.: Diskrete Mathematik, 6. Aufl. Verlag Vieweg, Braunschweig und Wiesbaden (2006)

Biggs, N.L.: Discrete Mathematics. Oxford University Press, Oxford (1996)

Halder, H.-R., Heise, W.: Einführung in die Kombinatorik. Carl Hanser Verlag, München und Wien (1976)

van Lint, J.H., Wilson, R.M.: A Course In Combinatorics, 2. Aufl. Cambridge University Press, Cambridge (2001)

Steger, A.: Diskrete Strukturen I: Kombinatorik, Graphentheorie, Algebra. Springer-Verlag, Berlin und Heidelberg (2001)

Zahlentheorie

5

In diesem Kapitel werden wir uns mit den natürlichen und den ganzen Zahlen beschäftigen und deren Eigenschaften untersuchen. Wir bezeichnen die Menge der **natürlichen Zahlen** mit $\mathbb{N}$, die Menge der **ganzen Zahlen** mit $\mathbb{Z}$. Das heißt:

$$\mathbb{N} = 0, 1, 2, 3, \ldots, \mathbb{Z} = -3, -2, -1, 0, 1, 2, 3, \ldots.$$

Manchmal nennt man auch nur die positiven ganzen Zahlen natürliche Zahlen. Es erweist sich aber oft als günstig, auch die 0 als natürliche Zahl aufzufassen.

5.1 Teilbarkeit

Wir werden einerseits die ganzen Zahlen an sich studieren und dabei besonders wichtige Zahlen, die Primzahlen, entsprechend herausstellen. Dazu ist es aber andererseits wichtig, Beziehungen zwischen Zahlen zu studieren. Die wichtigste Beziehung, die zwei natürliche Zahlen haben können, ist die Teilerbeziehung.

Seien a und b ganze Zahlen. Wir sagen, dass die Zahl a die Zahl b **teilt** (oder, gleichbedeutend, dass b ein **Vielfaches** der Zahl a ist), falls es eine ganze Zahl q gibt mit der Eigenschaft

$$b = q \cdot a.$$

Das bedeutet, dass bei der Division von b durch a kein Rest bleibt. Wir schreiben in dieser Situation dann auch $a \mid b$.

Beispiele

(a) Es gelten die folgenden Teilbarkeitsbeziehungen:

$$3 \mid 6, \ 3 \mid -6, \ -3 \mid 6, \ -3 \mid -6.$$

A. Beutelspacher und M.-A. Zschiegner, *Diskrete Mathematik für Einsteiger*, DOI 10.1007/978-3-658-05781-7_5, © Springer Fachmedien Wiesbaden 2014

(b) Für jede ganze Zahl a gilt $a \mid a$. (Setze $q = 1$.)

(c) Für jede ganze Zahl a gilt $a \mid 0$ („Null wird von jeder Zahl geteilt"). Dies folgt, indem man $q = 0$ setzt, denn in der Tat ist $0 = 0 \cdot a$. (Achtung: Diese Eigenschaft setzt die Regel „durch Null darf man nicht teilen" nicht außer Kraft. Denn hier geht es nicht um die Aufgabe „a geteilt durch 0", sondern umgekehrt um „0 geteilt durch a".)

(d) Die einzigen Teiler der Zahl 1 sind 1 und -1.

(e) Aus $a \mid b$ folgt $a \mid -b$ und umgekehrt. Das bedeutet, dass wir häufig davon ausgehen können, dass b eine positive Zahl ist.

(f) Aus $a \mid b$ folgt $a \mid bc$ für jede ganze Zahl c. (Denn nach Definition gibt es eine ganze Zahl q mit $b = q \cdot a$. Wenn wir beide Seiten mit c multiplizieren, erhalten wir $b \cdot c = q \cdot a \cdot c = (qc) \cdot a$. Also gibt es eine ganze Zahl q', nämlich $q' = qc$, mit $bc = q' \cdot a$. Das bedeutet $a \mid bc$.)

In vielen Situationen kann man aus gegeben Teilbarkeitsbeziehungen auf andere schließen. Dabei ist folgender Hilfssatz entscheidend:

5.1.1 Hilfssatz

Seien a, b', b ganze Zahlen mit $a \mid b$ und $a \mid b'$. Dann gilt auch $a \mid b + b'$ und $a \mid b - b'$. Kurz:

$$a \mid b \quad \text{und} \quad a \mid b' \;\Rightarrow\; a \mid b + b' \quad \text{und} \quad a \mid b - b'.$$

Beweis Aus $a \mid b$ und $a \mid b'$ folgt, dass es ganze Zahlen q und q' gibt mit $b = q \cdot a$ und $b' = q' \cdot a$. Indem wir beide Gleichungen addieren bzw. subtrahieren, erhalten wir

$$b + b' = q \cdot a + q' \cdot a = (q + q') \cdot a$$

bzw.

$$b - b' = q \cdot a - q' \cdot a = (q - q') \cdot a.$$

Das bedeutet $a \mid b + b'$ bzw. $a \mid b - b'$. $\square$

Beispiele

(a) Sei A eine natürliche Zahl, die zwei aufeinander folgende ganze Zahlen z und $z + 1$ teilt. Dann ist $a = 1$. Denn a muss auch die Differenz $(z + 1) - z$ teilen.

(b) Sei a eine natürliche Zahl, die 235 und 252 teilt. Dann ist $a = 1$ oder $a = 17$. Denn a muss nach Hilfssatz 5.1.1 die Differenz $252 - 235 = 17$ teilen. Da 17 eine Primzahl ist, muss also $a = 1$ oder $a = 17$ sein.

(c) Sei a eine natürliche Zahl, die zwei aufeinander folgende Quadratzahlen teilt. Dann ist a ungerade. Denn aus $a \mid b^2$ und $a \mid (b + 1)^2$ folgt $a \mid (b + 1)^2 - b^2 = 2b + 1$. Also teilt a die Zahl $2b + 1$, die ungerade ist. Da alle Teiler einer ungeraden Zahl ungerade sind, gilt die Behauptung.

Für die Teilbarkeit ist es unerheblich, ob wir eine Zahl a oder die Zahl $-a$ betrachten. Daher genügt es, sich mit der positiven der beiden zu beschäftigen. Dazu definieren wir:

Sei a eine ganze Zahl. Der **Absolutbetrag** von a wird mit $|a|$ bezeichnet und ist wie folgt definiert:

$$|a| = a, \qquad \text{falls} \quad a \geq 0,$$
$$|a| = -a, \qquad \text{falls} \quad a < 0.$$

Die Definition, insbesondere die zweite Zeile, erscheint auf den ersten Blick merkwürdig, man beachte aber, dass $-a$ positiv ist, falls a negativ ist. Einige Beispiele zeigen, dass die Begriffsbildung ganz einfach ist (und dass die Schwierigkeit hier eher in der mathematischen Beschreibung liegt).

Beispiele $|1000| = 1000$, $|-1| = 1$, $|-3{,}14| = 3{,}14$.

Eine wichtige Eigenschaft der Teilerbeziehung ist die, dass – jedenfalls bei positiven Zahlen – ein „Dividend", das heißt ein Teiler, nie größer sein kann als der „Divisor", das heißt, die Zahl, die geteilt wird. Das wird in folgendem Hilfssatz präzisiert.

5.1.2 Hilfssatz

Seien a und b ganze Zahlen mit $b \mid a$. Wenn $a \neq 0$ ist, dann gilt $|b| \leq |a|$. Genauer gesagt gilt entweder $|b| = |a|$ oder sogar $|b| \leq |a|/2$. Insbesondere folgt für positive Zahlen a und b aus $b \mid a$ auch $b \leq a$.

Beweis Zunächst seien a und b positive Zahlen. Da b ein Teiler von a ist, gibt es eine ganze Zahl q mit $a = qb$. Da a und b beide positiv sind, muss auch q positiv sein. Wenn $q = 1$ ist, dann folgt $a = b$. Andernfalls ist $q \geq 2$. Daraus ergibt sich

$$b = a/q \leq a/2.$$

Dies ist die Behauptung für positive a und b.

Der allgemeine Fall ergibt sich, da aus $b \mid a$ auch stets folgt, dass der Absolutbetrag $|b|$ von b den Absolutbetrag $|a|$ von a teilt.   □

Beispiel: Jede ungerade Zahl, die 57.218 und 57.884 teilt, ist nicht größer als 333. (Wenn a sowohl 57.218 als auch 57.884 teilt, teilt a auch die Differenz, das heißt 666. Daher ist nach Hilfssatz 5.1.1 entweder $a = 666$ oder $a \leq 666/2 = 333$. Da a ungerade ist, ist $a = 666$ unmöglich. Also folgt die Behauptung.)

5.1.3   Folgerung

Eine ganze Zahl zwischen $-(a-1)$ und $a-1$, die durch a geteilt wird, ist 0.

Beweis Sei b ein Vielfaches von a mit $-(a-1) \leq b \leq a-1$. Angenommen, $b \neq 0$. Mit Hilfssatz 5.1.2 folgt dann $a \leq |b|$. Da nach Voraussetzung aber $|b| \leq a-1$ ist, ergibt sich ein Widerspruch. Also ist $b = 0$.   □

5.2   Division mit Rest

Wir alle kennen Aussagen des Typs „9 geteilt durch 4 ist 2 Rest 1": Dies scheint banal zu sein (ist es auch), aber die Division mit Rest ist das entscheidende Werkzeug der Zahlentheorie. Im folgenden Satz wird die Vorstellung „wir dividieren b durch a mit Rest" präzisiert und so einer mathematischen Behandlung zugänglich gemacht.

5.2.1   Satz

Seien a und b ganze Zahlen mit $a \neq 0$. Dann gibt es eindeutig bestimmte ganze
Zahlen q und r mit

$$b = qa + r \quad \text{und} \quad 0 \leq r < |a|.$$

Bemerkung Der Satz sichert sowohl die Existenz als auch die Eindeutigkeit der
Zahlen q und r. Es wird sich zeigen, dass die Eindeutigkeit mindestens so wichtig ist wie die Existenz. Die Eindeutigkeit hängt übrigens wesentlich von der Be-
dingung „$0 \leq r < |a|$" ab. Deshalb muss man *beides* fordern, die Division mit Rest
(„$b = qa + r$") und die Beschränkung des Restes r („$0 \leq r < |a|$").

Beweis Die *Eindeutigkeit* ist einfach zu zeigen, deshalb machen wir das zuerst: Angenommen, es sind Zahlenpaare (q, r) und (q', r') gegeben mit

$$b = qa + r \quad \text{und} \quad 0 \leq r < |a|, \quad \text{sowie} \quad b = q'a + r' \quad \text{und} \quad 0 \leq r' < |a|.$$

Zu zeigen ist $q' = q$ und $r' = r$. Dazu fassen wir zunächst die Gleichungen zusammen:

$$qa + r = b = q'a + r'.$$

Daraus folgt

$$(q - q')a = r' - r.$$

Also teilt a die Zahl $r' - r$. Da aber sowohl r' als auch r zwischen 0 und $|a|-1$
liegen, liegt die Zahl $r' - r$ zwischen $-(|a|-1)$ und $|a|-1$.

Mit Folgerung 5.1.3 folgt jetzt $r' - r = 0$, also $r' = r$.

Aus $(q - q')a = r' - r = 0$ ergibt sich somit wegen $a \neq 0$ die Gleichung $q - q' = 0$,
also $q = q'$.

Nun zur *Existenz* der Zahlen q und r. Um die Notation zu vereinfachen, überlegen wir uns zunächst, dass wir o.B.d.A. voraussetzen können, dass a und b positiv
sind. Wir zeigen hier, dass man a als positiv annehmen kann; die entsprechende
Aussage für b ist Thema der Übungsaufgabe 3.

Zwischenbehauptung Wenn die Aussage für positives a gilt, dann gilt sie auch für negatives a.

Wir setzen voraus, dass die Aussage für positives a gilt. Sei a negativ. Dann ist $-a$ positiv, und es gibt q^* und r^* mit

$$-b = (-a)q^* + r^* \quad \text{und} \quad 0 \le r^* < |a|.$$

Indem wir beide Seiten mit -1 multiplizieren, erhalten wir

$$b = aq^* - r^*.$$

Wenn $r^* = 0$ ist, haben wir bereits eine Darstellung gefunden. Sei also $r^* > 0$. Dann gilt

$$b = aq^* - r^* = a(q^* + 1) + (-a - r^*) =: aq + r,$$

wenn wir $q := q^* + 1$ und $r := -a - r^*$ setzen. Für das so definierte r gilt

$$r = -a - r^* > 0,$$

da $0 < r^* < |a| = -a$ gilt und $-a$ positiv ist. Außerdem ist

$$r = -a - r^* < -a = |a|,$$

da r^* positiv ist. Damit ist die Zwischenbehauptung bewiesen.

Nun kommen wir zum eigentlichen *Existenzbeweis*. Wir setzen voraus, dass a und b positiv sind, und zeigen die Existenz der Zahlen q und r durch Induktion nach b.

Induktionsbasis: Sei $b < a$. Wir setzen $q := 0$ und $r := b$. Dann gilt

$$b = 0 \cdot a + b = q \cdot a + r.$$

Induktionsschritt: Sei nun $b \ge a$, und sei die Aussage richtig für alle kleineren natürlichen Zahlen. Wir werden die Induktionsvoraussetzung für die Zahl $b^* := b - a$ benutzen. Da $b^* < b$ ist, gibt es nach Induktion ganze Zahlen q^* und r^* mit

$$b^* = q^* \cdot a + r^* \quad \text{und} \quad 0 \le r^* < a.$$

Nun setzen wir $q := q^* + 1$, $r := r^*$ und erhalten

$$b = b^* + a = q^* \cdot a + r^* + a = (q^* + 1) \cdot a + r^* = q \cdot a + r \quad \text{und} \quad 0 \le r < a.$$

Damit ist alles gezeigt.   □

In vielen Fällen interessiert uns nicht so sehr der Divisor q, sondern vor allem der Rest r. Aus diesem Grund erhält der Rest eine spezielle Bezeichnung, die auf den berühmten deutschen Mathematiker Carl Friedrich Gauß (1777–1855) zurückgeht. Diese scheint auf den ersten Blick schwierig zu sein. In Wirklichkeit ist sie aber ganz einfach, und wir werden diese Bezeichnung hundertfach benutzen. Es hat also keinen Sinn, sich davor zu drücken.

Seien a und b ganze Zahlen mit $a \ne 0$. Seien q und r die (nach Satz 5.2.1) eindeutig bestimmten ganzen Zahlen mit

$$b = qa + r \quad \text{und} \quad 0 \le r < |a|.$$

Dann wird die Zahl r mit $b \bmod a$ (sprich „b **modulo** a") bezeichnet.

Das bedeutet: $b \bmod a$ ist eine Zahl, und zwar die kleinste nichtnegative Zahl r, so dass $b - r$ durch a teilbar ist. Wir können auch schreiben $b = qa + (b \bmod a)$.

Es gibt eine weitere Schreibweise, die mit der eben eingeführten eng zusammenhängt. Seien a, a', b ganze Zahlen mit $a \ne 0$. Wir schreiben

$$b \equiv b' \pmod{a}$$

(gesprochen: „b ist **kongruent** zu b' modulo a"), falls die Differenz $b' - b$ ein Vielfaches von a ist.

Mit anderen Worten: Es gilt $b \equiv b' \pmod{a}$, falls $b \bmod a = b' \bmod a$ ist.

Wenn nicht gilt $b \equiv b' \pmod{a}$, dann sagt man auch, dass b **inkongruent** zu b' modulo a ist. („Inkongruent" ist vornehmes Latein für „nicht kongruent".)

Beispiele

(a) $8 \bmod 5 = 3$, $13 \bmod 5 = 3$, $1000 \bmod 10 = 0$.
(b) $-2 \bmod 5 = 3$, $-8 \bmod 5 = 2$, $-1000 \bmod 10 = 0$.
(c) Für jede natürliche Zahl a kleiner als b gilt $a \bmod b = a$.

5.3   Der größte gemeinsame Teiler

Seien a und b ganze Zahlen, die nicht beide 0 sind. Wir betrachten die Menge der
natürlichen Zahlen t, die sowohl a als auch b teilen. Wir beobachten, dass es mindestens eine solche Zahl gibt, denn die Zahl 1 ist ein Teiler von jeder ganzen Zahl.
Außerdem ist die Menge dieser gemeinsamen Teiler nach oben beschränkt: Keiner
der Teiler ist größer als $|a|$ bzw. $|b|$ (falls a bzw. b nicht Null sind). Also gibt es unter
allen Zahlen t, die sowohl a als auch b teilen, eine größte. Diese nennen wir den
größten gemeinsamen Teiler von a und b und schreiben für diese Zahl ggT(a, b).

Beispiele

  (a) ggT$(6, 9) =$ ggT$(-6, 9) =$ ggT$(6, -9) =$ ggT$(-6, -9) = 3$.
  (b) Seien a und b natürliche Zahlen mit $a \mid b$. Dann ist ggT$(a, b) = a$.
  (c) Sei a eine positive natürliche Zahl. Dann ist ggT$(a, 0) = a$. (Denn: Keine Zahl,
       die größer als a ist, teilt a. Aber a teilt sowohl a als auch 0.)

Ebenso folgt ggT$(-a, 0) = a$ für eine positive Zahl a.

Für größere Zahlen ist es im Allgemeinen nicht mehr möglich, den größten gemeinsamen Teiler zweier Zahlen durch bloßes „Hinschauen" zu erkennen. Auch ist
es sehr schwierig, große Zahlen in ihre Primfaktoren zu zerlegen, aus denen man
den ggT bestimmen könnte. Ein sehr einfaches Werkzeug, um den ggT – auch von
großen Zahlen – zu berechnen, ist der so genannte *euklidische Algorithmus*. Seine
Funktion beruht im Wesentlichen auf folgendem Satz.

5.3.1   Satz

Seien a und b ganze Zahlen mit $a \neq 0$. Seien q und r Zahlen mit

$$b = qa + r.$$

Dann gilt ggT$(b, a) =$ ggT(a, r).

Beweis Wir zeigen, dass die Menge der Teiler von b und a gleich der Menge der Teiler von a und r ist. Daraus ergibt sich dann, dass auch die jeweils größten Elemente
dieser Mengen übereinstimmen.

Sei also zunächst t eine Zahl, die sowohl b als auch a teilt. Dann teilt t auch qa und somit nach Hilfssatz 5.1.1 auch $b - qa = r$. Also ist t auch ein gemeinsamer Teiler von a und r.

Die Umkehrung ist genau so einfach: Sei d ein gemeinsamer Teiler von a und r. Dann teilt t auch qa und damit $qa + r = b$. Somit ist d eine Zahl, die sowohl b als auch a teilt. □

Beispiel ggT(17.459, 1587) = ggT(1587, 2) = 1, denn es ist 17.459 = 11 · 1587 + 2.

Obiger Satz führt die Berechnung des ggT von großen Zahlen a und b auf die Berechnung des ggT kleinerer Zahlen zurück. Wenn diese Zahlen noch zu groß sind, wiederholt man den Prozess. Dies ergibt folgende Berechnungsmethode für den ggT.

5.3.2   Euklidischer Algorithmus

Seien a und b ganze Zahlen mit $a > 0$. Dann kann man den ggT(a, b) wie folgt bestimmen:

1. Schritt: Berechne die Zahlen q und r mit $b = qa + r$ und $0 \leq r < a$.
2. Schritt: Wenn $r \neq 0$ ist, dann setze $b := a$ und $a := r$ und führe erneut den 1. Schritt durch. Wenn $r = 0$ ist, dann ist a der gesuchte ggT.

Beweis für die Korrektheit des euklidischen Algorithmus. Nach dem obigen Satz gilt in jedem Schritt ggT(b, a) = ggT(a, r). Nach dem Abbruch der Schleife bei $r = 0$ ist wegen ggT$(a, 0) = a$ der letzte Wert von a der gesuchte ggT. □

Beispiel Wir berechnen ggT(4711, 1024) mit dem euklidischen Algorithmus:

$$4711 = 4 \cdot 1024 + 615 \quad \mathrm{ggT}(4711, 1024) = \mathrm{ggT}(1024, 615)$$

$$1024 = 1 \cdot 615 + 409 \quad \mathrm{ggT}(1024, 615) = \mathrm{ggT}(615, 409)$$

$$615 = 1 \cdot 409 + 206 \quad \mathrm{ggT}(615, 409) = \mathrm{ggT}(409, 206)$$

$$409 = 1 \cdot 206 + 203 \quad \mathrm{ggT}(409, 206) = \mathrm{ggT}(206, 203)$$

$$206 = 1 \cdot 203 + 3 \quad \mathrm{ggT}(206, 203) = \mathrm{ggT}(203, 3)$$

$$203 = 67 \cdot 3 + 2 \quad \mathrm{ggT}(203, 3) = \mathrm{ggT}(3, 2)$$

$$3 = 1 \cdot 2 + 1 \quad \mathrm{ggT}(3, 2) = \mathrm{ggT}(2, 1)$$

$$2 = 2 \cdot 1 + 0 \quad \mathrm{ggT}(2, 1) = \mathrm{ggT}(1, 0) = 1.$$

Historische Bemerkung Dieser Algorithmus geht auf den griechischen Mathematiker Euklid (ca. 300 v. Chr.) zurück. In seinem berühmten Buch „Die Elemente" bezeichnet er diesen Algorithmus als „Wechselwegnahme" (ein abwechselndes „Wegnehmen" der kleineren Zahl von der größeren).

Wir nennen zwei Zahlen **teilerfremd**, falls ihr größter gemeinsamer Teiler 1 ist. Teilerfremd bedeutet also nicht, dass die beiden Zahlen keinen gemeinsamen Teiler haben, sondern nur, dass sie so wenig gemeinsame Teiler wie möglich haben.

Beispiele

(a) 36 und 55 sind teilerfremd, aber 51 und 63 nicht.

(b) Je zwei aufeinander folgende Zahlen sind teilerfremd.

(c) Je zwei aufeinander folgende Fibonacci-Zahlen (siehe Abschn. 3.4) sind teilerfremd. Wir zeigen die Aussage durch Induktion nach n. Die Induktionsbasis ist klar, da f_1 und f_2 teilerfremd sind, denn sie sind beide gleich 1. Sei nun die Aussage richtig für $n \geq 1$. Wir zeigen, dass f_{n+1} und f_{n+2} teilerfremd sind. Nach Definition der Fibonacci-Zahlen, Satz 5.3.1 und der Induktionsvoraussetzung folgt

$$\mathrm{ggT}(f_{n+1}, f_{n+2}) = \mathrm{ggT}(f_{n+1}, f_{n+1} + f_n) = \mathrm{ggT}(f_{n+1}, f_n) = 1.$$

5.3.3 Vielfachsummendarstellung (Lemma von Bézout)

Seien a und b ganze Zahlen, und sei $d = \text{ggT}(a, b)$. Dann gibt es ganze Zahlen a' und b' mit

$$d = a \cdot a' + b \cdot b'.$$

Insbesondere gilt: Wenn a und b teilerfremd sind, gibt es ganze Zahlen a' und b' mit $a \cdot a' + b \cdot b' = 1$.

Beispiele

(a) Es gilt $\text{ggT}(8, 5) = 1$. Mit $a' = 2$, $b' = -3$ folgt $1 = 2 \cdot 8 + (-3) \cdot 5$.
Wir bemerken: Wenn a und b positiv sind, dann muss eine der Zahlen a', b' negativ sein.
(b) Je zwei aufeinander folgende Fibonacci-Zahlen sind, wie wir wissen, teilerfremd. Die Vielfachsummendarstellung ergibt sich aus der Simpson-Identität (siehe Satz 3.4.3) ganz einfach: Für gerades n gilt

$$f_{n+1} \cdot f_{n-1} + f_n \cdot (-f_n) = 1.$$

Es ist also $a' = f_{n-1}$ und $b' = -f_n$.
Für ungerades n folgt mit Satz 3.4.3 entsprechend

$$f_{n+1} \cdot (-f_{n-1}) + f_n \cdot f_n = 1.$$

Beweis von Abschn. 5.3.3. Wir können ohne Einschränkung der Allgemeinheit voraussetzen, dass a und b positiv sind. Sei $b \geq a$. Wir führen den Beweis durch Induktion nach b.

Wenn $b = 1$ ist, muss auch $a = 1$ sein, und die Behauptung folgt mit $b' = 0$, $a' = 1$.
Sei nun $b > 1$ und die Behauptung richtig für alle positiven ganzen Zahlen $b' < b$.
Wenn $b = a$ ist, ist $\text{ggT}(b, a) = a$, und die Behauptung folgt mit $b' = 0$, $a' = 1$. Sei nun $b > a$. Wir dividieren b durch a mit Rest:

$$b = qa + r \quad \text{mit} \quad 0 \leq r < a.$$

Nach Satz 5.3.1 ist dann $\text{ggT}(a, r) = \text{ggT}(b, a) = d$. Da $a < b$ ist, können wir auf a die Induktionsvoraussetzung anwenden und erhalten ganze Zahlen a^*, r^* mit

$$d = a \cdot a^* + r \cdot r^*.$$

Zusammen folgt

$$d = a \cdot a^* + r \cdot r^* = a \cdot a^* + (b - qa) \cdot r^* = b \cdot r^* + a \cdot (a^* - qr^*).$$

Daraus ergibt sich die Behauptung mit $b' := r^*$ und $a' := a^* - qr^*$. $\square$

Bemerkung In dieser Form geht obiges Lemma auf C.-G. Bachet de Méziriac (1581–1638) zurück; E. Bézout (1730–1783) hat eine entsprechende Aussage für Polynome bewiesen.

Obiges Lemma verrät noch nicht, wie man die Zahlen a' und b' konkret ausrechnen kann. Dies ist mit dem so genannten **erweiterten euklidischen Algorithmus** möglich. Wir wollen uns dieses Verfahren an einem *Beispiel* klar machen.

Sei etwa $a = 35$ und $b = 101$. Das Verfahren besteht aus zwei Großschritten. Der *erste Schritt* besteht darin, mit Hilfe des euklidischen Algorithmus den ggT von a und b auszurechnen:

$$101 = 2 \cdot 35 + 31$$
$$35 = 1 \cdot 31 + 4$$
$$31 = 7 \cdot 4 + 3$$
$$4 = 1 \cdot 3 + 1$$
$$3 = 3 \cdot 1 + 0.$$

Also ist ggT(101, 35) = 1.

Im *zweiten Schritt* gehen wir jetzt vom ggT aus und dröseln die obigen Gleichungen „von unten nach oben" der Reihe nach auf. Wir beginnen mit der vorletzten Gleichung:

$$1 = 4 - 1 \cdot 3.$$

Nun fassen wir die Zahl 3 als Rest der drittletzten Gleichung auf und setzen diese ein:

$$1 = 4 - 1 \cdot 3 = 4 - 1 \cdot (31 - 7 \cdot 4).$$

Achtung! An dieser Stelle dürfen wir die rechte Seite nicht vollständig ausmultiplizieren (sonst ergibt sich nur 1 = 1) sondern nur die Klammer auflösen und nach den Resten 4 und 31 ordnen:

$$1 = \ldots = 4 - 1 \cdot 31 + 7 \cdot 4 = 8 \cdot 4 - 1 \cdot 31.$$

Nun fassen wir die Zahl 4 als Rest der vorhergehenden Gleichung auf und schreiben entsprechend weiter:

$$1 = \ldots = 8 \cdot (35 - 1 \cdot 31) - 1 \cdot 31 = 8 \cdot 35 - 9 \cdot 31.$$

Auch hier haben wir nicht alles ausgerechnet, sondern nur ausgeklammert und nach Resten geordnet. Schließlich fassen wir die Zahl 31 als Rest der ersten Gleichung auf und erhalten durch Einsetzen:

$$1 = \ldots = 8 \cdot 35 - 9 \cdot (101 - 2 \cdot 35).$$

Durch behutsames Ausrechnen erhalten wir also

$$1 = \ldots = 26 \cdot 35 - 9 \cdot 101.$$

Die gesuchten Zahlen lautet also $a' = 26$ und $b' = -9$.

Aus dem Lemma von Bézout folgt eine Aussage, die uns in Abschn. 5.7 von Nutzen sein wird.

5.3.4   Satz

Seien a und n teilerfremde positive ganze Zahlen. Dann gibt es eine ganze Zahl $a' \in \{1, 2, \ldots, n - 1\}$ mit $a \cdot a' \equiv 1 \ (\mathrm{mod}\ n)$.

Man nennt a' die **modulare Inverse von a modulo** n.

Beispiele Sei $n = 21$. Die zu 21 teilerfremden Zahlen ≤ 21 sind: 1, 2, 4, 5, 8, 10, 11, 13, 16, 17, 19, 20. Manche dieser Zahlen sind zu sich selbst invers, manche haben eine andere Inverse. Dies kann man an folgenden Gleichungen ablesen:

$$1 \cdot 1 = 1$$
$$2 \cdot 11 = 22 = 21 + 1,$$
$$4 \cdot 16 = 64 = 3 \cdot 21 + 1,$$
$$5 \cdot 17 = 85 = 4 \cdot 21 + 1,$$
$$8 \cdot 8 = 64 = 3 \cdot 21 + 1,$$
$$10 \cdot 19 = 190 = 9 \cdot 21 + 1,$$
$$13 \cdot 13 = 169 = 8 \cdot 21 + 1,$$
$$20 \cdot 20 = 400 = 19 \cdot 21 + 1.$$

Das bedeutet: Die Zahlen 1, 8, 13 und 20 sind modulo 21 ihre eigene Inverse (sind zu sich selbst invers), während 2 und 11, 4 und 16, 5 und 17, sowie 10 und 19 jeweils zueinander invers sind.

Beweis von Satz 5.3.4. Da ggT(a, n) = 1 ist, existieren nach Abschn. 5.3.3 ganze Zahlen a' und n' mit $a \cdot a' + n \cdot n' = 1$.

Wenn wir diese Gleichung modulo n lesen, ergibt sich $a \cdot a' \equiv 1$ (mod n). Da wir modulo n rechen, können wir o.B.d.A. $a' < n$ annehmen.   □

5.4 Zahlendarstellung

Wir sind gewohnt, natürliche Zahlen im Dezimalsystem darzustellen. Darunter versteht man, grob gesagt, dass man zehn Ziffern (nämlich die Zahlen 0, 1, ..., 9) verwendet, und dass die Darstellung 4711 eine Abkürzung für die Schreibweise

$$4 \cdot 1000 + 7 \cdot 100 + 1 \cdot 10 + 1 \cdot 1 = 4 \cdot 10^3 + 7 \cdot 10^2 + 1 \cdot 10^1 + 1 \cdot 10^0$$

ist. Diese Vorstellung soll jetzt präzisiert und verallgemeinert werden.

Dazu wählen wir eine natürliche Zahl $b \geq 2$ und konstruieren ein dazugehöriges **Zahlensystem** (auch **Stellenwertsystem** genannt). Die Zahl b heißt **Basis** des Zahlensystems. Die **Ziffern** des Zahlensystems sind die Zahlen $0, ..., b - 1$.

5.4.1 Satz

Sei n eine beliebige natürliche Zahl mit $n \neq 0$. Dann gibt es eine natürliche Zahl k und k Ziffern $a_{k-1}, a_{k-2}, ..., a_1, a_0$ mit

$$n = a_{k-1} \cdot b^{k-1} + a_{k-2} \cdot b^{k-2} + ... + a_1 \cdot b^1 + a_0 \cdot b^0 \quad \text{und} \quad a_{k-1} \neq 0.$$

Die Stellenzahl k und die Ziffern sind eindeutig bestimmt.

Wir sprechen in diesem Fall auch von der **Darstellung** der Zahl n **zur Basis** b oder von der b-**adischen Darstellung** von n. Man nennt die Zahlen $a_0, a_1, ..., a_{k-1}$ die **Ziffern** der badischen Darstellung von n.

Beweis Zunächst zeigen wir die *Existenz* einer Darstellung. Sei k die kleinste natürliche Zahl, so dass b^k größer als n ist. Mit anderen Worten: b^{k-1} ist die größte Potenz von b, die kleiner oder gleich n ist. Wir beweisen die Aussage durch Induktion nach k.

Induktionsbasis: $k = 1$. Dann ist $0 < n < b$. Wir setzen $a_0 := n$. Dann gilt $n = a_0 \cdot b^0$.
Induktionsschritt: Sei nun $k > 1$, und sei die Aussage richtig für $k - 1$.
Wir teilen n durch b^{k-1} mit Rest:

$$n = a_{k-1} \cdot b^{k-1} + n' \quad \text{mit} \quad 0 \le n' < b^{k-1}.$$

Dann ist $a_{k-1} > 0$, denn sonst wäre $n = n' < b^{k-1}$, im Widerspruch zur Wahl von k. Ferner ist $a_{k-1} < b$, denn sonst wäre $n \ge b \cdot b^{k-1} = b^k$, im Widerspruch zur Wahl von k.
Auf n' können wir die Induktionsvoraussetzung anwenden. Es gibt Ziffern a_{k-2}, ..., a_1, a_0, wobei a_{k-2}, nicht notwendigerweise verschieden von Null sein muss, mit

$$n' = a_{k-2} \cdot b^{k-2} + \ldots + a_1 \cdot b^1 + a_0 \cdot b^0.$$

Zusammen folgt

$$n = a_{k-1} \cdot b^{k-1} + n' = a_{k-1} \cdot b^{k-1} + a_{k-2} \cdot b^{k-2} + \ldots + a_1 \cdot b^1 + a_0 b^0.$$

Nun weisen wir die *Eindeutigkeit* der Darstellung zur Basis b nach. Sei n in zwei Darstellungen gegeben:

$$n = a_{k-1} \cdot b^{k-1} + a_{k-2} \cdot b^{k-2} + \ldots + a_1 \cdot b^1 + a_0 \cdot b^0 \quad \text{und} \quad a_{k-1} \ne 0$$

und

$$n = c_{h-1} \cdot b^{h-1} + c_{h-2} \cdot b^{h-2} + \ldots + c_1 \cdot b^1 + c_0 \cdot b^0 \quad \text{und} \quad c_{k-1} \ne 0.$$

Aus der ersten Darstellung folgt, dass n eine Zahl ist, die mindestens so groß wie b^{k-1} aber kleiner als b^k ist. Entsprechend liest man aus der zweiten Darstellung ab, dass n mindestens so groß wie b^{h-1} aber kleiner als b^h ist. Daraus ergibt sich sofort $k = h$.
Wenn wir die beiden Darstellungen voneinander subtrahieren, erhalten wir

$$0 = (a_{k-1} - c_{k-1}) \cdot b^{k-1} + (a_{k-2} - c_{k-2}) \cdot b^{k-2} + \ldots$$
$$+ (a_1 - c_1) \cdot b^1 + (a_0 - c_0) \cdot b^0.$$

Da der Ausdruck $(a_{k-2} - c_{k-2}) \cdot b^{k-2} + \ldots + (a_1 - c_1) \cdot b^1 + (a_0 - c_0) \cdot b^0$ in jedem Fall kleiner als b^{k-1} ist, kann die rechte Seite obiger Gleichung nur dann Null werden, wenn $a_{k-1} = c_{k-1}$ ist.

Entsprechend schließt man dann sukzessive weiter, dass jeweils $a_i = c_i$ gilt.

Also ist die Darstellung eindeutig.   □

Der obige Satz zeigt prinzipiell einen Algorithmus, wie man die b-adische Darstellung einer natürlichen Zahl n erhalten kann. Dabei bestimmt man folgendermaßen sukzessive die Ziffern $a_{k-1}, a_{k-2}, \ldots, a_1, a_0$.

Man bestimmt die höchste Potenz b^{k-1}, die nicht größer als n ist. Dann bestimmt man a_{k-1} als die größte natürliche Zahl so, dass $a_{k-1} \cdot b^{k-1}$ nicht größer als n ist. Dann definiert man $n_1 := n - a_{k-1} \cdot b^{k-1}$. Dann ist $n_1 < b^{k-1}$. Man geht analog weiter vor.

In der Praxis bestimmt man die b-adische Darstellung einer natürlichen Zahl n allerdings meist anders, indem man zuerst a_0, dann a_1, ... und schließlich a_{k-1} berechnet:

Es gilt: $a_0 = n \bmod b$. Setze $n_1 := (n - a_0)/b$.

Es gilt: $a_1 = n_1 \bmod b$. Setze $n_2 := (n - a_1)/b$.

Es gilt: $a_2 = n_2 \bmod b$. Setze $n_3 := (n - a_2)/b$.

...

Wir sprechen vom **Dezimalsystem (Binärsystem** bzw. **Hexadezimalsystem)**, falls $b = 10$ ($b = 2$ bzw. $b = 16$) ist. Eine im Dezimalsystem (Binärsystem bzw. Hexadezimalsystem) dargestellte Zahl heißt auch **Dezimalzahl (Binärzahl** bzw. **Hexadezimalzahl)**. Die 16 Ziffern des Hexadezimalsystems bezeichnet man in der Regel mit 0, 1, 2, 3, 4, 5, 6, 7, 8, 9, A ($= 10$), B ($= 11$), C ($= 12$), D ($= 13$), E ($= 14$), F ($= 15$).

Die Umwandlung einer Hexadezimalzahl in eine Binärzahl ist besonders einfach: Man ersetzt einfach jede hexadezimale Ziffer durch die entsprechende Bitfolge:

$0 = 0000$, $1 = 0001$, $2 = 0010$, $3 = 0011$, $4 = 0100$, $5 = 0101$, $6 = 0110$, $7 = 0111$, $8 = 1000$, $9 = 1001$, $A = 1010$, $B = 1011$, $C = 1100$, $D = 1101$, $E = 1110$, $F = 1111$.

Umgekehrt ist es fast genau so einfach: Man teilt eine Binärzahl von hinten in Gruppen zu je vier binären Ziffern auf (wobei man die vorderste Gruppe eventuell mit Nullen auffüllen muss) und übersetzt dann gemäß obiger Regel in hexadezimale Ziffern.

5.5 Teilbarkeitsregeln

Jeder kennt die Regel, die sagt, wann eine Zahl durch 2 teilbar ist: Eine Zahl ist genau dann durch 2 teilbar, wenn ihre letzte Ziffer gerade ist. In der Tat kann man viele Teilerbeziehungen einer natürlichen Zahl an ihrer Darstellung, etwa im Dezimalsystem, ablesen.

Man unterscheidet Endstellenregeln und Quersummenregeln. Bei einer *Endstellenregel* versucht man, an der letzten Stelle beziehungsweise an den letzten Stellen die Teilbarkeit durch gewisse Zahlen zu erkennen. Der Prototyp einer Endstellenregel ist die Regel der Teilbarkeit durch 2. Eine *Quersummenregel* gibt einem die Teilbarkeit durch eine gewisse Zahl anhand einer Eigenschaft der Quersumme. Typisch hierfür ist die Regel: Eine natürliche Zahl ist durch 3 teilbar, wenn ihre Quersumme durch 3 teilbar ist.

5.5.1 Satz

Sei n eine natürliche Zahl, die im System zur Basis b dargestellt ist:

$$n = a_{k-1} \cdot b^{k-1} + a_{k-2} \cdot b^{k-2} + \ldots + a_1 \cdot b^1 + a_0 \cdot b^0.$$

Dann gilt für jeden Teiler t von b: Genau dann ist n durch t teilbar, wenn a_0 durch t teilbar ist.

Bemerkung Dies ist ein guter Satz, denn er führt die Teilbarkeit einer beliebig großen Zahl n auf die Teilbarkeit der kleinen Zahl a_0 zurück.

5.5.2 Korollar

Sei n eine natürliche Zahl, die im Dezimalsystem dargestellt ist:

$$n = a_{k-1} \cdot 10^{k-1} + a_{k-2} \cdot 10^{k-2} + \ldots + a_1 \cdot 10^1 + a_0 \cdot 10^0.$$

Dann gilt

(a) **Teilbarkeit durch 2**: Genau dann ist n durch 2 teilbar (also gerade), wenn die Endziffer a_0 durch 2 teilbar (also 0, 2, 4, 6 oder 8) ist.

(b) **Teilbarkeit durch 5**: Genau dann ist n ein Vielfaches von 5, wenn die Endziffer a_0 gleich 0 oder 5 ist.

(c) **Teilbarkeit durch 10**: Genau dann ist n ein Vielfaches von 10, wenn die Endziffer gleich 0 ist.

Beweis (a) 2 ist ein Teiler von 10. (b) 5 ist ein Teiler von 10. (c) 10 ist ein Teiler von 10.   □

5.5.3 Korollar

Sei n eine natürliche Zahl, die im Binärsystem dargestellt ist:

$$n = a_{k-1} \cdot 2^{k-1} + a_{k-2} \cdot 2^{k-2} + \ldots + a_1 \cdot 2^1 + a_0 \cdot 2^0.$$

Dann gilt: Genau dann ist n gerade, wenn die Endziffer a_0 gleich 0 ist.   □

5.5.4 Korollar

Sei n eine Hexadezimalzahl. Genau dann ist n durch 2 (4, 8 bzw. 16) teilbar, wenn die Endziffer von n durch 2 (4,8 bzw. 16) teilbar ist.   □

Beweis von Satz 5.5.1. Da t ein Teiler von b ist, ist t auch ein Teiler von $b^2, b^3, \ldots,$ b^{k-2}, b^{k-1} und also auch von $a_{k-1} \cdot b^{k-1} + a_{k-2} \cdot b^{k-2} + \ldots + a_1 \cdot b^1 = n - a_0$.

Nun setzen wir zunächst voraus, dass t ein Teiler von n ist. Da n auch $n - a_0$ teilt, muss t nach Hilfssatz 5.1.1 auch a_0 teilen.

Umgekehrt möge t ein Teiler von a_0 sein. Mit Hilfssatz 5.1.1 ergibt sich wegen $t \mid n - a_0$, dass t auch n teilen muss. Damit ist bereits alles gezeigt.   □

Sei n eine natürliche Zahl, die im System zur Basis b dargestellt ist:

$$n = a_{k-1} \cdot b^{k-1} + a_{k-2} \cdot b^{k-2} + \ldots + a_1 \cdot b^1 + a_0 \cdot b^0.$$

Die **Quersumme von n zur Basis** b ist die Summe der Ziffern von n. Wir bezeichnen die Quersumme von n auch mit $Q(n)$. Dann gilt also

$$Q(n) = a_{k-1} + a_{k-2} + \ldots + a_1 + a_0.$$

Wenn keine Verwechslungen zu befürchten sind, sprechen wir auch einfach von der **Quersumme** von n.

Zum *Beispiel* ist die Quersumme der Dezimalzahl 123.456.789 gleich

$$1 + 2 + 3 + 4 + 5 + 6 + 7 + 8 + 9 = 45.$$

Die Quersumme der Binärzahl 10.000.000.000.000.001 $(= 2^{16} + 1)$ ist gleich 2.

5.5.5 Satz

Sei n eine natürliche Zahl, die im System zur Basis b dargestellt ist. Dann gilt für jeden Teiler t von $b - 1$: Genau dann ist n durch t teilbar, wenn die Quersumme $Q(n)$ durch t teilbar ist.

Bemerkung Auch dies ist ein guter Satz, denn er führt die Teilbarkeit einer beliebig großen Zahl n auf die Teilbarkeit der kleinen Zahl $Q(n)$ zurück. Man beachte, dass man die Quersummenbildung iterieren kann, so dass man schließlich bei einer einstelligen, also sehr kleinen Zahl landet.

5.5.6 Korollar

Sei n eine natürliche Zahl, die im Dezimalsystem dargestellt ist. Dann gilt:

(a) **Teilbarkeit durch 3**: Genau dann ist n durch 3 teilbar, wenn die Quersumme $Q(n)$ durch 3 teilbar ist.
(b) **Teilbarkeit durch 9**: Genau dann ist n ein Vielfaches von 9, wenn die Quersumme $Q(n)$ durch 9 teilbar ist.

Beweis (a) 3 teilt $10 - 1$. (b) 9 teilt $10 - 1$.   □

5.5.7 Korollar

Sei n eine Hexadezimalzahl. Genau dann ist n durch 3 (bzw. 5) teilbar, wenn die Quersumme $Q(n)$ durch 3 (bzw. 5) teilbar ist.   □

Beweis von Satz 5.5.5. Wir verfolgen eine ähnliche Idee wie im Beweis von Satz 5.5.1. Da t ein Teiler von $b-1$ ist, teilt t auch $b^2 - 1 = (b-1)(b+1)$, $b^3 - 1 = (b-1)(b^2 + b + 1)$, …, $b^{k-1} - 1 = (b-1)(b^{k-2} + \ldots + b + 1)$, also auch

$$a_{k-1} \cdot (b^{k-1} - 1) + a_{k-2} \cdot (b^{k-2} - 1) + \ldots + a_1 \cdot (b^1 - 1) = n - Q(n).$$

Nun setzen wir zunächst voraus, dass t die Zahl n teilt. Da t auch $n - Q(n)$ teilt, muss t nach Hilfssatz 5.1.1 auch $Q(n)$ teilen. Umgekehrt: Wenn t die Quersumme $Q(n)$ teilt, muss t, wiederum nach Hilfssatz 5.1.1 auch n teilen, da t ja ein Teiler von $n - Q(n)$ ist.   □

Sei n eine natürliche Zahl, die im System zur Basis b dargestellt ist:

$$n = a_{k-1} \cdot b^{k-1} + a_{k-2} \cdot b^{k-2} + \ldots + a_1 \cdot b^1 + a_0 \cdot b^0.$$

Die **alternierende Quersumme von n zur Basis b** ist die alternierende Summe ihrer Ziffern. Das heißt, man addiert und subtrahiert die Ziffern abwechselnd. Wir bezeichnen die alternierende Quersumme von n mit $A(n)$. Dann gilt genauer:

$$A(n) = a_0 - a_1 + a_2 - a_3 + \ldots$$

Wenn keine Verwechslungen zu befürchten sind, sprechen wir auch einfach von der **alternierenden Quersumme** von n.

Zum *Beispiel* ist die alternierende Quersumme der Dezimalzahl 123.456.789 gleich

$$9 - 8 + 7 - 6 + 5 - 4 + 3 - 2 + 1 = 5.$$

Die alternierende Quersumme der Binärzahl 1.000.000.000.000.001 ($= 2^{15} + 1$) ist gleich 0.

5.5.8 Satz

Sei n eine natürliche Zahl, die im System zur Basis b dargestellt ist. Dann gilt für jeden Teiler t von $b + 1$: Genau dann ist n durch t teilbar, wenn die alternierende Quersumme $A(n)$ durch t teilbar ist.

Bemerkungen

(a) Die alternierende Quersumme ist nicht nur etwas mühsamer auszurechnen als die normale Quersumme, sondern sie kann – im Gegensatz zur üblichen Quersumme – auch Null oder sogar negativ werden.

(b) Der Satz bleibt gültig, wenn man die alternierende Quersumme „von vorne" berechnet. Denn entweder bestimmt man so $A(n)$ oder $-A(n)$.

5.5.9 Korollar (11-er Regel)

Sei n eine Dezimalzahl. Dann ist n genau dann durch 11 teilbar, wenn die alternierende Quersumme von n durch 11 teilbar ist.

Beweis $11 \mid 10 + 1$. □

5.5.10 Korollar

(a) Eine Binärzahl ist genau dann durch 3 teilbar, wenn ihre alternierende
Quersumme durch 3 teilbar ist.
(b) Eine Hexadezimalzahl ist genau dann durch 17 teilbar, wenn ihre alternierende Quersumme durch 17 teilbar ist.   □

Beweis von Satz 5.5.8. Im Prinzip verläuft der Beweis dieses Satzes ähnlich wie die
Beweise der Sätze 5.5.1 und 5.5.5. Jedoch sind hier einige Vorbemerkungen nützlich.

Sei t eine natürliche Zahl, die $b+1$ teilt. Dann teilt t auch die Zahlen $b^3 + 1 =
(b+1)(b^2 - b + 1)$, $b^5 + 1 = (b+1)(b^4 - b^3 + b^2 - b + 1)$, $b^7 + 1, \ldots$ Also ist t auch ein
Teiler der Zahl $a_1 \cdot (b^1 + 1) + a_3 \cdot (b^3 + 1) + a_5 \cdot (b^5 + 1) + \ldots$

Ferner teilt $b+1$ auch $b^2 - 1 = (b+1)(b-1)$, also auch $b^4 - 1$, $b^6 - 1$ usw. Also ist
t auch ein Teiler der Zahl $a_2 \cdot (b^2 - 1) + a_4 \cdot (b^4 - 1) + a_6 \cdot (b^6 - 1) + \ldots$

Insgesamt folgt, dass t die folgende Zahl teilt:

$$a_1 \cdot (b^1 + 1) + a_2 \cdot (b^2 - 1) + a_3 \cdot (b^3 + 1) + a_4 \cdot (b^4 - 1)$$
$$+ a_5 \cdot (b^5 + 1) + a_6 \cdot (b^6 - 1) + \ldots$$

Und wenn man diese Zahl genau betrachtet, sieht man, dass sie gleich $n - A(n)$
ist!

Nun wissen wir wie es weitergeht: Zunächst setzen wir voraus, dass t ein Teiler
von n ist. Da t in jedem Fall die Zahl $n - A(n)$ teilt, folgt mit dem altbekannten
Hilfssatz 5.1.1, dass t auch $A(n)$ teilt. Umgekehrt sei t ein Teiler von $A(n)$. Wieder
folgt mit Hilfssatz 5.1.1 und der Tatsache, dass $n - A(n)$ ein Vielfaches von t ist, dass
t ein Teiler von n ist.   □

5.6 Primzahlen

Jeder kennt Primzahlen: 2, 3, 5, 7 (nein, 9 ist keine Primzahl!), 11, 13 und so weiter. Primzahlen sind nicht nur die faszinierendsten, sondern auch die wichtigsten
Zahlen der Mathematik.

Eine natürliche Zahl p wird eine **Primzahl** genannt, falls $p > 1$ ist und 1 und p
die einzigen natürlichen Zahlen sind, die p teilen.

Man kann auch so sagen: Eine natürliche Zahl ist eine Primzahl, wenn sie genau zwei positive Teiler hat. Man beachte: 0 hat jede natürliche Zahl als Teiler, also

unendlich viele Teiler, und 1 hat unter den natürlichen Zahlen nur sich selbst als Teiler.

Dass man die Zahl 1 nicht zu den Primzahlen zählt, erscheint zunächst willkürlich, es gibt aber gute mathematische Gründe dafür.

Beispiele

(a) Die kleinsten Primzahlen haben wir oben schon aufgeführt.

(b) Die einzige gerade Primzahl ist 2. Denn jede größere gerade Zahl n hat mindestens die drei Teiler 1, 2 und n, kann also keine Primzahl sein.

(c) Es gibt Primzahlen besonders einfacher Bauart. Berühmt sind die Primzahlen der Form $p = 2^a + 1$. Diese heißen **Fermatsche** (manchmal auch **Gaußsche**) **Primzahlen**. Man kann sich überlegen, dass dann auch a eine Zweierpotenz sein muss, $a = 2^e$. Die einzigen Fermatschen Primzahlen, die man bis heute kennt, sind 3 ($e = 0$), 5 ($e = 1$), 17 ($e = 2$), 257 ($e = 3$) und 65.537 ($e = 4$). Euler hat nachgewiesen, dass die Zahl, die sich ergibt, wenn man $e = 5$ wählt, keine Primzahl ist.

(d) Noch wichtiger sind die Primzahlen der Form $p = 2^a - 1$. Sie heißen **Mersennesche Primzahlen**. Damit p eine Primzahl ist, muss der Exponent a selbst eine Primzahl sein. Zu den Mersenneschen Primzahlen gehören 3, 7, 31. Die größten bekannten Primzahlen sind in der Regel Mersennesche Primzahlen; die derzeit größte ist $2^{57.885.161} - 1$, sie hat 17.425.170 Stellen.

Die Fermatschen und Mersenneschen Primzahlen sind zwar intensiv untersucht, man darf sich aber nicht täuschen lassen: Innerhalb der Menge aller Primzahlen bilden sie nur einen verschwindenden Bruchteil! Dies wird im Laufe dieses Abschnitts klar werden.

Wie findet man Primzahlen? Wie findet man alle Primzahlen? Dies sind Fragen, die die Mathematiker seit über 2000 Jahren fasziniert haben und bis heute nichts von ihrem Reiz verloren haben. Bis heute kennt man keine Formel für Primzahlen. Bereits bei den alten Griechen wurde folgende Methode entwickelt, die man das **Sieb des Eratosthenes** (nach Eratosthenes von Kyrene, 284–200 v. Chr.) nennt.

Um alle Primzahlen $\leq n$ zu finden, geht man wie folgt vor:

1. Schreibe die Zahlen 2, 3, …, n auf.
2. Die erste Zahl ist eine Primzahl. Streiche alle Vielfachen dieser Zahl!
3. Die erste freie Zahl ist die nächste Primzahl. Streiche alle Vielfachen dieser Zahl. Usw.

Beispiel Auf diese Weise kann man alle Primzahlen ≤ 100 bestimmen: 2, 3, 5, 7, 11, 13, 17, 19, 23, 29, 31, 37, 41, 43, 47, 53, 59, 61, 67, 71, 73, 79, 83, 89, 97.

Wir beginnen mit einem Hilfssatz, das unscheinbar aussieht, aber von zentraler Bedeutung ist.

5.6.1 Hilfssatz

Sei n eine natürliche Zahl. Wenn $n > 1$ ist, gibt es mindestens eine Primzahl, die n teilt. Mit anderen Worten. Entweder ist n selbst schon eine Primzahl, oder n ist ein echtes Vielfaches einer Primzahl.

Beweis Wir gehen schrittweise vor. Entweder ist n eine Primzahl (dann sind wir fertig) oder n ist das Produkt von zwei natürlichen Zahlen n' und m', die beide weder 1 noch n sind. Nach Hilfssatz 5.1.2 ist dann $n' < n$.

Nun betrachten wir die Zahl n': Entweder ist n' eine Primzahl (und wir sind fertig, denn n' ist ein Teiler von n) oder n' ist das Produkt zweier natürlicher Zahlen n'' und m'', die beide weder 1 noch n' sind. Dann ist $n'' < n'$.

Entweder ist n'' eine Primzahl (und wir sind fertig, denn n'' teilt n' und n' teilt n'') oder ...

Formal kann man diesen Beweis so aufschreiben: Wir beweisen die Aussage durch Induktion nach n. Für $n = 2$ ist die Aussage richtig.

Sei nun $n > 2$ und die Aussage richtig für alle Zahlen n' mit $1 < n' < n$. Wenn n eine Primzahl ist, sind wir fertig. Wenn n keine Primzahl ist, dann hat n einen Faktor n' mit $1 < n' < n$. Auf diesen können wir die Induktionsvoraussetzung anwenden. Es gibt also eine Primzahl p, die n' teilt. Da n' ein Teiler von n ist, teilt p auch unsere Zahl n.   □

Der wichtigste Satz über Primzahlen und gleichzeitig einer der ersten Sätze der Mathematik, einer der Sätze, mit denen die Mathematik geboren wurde, ist der Satz über die Unendlichkeit der Primzahlen. Er steht im ersten Mathematikbuch der Welt, in den *Elementen* von Euklid (ca. 300 v. Chr.)

5.6.2 Satz

> Es gibt unendlich viele Primzahlen. Anders ausgedrückt: Die Folge der Primzahlen endet nie, es gibt keine größte Primzahl!

Beweis Der Beweis ist raffiniert! Er zeigt, dass die Verneinung der Aussage auf einen Widerspruch führt. Wie lautet die Verneinung der Aussage des Satzes? Es gibt nicht unendlich viele, sondern nur endlich viele Primzahlen.

Wir nehmen also an, dass es nur endlich viele Primzahlen gibt, und zeigen, dass dies auf einen Widerspruch führt.

Nach unserer Annahme gibt es nur endlich viele, also eine gewisse Anzahl s von Primzahlen. Diese können wir prinzipiell auflisten: Seien $p_1, p_2, \ldots, p_s$ alle Primzahlen.

Nun betrachten wir folgende Zahl

$$n = p_1 \cdot p_2 \cdot \ldots \cdot p_s + 1.$$

Die Zahl n ist also das Produkt aller Primzahlen plus Eins. Da es nur endlich viele Primzahlen gibt, können wir – jedenfalls prinzipiell – alle miteinander multiplizieren und dann noch Eins addieren. Das ist vermutlich eine riesige Zahl. Wir brauchen sie zum Glück nicht aufzuschreiben, es reicht, wenn wir uns vorstellen, wie sie entstanden ist.

Wir betrachten diese Zahl n und erinnern uns an Hilfssatz 5.6.1. Dieser sagt uns, dass es eine Primzahl gibt, die n teilt. Da $p_1, p_2, \ldots, p_s$ nach unserer Annahme alle Primzahlen sind, muss eine dieser Zahlen die Zahl n teilen. Es gibt also eine Primzahl p_i ($i \in \{1, 2, \ldots, s\}$) mit $p_i \mid n$.

Nun erinnern wir uns, wie n konstruiert wurde. Die Zahl n ist das Produkt aller Primzahlen plus Eins. Das bedeutet, dass $n - 1$ das Produkt aller Primzahlen ist. Insbesondere teilt die Primzahl p_i die Zahl $n - 1$.

Jetzt wenden wir wieder einmal den Hilfssatz 5.1.1 an: Aus $p_i \mid n$ und $p_i \mid n - 1$ folgt $p_i \mid n - (n - 1)$, also $p_i \mid 1$.

Dies ist aber ein Widerspruch, da p_i größer als 1 ist.

Also gibt es unendlich viele Primzahlen. □

Die Frage nach der Anzahl der Primzahlen scheint damit endgültig beantwortet zu sein. Es gibt unendlich viele. Man kann aber noch genauer fragen: Werden die Primzahlen immer „dünner"? Ist es schwierig, eine, sagen wir: zehnstellige Primzahl zu finden? Wenn wir zufällig eine zehnstellige Zahl herausgreifen, wie wahrscheinlich ist es, dass diese prim ist?

Diese Fragen kann man beantworten, indem man die Anzahl der Primzahlen untersucht, die kleiner oder gleich einer gegebenen Zahl x sind. Dafür hat man das Symbol $\pi(x)$ eingeführt.

Beispiele

(a) Es ist $\pi(100) = 25$, da es genau 25 Primzahlen ≤ 100 gibt.
(b) Die Anzahl der Primzahlen mit genau 10 dezimalen Stellen ist gleich $\pi(10^{11} - 1)$, der Anzahl der Primzahlen mit höchstens 10 Stellen, minus $\pi(10^{10} - 1)$, der Anzahl der Primzahlen mit höchstens 9 Stellen. Da weder 10^{11} noch 10^{10} Primzahlen sind, ist die Anzahl der zehnstelligen Primzahlen auch gleich $\pi(10^{11}) - \pi(10^{10})$.

Eine der großen Leistungen der Mathematik des 19. Jahrhunderts ist der Beweis des Primzahlsatzes. Dieser wurde von Gauß vermutet und unabhängig von Jacques Hadamard und de la Valle-Poussain bewiesen. Der Beweis ist viel zu aufwendig, als dass er in diesem Buch auch nur angedeutet werden könnte.

Für die Formulierung des Satzes brauchen wir die Bezeichnung $\ln(x)$; damit bezeichnen wir den **natürlichen Logarithmus** von x zur Basis $e = 2{,}71828\ldots$, der eulerschen Zahl (siehe Abschn. 4.3). Es gilt also $e^{\ln(x)} = x$. Zum *Beispiel* ist $\ln(e^{10}) = 10$.

5.6.3   Primzahlsatz

Es gilt
$$\pi(x) \approx \frac{x}{\ln(x)}.$$

Das bedeutet: Die Anzahl der Primzahlen kleiner oder gleich x ist ungefähr $x / \ln(x)$.

Ein Ergebnis, das sagt, dass es wahnsinnig viele Primzahlen gibt. Im Durchschnitt ist jede $\ln(x)$-te Zahl kleiner oder gleich x eine Primzahl.

Als *Beispiel* wollen wir uns eine Vorstellung verschaffen, wie groß die Anzahl der Primzahlen mit 512 Bit ist. Dazu müssen wir die Zahl $\pi(2^{513}) - \pi(2^{512})$ berechnen.

Nach dem Primzahlsatz gilt

$$\pi(2^{513}) - \pi(2^{512}) \approx \frac{2^{513}}{\ln(2^{513})} - \frac{2^{512}}{\ln(2^{512})} = \frac{2^{512}}{512 \cdot \ln(2)} - \frac{2^{512}}{512 \cdot \ln(2)}$$

$$= \frac{512 \cdot 2^{513} - 513 \cdot 2^{512}}{513 \cdot 512 \cdot \ln(2)} = \frac{(2 \cdot 512 - 513) \cdot 2^{512}}{513 \cdot 2^9 \cdot \ln(2)} \approx \frac{2^{512}}{2^9 \cdot \ln(2)} \approx 2^{503}.$$

Es ergibt sich also, dass $\pi(2^{513}) - \pi(2^{512})$ in der Größenordnung von 2^{503} liegt, das ist eine Zahl mit 152 Dezimalstellen. Es gibt also unglaublich viele Primzahlen.
Der nächste Satz gibt eine Begründung aus der Mathematik, weshalb Primzahlen so wichtig sind. Zur Vorbereitung brauchen wir zunächst einen Hilfssatz.

5.6.4 Hilfssatz

Wenn eine Primzahl ein Produkt teilt, teilt sie mindestens einen Faktor. Genauer: Sei p eine Primzahl, und seien a und b ganze Zahlen mit $p \mid a \cdot b$. Dann gilt $p \mid a$ oder $p \mid b$.

Beweis Seien p, a und b wie in der Voraussetzung des Hilfssatzes beschrieben. Angenommen, p teilt weder a noch b. Dann sind p und a, sowie p und b teilerfremd. Nun wenden wir das Lemma von Bézout (Abschn. 5.3.3) an. Danach gibt es ganze Zahlen p_1, p_2 und a', b' mit folgender Eigenschaft

$$1 = p \cdot p_1 + a \cdot a' \quad \text{und} \quad 1 = p \cdot p_2 + b \cdot b',$$

also

$$a \cdot a' = 1 - p \cdot p_1 \quad \text{und} \quad b \cdot b' = 1 - p \cdot p_2.$$

Wir multiplizieren die beiden Gleichungen und erhalten

$$aba'b' = aa'bb' = (1 - p \cdot p_1)(1 - p \cdot p_2).$$

Wenn wir die Klammern ausmultiplizieren, erhalten wir ein Vielfaches von p plus Eins. Das bedeutet: Wenn p das Produkt $a \cdot b$, also die linke Seite obiger Gleichung, teilt, muss p auch die Zahl 1 teilen, ein Widerspruch. □

Beispiele Dieser Hilfssatz dient unter anderem dazu, zu erkennen, dass eine Primzahl unter bestimmten Bedingungen klein ist.

(a) Die einzigen Primzahlen, die 1.000.000.000.000 teilen, sind 2 und 5, denn es ist
   $1.000.000.000.000 = (2 \cdot 5)^{12}$.

(b) Wenn eine Primzahl p die Zahl $n^2 - 1$ teilt, dann muss p eine der Zahlen $n - 1$ oder $n + 1$ teilen (und wenn zusätzlich $p \neq 2$ ist, nur eine der beiden).

Bemerkung Eine naive Vorstellung ist die, dass *jede* ganze Zahl, die ein Produkt teilt, mindestens einen der Faktoren teilen muss. Das ist jedoch völlig falsch. Tatsächlich haben nur die Primzahlen diese Eigenschaft. Als *Beispiel* betrachten wir die Zahl 6. Aus der Tatsache, dass 6 die Zahl $12 = 3 \cdot 4$ teilt, kann man selbstverständlich nicht schließen, dass 6 ein Teiler von 3 oder von 4 ist. (Siehe auch Übungsaufgabe 24.)

Die Bedeutung der Primzahlen liegt vor allem in dem folgenden Satz. Er besagt, dass die Primzahlen die „Grundbausteine" für den Aufbau der natürlichen Zahlen sind, ähnlich wie die chemischen Elemente beim Aufbau von Verbindungen.

5.6.5 Hauptsatz der elementaren Zahlentheorie

Sei n eine beliebige natürliche Zahl mit $n > 1$. Dann gibt es Primzahlen $p_1, p_2,$ $\ldots, p_S$ und natürliche Zahlen $e_1, e_2, \ldots, e_S$, so dass gilt

$$n = p_1^{e_1} \cdot p_2^{e_2} \cdot \ldots \cdot p_S^{e_S}.$$

Die Primzahlen p_i und die Exponenten e_i sind eindeutig bestimmt. Mit anderen Worten: Jede natürliche Zahl $n > 1$ kann als Produkt von Primzahlpotenzen dargestellt werden; diese Darstellung ist – natürlich bis auf die Reihenfolge der Faktoren – eindeutig.

Beweis Wir beweisen die Existenz und die Eindeutigkeit einer solchen Darstellung.

Existenz Wir gehen durch Induktion nach n vor. Wenn $n = 2$ ist, ist n Produkt einer einzigen Primzahl, nämlich der Primzahl 2.

Sei nun $n > 2$ und die Aussage richtig für alle natürlichen Zahlen n' mit $1 < n' < n$. Nach Hilfssatz 5.6.1 gibt es eine Primzahl p, die n teilt. Wenn $n = p$ ist, sind wir fertig.

Andernfalls definieren wir $n' := n/p$. Dann gilt $1 < n' < n$. Nach Induktionsvoraussetzung ist dann n' ein Produkt von Primzahlpotenzen. Also ist auch $n = p \cdot n'$ ein Produkt von Primzahlpotenzen.

Eindeutigkeit Auch das beweisen wir durch Induktion nach n. Offensichtlich kann die Zahl $n = 2$ nur auf eine Weise als Produkt von Primzahlen geschrieben werden. (Man beachte, dass jede von 2 verschiedene Primzahl größer als 2 ist und daher 2 nicht teilen kann.)

Wir stellen uns vor, dass wir n auf zwei Weisen als Produkt von Primzahlpotenzen vorliegen haben. Indem wir nötigenfalls Exponenten gleich Null setzen, können wir annehmen, dass es sich um Potenzen der gleichen Primzahlen handelt. Es ist zu zeigen, dass auch die Exponenten übereinstimmen.

Sei p eine Primzahl, die mit dem Exponenten a in der ersten Darstellung von n vorkommt. Dann teilt p die Zahl n, muss also nach obigem Hilfssatz auch eine der in der zweiten Darstellung vorkommenden Primzahlen teilen. Das heißt: p kommt auch in der zweiten Darstellung vor. Sei b der Exponent, mit dem p in der zweiten Darstellung vorkommt.

Nun dividieren wir beide Darstellungen durch p und erhalten die Zahl $n' = n/p$. Nach Induktionsvoraussetzung ist die Darstellung von n' als Produkt von Primzahlpotenzen eindeutig. Insbesondere kommt p in beiden Darstellungen von n' in der gleichen Potenz vor; das heißt, es gilt $a - 1 = b - 1$.

Also ist $a = b$, und da Entsprechendes für jede Primzahl gilt, ergibt sich die Eindeutigkeit. $\square$

5.7 Modulare Arithmetik

Mit der Zeit kann man rechnen. Jetzt ist es 11 Uhr, in zwei Stunden ist es 1 Uhr. Die meisten Menschen rechnen, ohne es zu wissen, modulo 12 und empfinden dies nicht als etwas Besonderes. Diese „Uhrenarithmetik" soll jetzt etwas systematischer und solider betrieben werden. Die einzigen Unterschiede zum täglichen Leben bestehen darin, dass wir Uhren mit beliebig vielen Stunden betrachten und dass wir Stunden auch multiplizieren und nicht nur addieren.

Und noch etwas ist wichtig: Es handelt sich nicht um eine nette, aber nutzlose Logelei, sondern diese Art des Rechnens ist die Grundlage nicht nur weiter Teile der Algebra, sondern spielt in vielen modernen Anwendungen, zum Beispiel der Codierungstheorie oder der Kryptographie, eine fundamentale Rolle.

Sei n eine feste natürliche Zahl. Die entscheidende Definition ist die einer Restklasse.

Sei a eine beliebige ganze Zahl. Mit $[a]$ bezeichnen wir die Menge aller ganzen Zahlen, die modulo n kongruent zu a sind; in Formeln

$$[a] := \{b \in \mathbb{Z} | b \equiv a(\operatorname{mod} n)\}.$$

Man kann diese Menge auch als die Menge aller ganzen Zahlen b beschreiben, die bei Division durch n denselben Rest wie a ergeben:

$$[a] = \{b \in \mathbb{Z} | b \bmod n = a \bmod n\}.$$

Konkret kann man sich $[a]$ so konstruiert vorstellen, dass man von a ausgeht und jeweils n dazuzählt oder abzieht:

$$[a] = \{\ldots, a - 3n, \ a - 2n, \ a - n, \ a, a + n, \ a + 2n, \ a + 3n, \ldots\}.$$

Diese Menge, die wir jetzt auf drei Weisen beschrieben haben, nennt man die **Restklasse** von a **modulo** n. Man nennt die Zahl a auch einen **Repräsentanten** der Restklasse $[a]$. Die Zahl n heißt manchmal der **Modul**.

Beispiele Sei $n = 3$. Die Restklasse $[0]$ besteht aus allen ganzen Zahlen, die bei Division durch 3 denselben Rest ergeben wie 0, also aus genau den Zahlen, die durch 3 teilbar sind:

$$[0] = \{b \in \mathbb{Z} | b \text{ ist ein Vielfaches von } 3\} = \{3z | z \in \mathbb{Z}\} = \{\ldots, -6, -3, 0, 3, 6, \ldots\}.$$

Die Restklasse $[1]$ besteht aus allen ganzen Zahlen, die bei Division durch 3 den Rest 1 ergeben; Entsprechendes gilt für $[2]$:

$$[1] = \{b \in \mathbb{Z} | b \bmod 3 = 1\} = \{3z + 1 | z \in \mathbb{Z}\} = \{\ldots, -5, -2, 1, 4, 7, \ldots\},$$
$$[2] = \{b \in \mathbb{Z} | b \bmod 3 = 2\} = \{3z + 2 | z \in \mathbb{Z}\} = \{\ldots, -4, -1, 2, 5, 8, \ldots\}.$$

Was ist $[5]$? Das ist die Menge aller ganzen Zahlen, die bei Division durch 3 den gleichen Rest ergeben wie 5, also den Rest 2 ergeben:

$$[5] = \{b \in \mathbb{Z} | b \bmod 3 = 5 \bmod 3\} = \{b \in \mathbb{Z} | b \bmod 3 = 2\};$$

dies ist aber genau die Restklasse $[2]$. Es gilt also $[5] = [2]$.

Allgemein können wir fragen: Wann repräsentieren zwei Zahlen die gleiche Restklasse?

5.7.1 Hilfssatz

Seien a und b ganze Zahlen. Dann gilt

$$[a] = [b] \Leftrightarrow n|a - b.$$

Bemerkung Anders ausgedrückt besagt dieser Hilfssatz, dass zwei Zahlen a und b genau dann die gleiche Restklasse repräsentieren, wenn sie sich um ein Vielfaches des Moduls n unterscheiden.

Beweis „$\Rightarrow$": Da b in der Restklasse $[b]$ enthalten ist und die Restklassen $[b]$ und $[a]$ gleich sind, ist b auch in $[a]$ enthalten. Nach Definition von $[a]$ unterscheidet sich b von a also nur um ein Vielfaches von n; es gilt also $b = a + tn$ mit $t \in \mathbb{Z}$. Das bedeutet, dass $a - b$ ein Vielfaches von n ist.

„$\Leftarrow$": Sei t die ganze Zahl mit $tn = a - b$. Das bedeutet $a = b + tn$ und $b = a - tn$.

Sei nun a' ein beliebiges Element aus $[a]$. Das heißt $a' = a + sn$ mit $s \in \mathbb{Z}$. Da $a = b + tn$ gilt, folgt daraus $a' = a + sn = b + tn + sn = b + (s + t)n \in [b]$. Somit gilt $[a] \subseteq [b]$.

Umgekehrt betrachten wir ein Element b' aus $[b]$. Dieses lässt sich als $b' = b + rn$ schreiben. Wegen $b = a - tn$ folgt $b' = b + rn = a - tn + rn = a + (-t + r)n \in [a]$. Somit ist $[b]$ eine Teilmenge von $[a]$, und zusammen folgt $[a] = [b]$. $\square$

Beispiele

(a) $[1] = [n + 1] = [2n + 1] = \ldots$
(b) $[0] = [n] = [2n] = \ldots$
(c) $[n - 1] = [-1] = [-n - 1] = [-2n - 1] = \ldots$

5.7.2 Korollar

Es gibt genau n verschiedene Restklassen modulo n, dies sind die Restklassen $[0], [1], \ldots, [n - 1]$.

Beweis Sei $[a]$ eine beliebige Restklasse modulo n. Sei $r := a \bmod n$. Dann ist $r \in \{0, 1, \ldots, n-1\}$ und nach Hilfssatz 5.7.1 gilt $[r] = [a]$.

Das bedeutet, dass jede Restklasse eine der Restklassen $[0], [1], \ldots, [n-1]$ sein muss.

Umgekehrt sind diese Restklassen alle verschieden, denn je zwei verschiedene Zahlen aus $\{0, 1, \ldots, n-1\}$ sind inkongruent modulo n; wieder nach Hilfssatz 5.7.1 sind die zugehörigen Nebenklassen also verschieden.   □

Mit $\mathbb{Z}_n$ bezeichnen wir die Menge aller Restklassen modulo n; wir können also schreiben

$$\mathbb{Z}_n := [0], [1], \ldots, [n-1].$$

Zum *Beispiel* ist $\mathbb{Z}_{10} = \{[0], [1], [2], [3], [4], [6], [7], [8], [9]\}$ und $\mathbb{Z}_2 = \{[0], [1]\}$.

Bislang haben wir nur die *Menge* $\mathbb{Z}_n$ betrachtet. Die Elemente von $\mathbb{Z}_n$ sind zwar Restklassen, also unendliche Mengen, aber wir können oft so tun, als ob das ganz normale Elemente wären, die nur etwas merkwürdig bezeichnet sind.

Wir wollen aber die Elemente von $\mathbb{Z}_n$ nicht nur betrachten, sondern mit ihnen auch rechnen. Genauer gesagt wollen wir sie addieren und multiplizieren. Die Definition dieser Operationen ist etwas delikat, weil man, wie die Mathematiker sagen, darauf achten muss, dass die Verknüpfungen „wohldefiniert" sind. Um die Summe von zwei Restklassen vernünftig erklären zu können, brauchen wir folgenden Hilfssatz.

5.7.3 Hilfssatz

Seien $[a]$ und $[b]$ zwei Restklassen. Seien $a' \in [a]$ und $b' \in [b]$ beliebig. Dann gilt $a' + b' \in [a + b]$. In Worten: Die Summe je zweier Elemente aus $[a]$ bzw. $[b]$ liegt in $[a + b]$.

Beweis Wegen $a' \in [a]$ und $b' \in [b]$ gibt es ganze Zahlen s und t mit $a' = a + sn$ und $b' = b + tn$. Also ist

$$a' + b' = a + sn + b + tn = a + b + (s + t)n \in [a + b].$$

□

Abb. 5.1 Additionstafel
von Z_6

+	[0]	[1]	[2]	[3]	[4]	[5]
[0]	[0]	[1]	[2]	[3]	[4]	[5]
[1]	[1]	[2]	[3]	[4]	[5]	[0]
[2]	[2]	[3]	[4]	[5]	[0]	[1]
[3]	[3]	[4]	[5]	[0]	[1]	[2]
[4]	[4]	[5]	[0]	[1]	[2]	[3]
[5]	[5]	[0]	[1]	[2]	[3]	[4]

Seien $[a]$ und $[b]$ zwei Restklassen. Wir definieren die **Summe** dieser Restklassen durch

$$[a] + [b] := [a + b].$$

In Worten ausgedrückt bedeutet dies: Man erhält die Summe zweier Restklassen (also die Summe $[a] + [b]$), indem man einen Repräsentanten der einen und einen Repräsentanten der anderen Restklasse (also a bzw. b) wählt, diese Repräsentanten addiert (also $a + b$ bildet) und zur zugehörigen Restklasse (also $[a + b]$) übergeht.

Beispiele Sei $n = 7$. Dann ist

$$[1] + [3] = [1 + 3] = [4],$$
$$[3] + [4] = [3 + 4] = [7] = [0],$$
$$[8] + [-10] = [8 + (-10)] = [-2] = [5].$$

Der vorige Hilfssatz stellt sicher, dass immer die gleiche Restklasse als Summe herauskommt, unabhängig davon, welche Repräsentanten der Nebenklassen gewählt werden. Diese Eigenschaft wird auch als *Wohldefiniertheit* der Addition von Restklassen bezeichnet.

Als weiteres *Beispiel* stellen wir in Abb. 5.1 eine vollständige Additionstafel von $\mathbb{Z}_6$ auf:

Welche Eigenschaften hat die Addition von Restklassen? Die obige Definition ist ganz wunderbar, da sich viele Eigenschaften von $\mathbb{Z}$ „automatisch" auf $\mathbb{Z}_n$ übertragen. Dies ist der Inhalt des folgenden Satzes.

5.7.4 Satz

Die Addition in $\mathbb{Z}_n$ hat folgende Eigenschaften:

Es gilt das Kommutativgesetz; das heißt für je zwei Restklassen $[a]$, $[b]$ gilt

$$[a] + [b] = [b] + [a].$$

Es gilt das Assoziativgesetz; das heißt für je drei Restklassen $[a]$, $[b]$, $[c]$ gilt

$$([a] + [b]) + [c] = [a] + ([b] + [c]).$$

Es gibt ein neutrales Element bezüglich der Addition. Das heißt: Es gibt eine Restklasse (nämlich $[0]$), so dass für jede Restklasse $[a]$ gilt:

$$[a] + [0] = [a].$$

Zu jeder Restklasse $[a]$ gibt es ein inverses Element: Das heißt, es gibt eine Restklasse $[b]$ mit
$$[a] + [b] = [0].$$

Beweis. Der Beweis dieser Gesetze ist denkbar einfach, da wir ihre Gültigkeit auf die Gültigkeit der entsprechenden Gesetze in $\mathbb{Z}$ zurückführen können.
Kommutativgesetz:

$$[a] + [b] = [a + b] = [b + a] = [b] + [a].$$

Assoziativgesetz:

$$([a] + [b]) + [c] = [a + b] + [c] = [(a + b) + c]$$
$$= [a + (b + c)] = [a] + [b + c] = [a] + ([b] + [c]).$$

Gesetz vom neutralen Element:

$$[a] + [0] = [a + 0] = [a].$$

Gesetz vom inversen Element: Die zu $[a]$ inverse Restklasse ist $[-a]$ $(= [n - a])$, denn

$$[a] + [-a] = [a + (-a)] = [0].$$

$\square$

Nun zur Multiplikation. Diese wird ganz analog zur Addition behandelt. Auch hier beginnen wir mit einem Hilfssatz.

5.7.5 Hilfssatz

Seien $[a]$ und $[b]$ zwei Restklassen. Seien $a' \in [a]$ und $b' \in [b]$ beliebig. Dann gilt $a' \cdot b' \in [a \cdot b]$. In Worten: Das Produkt je zweier Elemente aus $[a]$ bzw. $[b]$ liegt in $[a \cdot b]$.

Beweis Wegen $a' \in [a]$ und $b' \in [b]$ gibt es ganze Zahlen s und t mit $a' = a + sn$ und $b' = b + tn$. Also ist

$$a' \cdot b' = (a + sn) \cdot (b + tn) = a \cdot b + (at + sb + stn)n \in [a \cdot b].$$

$\square$

Seien $[a]$ und $[b]$ zwei Restklassen. Wir definieren das **Produkt** dieser Restklassen durch

$$[a] \cdot [b] := [a \cdot b].$$

Das heißt: Man erhält das Produkt zweier Restklassen (also das Produkt $[a] \cdot [b]$), indem man einen Repräsentanten der einen und einen Repräsentanten der anderen Restklasse (also a bzw. b) wählt, diese Repräsentanten multipliziert (also $a \cdot b$ bildet) und dann zur zugehörigen Restklasse (also $[a \cdot b]$) übergeht.

Beispiele Sei $n = 10$. Dann ist

$$[2] \cdot [3] = [2 \cdot 3] = [6],$$
$$[3] \cdot [4] = [3 \cdot 4] = [12] = [2],$$
$$[8] \cdot [- \cdot 2] = [8 \cdot (-2)] = [-16] = [4].$$

Abb. 5.2 Multiplikationstafel von $\mathbb{Z}_6$

·	[0]	[1]	[2]	[3]	[4]	[5]
[0]	[0]	[0]	[0]	[0]	[0]	[0]
[1]	[0]	[1]	[2]	[3]	[4]	[5]
[2]	[0]	[2]	[4]	[0]	[2]	[4]
[3]	[0]	[3]	[0]	[3]	[0]	[3]
[4]	[0]	[4]	[2]	[0]	[4]	[2]
[5]	[0]	[5]	[4]	[3]	[2]	[1]

Auch hier stellt der vorherige Hilfssatz sicher, dass immer die gleiche Restklasse als Produkt herauskommt, unabhängig davon, welche Repräsentanten gewählt werden. Also ist auch die Multiplikation von Restklassen wohldefiniert.

Wir stellen nun die Multiplikationstafel von $\mathbb{Z}_6$ auf (Abb. 5.2) – und erleben dabei eine Überraschung.

Die Überraschung ist zweifach: Zum einen ist die Multiplikationstabelle längst nicht so „schön" wie die Additionstafel, die Werte sind auf den ersten Blick ziemlich „durcheinander". Zum anderen würde man erwarten, dass in jeder Zeile und Spalte alle Zahlen vorkommen – na gut, die Null nicht. Und dass in der ersten Zeile und Spalte lauter Nullen stehen, ist auch nicht überraschend, denn Null mal irgendwas ist eben Null. Aber dass in den Zeilen 2, 3 und 4 manche Zahlen doppelt vorkommen, andere dafür nicht, und dass es Elemente gibt, deren Produkt Null ist, ohne dass die einzelnen Faktoren Null sind – das sollte eine Überraschung für Sie sein!

Ganz entsprechend wie bei der Addition übertragen sich die Eigenschaften der Multiplikation ganzer Zahlen auf die Multiplikation in $\mathbb{Z}_n$.

5.7.6 Satz

Die Multiplikation in $\mathbb{Z}_n$ hat folgende Eigenschaften:

Es gilt das Kommutativgesetz; das heißt für je zwei Restklassen $[a]$, $[b]$ gilt

$$[a] \cdot [b] = [b] \cdot [a].$$

Es gilt das Assoziativgesetz; das heißt für je drei Restklassen $[a]$, $[b]$, $[c]$ gilt

$$([a] \cdot [b]) \cdot [c] = [a] \cdot ([b] \cdot [c]).$$

Es gibt ein neutrales Element bezüglich der Multiplikation. Das heißt: Es gibt eine Restklasse (nämlich $[1]$), so dass für jede Restklasse $[a]$ gilt:

$$[a] \cdot [1] = [a].$$

Bemerkung Wir können nicht erwarten, dass jedes Element von $\mathbb{Z}_n$ ein multiplikatives Inverses hat, denn in $\mathbb{Z}$ haben ja nur die Zahlen 1 und −1 (also 0 % aller Elemente) ein multiplikatives Inverses. In nächsten Satz werden wir aber sehen, dass überraschend viele Elemente von $\mathbb{Z}_n$ ein multiplikatives Inverses haben. Das bedeutet: $\mathbb{Z}_n$ hat viel mehr gute Eigenschaften als $\mathbb{Z}$!

Beweis Wie im Beweis des vorigen Satzes führen wir Gültigkeit der Gesetze auf die Gültigkeit der entsprechenden Gesetze in $\mathbb{Z}$ zurück.
Kommutativgesetz:

$$[a] \cdot [b] = [a \cdot b] = [b \cdot a] = [b] \cdot [a].$$

Assoziativgesetz:

$$([a] \cdot [b]) \cdot [c] = [a \cdot b] \cdot [c] = [(a \cdot b) \cdot c] = [a \cdot (b \cdot c)] = [a] \cdot [b \cdot c] = [a] \cdot ([b] \cdot [c]).$$

Gesetz vom neutralen Element:

$$[a] \cdot [1] = [a \cdot 1] = [a].$$

$\square$

Wir haben schon bemerkt, dass fast keine ganze Zahl (nämlich nur 1 und − 1) ein multiplikatives Inverses hat – erstaunlicherweise haben in $\mathbb{Z}_n$ viele Elemente ein solches Inverses, manchmal sogar (fast) alle!

5.7.7 Satz

Sei n eine natürliche Zahl, und sei $[a]$ ein Element von $\mathbb{Z}_n$. Dann hat $[a]$ genau dann eine Inverse bezüglich der Multiplikation in $\mathbb{Z}_n$, wenn a und n teilerfremd sind.

Beweis Zunächst setzen wir voraus, dass $[a]$ eine multiplikative Inverse in $\mathbb{Z}_n$ hat. Dann gibt es also eine Restklasse $[a']$ von $\mathbb{Z}_n$, so dass $[a] \cdot [a'] = [1]$ ist.

Nach Definition der Multiplikation in $\mathbb{Z}_n$ bedeutet dies, dass $a \cdot a' = 1 + sn$ ist, wobei s eine ganze Zahl ist.

Wir müssen zeigen, dass 1 der größte gemeinsame Teiler von a und n ist. Dazu zeigen wir, dass jeder Teiler t von a und n auch die Zahl 1 teilt: In der Tat, wenn t sowohl a also auch n teilt, ist t auch ein Teiler von $aa' - sn = 1$.

Seien nun umgekehrt a und n teilerfremd. Dann gibt es nach Satz 5.3.4 eine ganze Zahl a' mit $aa' \equiv 1 \pmod{n}$. Das bedeutet nichts anderes als $[a] \cdot [a'] = [1]$. $\square$

Wir bezeichnen die Menge derjenigen Restklassen von $\mathbb{Z}_n$, die ein multiplikatives Inverses haben, mit $\mathbb{Z}_n{}^*$. In $\mathbb{Z}_n{}^*$ liegen also genau diejenigen Restklassen $[a]$ von $\mathbb{Z}_n$ mit $\mathrm{ggT}(a, n) = 1$.

Beispiele

(a) Die Restklassen $[1]$ und $[n - 1]$ sind stets in $\mathbb{Z}_n{}^*$ enthalten, denn 1 bzw. $n - 1$ ist teilerfremd zu n. Für $n > 1$ liegt die Restklasse $[0]$ nie in $\mathbb{Z}_n{}^*$, denn es ist $\mathrm{ggT}(0, n) = n$.

(b) Es ist $\mathbb{Z}_2{}^* = \{[1]\}$, $\mathbb{Z}_3{}^* = \{[1], [2]\}$, $\mathbb{Z}_4{}^* = \{[1], [3]\}$, $\mathbb{Z}_5{}^* = \{[1], [2], [3], [4]\}$ und $\mathbb{Z}_6{}^* = \{[1], [5]\}$.

(c) Wenn p eine Primzahl ist, dann ist $\mathbb{Z}_p{}^* = \{[1], [2], \ldots, [p - 1]\}$.

5.7.8 Satz

$\mathbb{Z}_n{}^*$ ist abgeschlossen bezüglich der Multiplikation. Das bedeutet: Für je zwei Restklassen $[a]$, $[b]$ aus $\mathbb{Z}_n{}^*$ gilt: Das Produkt $[a] \cdot [b]$ liegt wieder in $\mathbb{Z}_n{}^*$ (und nicht nur in $\mathbb{Z}_n$).

Beweis Da $[a]$ und $[b]$ in $\mathbb{Z}_n{}^*$ liegen, sind die Zahlen a und b nach Satz 5.7.7 teilerfremd zu n. Es folgt, dass auch das Produkt ab teilerfremd zu n ist. Denn ein gemeinsamer Primteiler von ab und n müsste auch a oder b teilen; also hätten auch a oder b und n einen gemeinsamen Primteiler. Wieder nach Satz 5.7.7 liegt $[ab]$ also in $\mathbb{Z}^*$. □

Bemerkung Tatsächlich ist $\mathbb{Z}_n{}^*$ eine *Gruppe*. Das bedeutet, dass auch das Assoziativgesetz gilt, ein neutrales Element existiert und jedes Element ein Inverses hat. (Davon können Sie sich in Übungsaufgabe 31 überzeugen.)

5.8 Übungsaufgaben

1. Seien a und b ganze Zahlen. Zeigen Sie:

$$a|b \text{ und } b|a \Rightarrow a = \pm b.$$

2. Zeigen Sie mit vollständiger Induktion, dass für allen natürlichen Zahlen n gilt

$$6|n^3 - n.$$

3. Zeigen Sie, dass bei der Division mit Rest im Beweis der Existenz der Zahlen q und r auch b als positiv vorausgesetzt werden kann.
4. Berechnen Sie 217 mod 23, 11.111 mod 37, 123.456.789 mod 218.
5. Sei n eine natürliche Zahl. Berechnen Sie:
   (a) $n + 1 \bmod n$, $n^2 \bmod n$, $2n + 5 \bmod n$, $3n + 6 \bmod n$, $4n - 1 \bmod n$.
   (b) $(n + 2) \bmod (n + 1)$, $(2n + 2) \bmod (n + 1)$, $(n^2 + 1) \bmod (n + 1)$, $(n^2) \bmod (n + 1)$.
   (c) $(n + 1)^2 \bmod n$, $(n + 1)^{1000} \bmod n$, $(n - 1)^2 \bmod n$, $(n - 1)^{10.001} \bmod n$.
   (d) $(n + 1)n \bmod n$, $n^3 + 2n^2 + 4 \bmod n$, $(2n + 2)(n + 1) \bmod n$, $n! \bmod n$.
6. Stellen Sie sich ein rechteckiges Billardfeld mit den Seitenlängen $a, b \in \mathbb{N}$ vor. Die Kugel wird in der linken unteren Ecke unter einem Winkel von 45° losgeschossen. Sie wird reflektiert und rollt ohne Reibungsverlust über das Feld, bis sie in eine Ecke kommt; dort fällt sie in das dort vorhandene Loch. In Abb. 5.3 sehen Sie zwei Beispiele.
   Frage: Wie lange dauert es, bis die Kugel ins Loch fällt?
   (a) Testen Sie das Problem für mindestens drei verschiedene Seitenlängen.
   (b) Lösen Sie die Aufgabe für die Seitenlängen $b = a$, $b = 2a$, $b = 2a + 1$.

Abb. 5.3 Zwei Billardtische

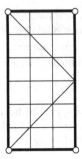 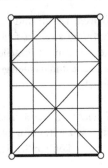

7. Lösen Sie die folgende Aufgabe von Fibonacci: Gesucht ist die kleinste natürliche Zahl, die bei Division durch 2, 3, 4, 5 und 6 den Rest 1 liefert aber durch 7 teilbar ist.

8. Welche Quadratzahlen haben die Differenz 11? Welche die Differenz 1001?

9. Berechnen Sie ggT(123.456.789, 987.654.321).

10. Zeigen Sie, dass je zwei aufeinander folgende ungerade Zahlen teilerfremd sind.

11. Zeigen Sie: Je zwei Fibonacci-Zahlen der Form f_n und f_{n+2} sind teilerfremd.

12. Seien $f_1, f_2, f_3, \ldots$ die Fibonacci-Zahlen. Zeigen Sie:
    (a) $f_n \cdot f_n \bmod f_{n+1} = \pm 1$.
    (b) f_n ist modulo f_{n+1} invertierbar.

13. Zeigen Sie, dass die Zahlen 1234 und 567 teilerfremd sind und bestimmen Sie ganze Zahlen a und b, so dass gilt

$$1 = 1234a + 567b.$$

14. Stellen Sie folgende Zahlen als Dezimalzahlen dar:

$$(10.101.010)_2, (2002)_{11}, (ABCD)_{16}.$$

15. Stellen Sie die Dezimalzahl 2007 im 2er, 5er, 11er und 16er System dar.

16. Durch welche Ziffer muss das Fragezeichen in der folgenden Zahl ersetzt werden, damit sie durch 9 teilbar ist?

$$3\,7\,8\,9\,2\,6\,2\,?\,9\,3\,4\,0\,0\,1\,8\,7$$

17. Durch welche Ziffern müssen die Buchstaben a und b ersetzt werden, damit die Zahl $19a9b$ durch 36 teilbar ist?

18. Bestimmen Sie alle vierstelligen natürlichen Zahlen der Form „aabb", die durch 99 teilbar sind.

19. Welche Teilbarkeitsregeln kann man an der Endstelle einer im 12er System dargestellten Zahl ablesen?

20. Zeigen Sie: Eine Dezimalzahl ist genau dann durch 4 (8, 16, ...) teilbar, wenn die aus den letzten 2 (3, 4, ...) Ziffern gebildete Zahl durch 4 (8, 16, ...) teilbar ist.

21. Sei n eine natürliche Zahl, die im System zur Basis b dargestellt ist:

$$n = a_{k-1} \cdot b^{k-1} + a_{k-2} \cdot b^{k-2} + \ldots + a_1 \cdot b^1 + a_0 \cdot b^0.$$

Zeigen Sie, dass gilt:
   (a) $n \equiv a_0 \pmod{t}$ für jeden Teiler t von b.
   (b) $n \equiv Q(n) \pmod{t}$ für jeden Teiler t von $b - 1$.

22. Zeigen Sie, dass $b + 1$ jede Zahl der Form $b^{2s+1} + 1$ teilt.

23. Was steckt hinter den folgenden Zaubertricks?
   (a) Denken Sie sich irgendeine zehnstellige Zahl, in der jede Ziffer von 0 bis 9 genau einmal vorkommt. Ich sage Ihnen voraus, dass Ihre Zahl durch 9 teilbar ist.
   (b) Denken Sie sich irgendeine zweistellige Zahl und schreiben Sie diese dreimal hintereinander. (Wenn Sie sich zum Beispiel 47 gedacht haben, so schreiben Sie 474747.) Diese Zahl ist durch 7 teilbar. Garantiert!
   (c) Schreiben Sie irgendeine Zahl auf, spiegeln Sie sie und schreiben Sie das Spiegelbild dahinter (zum Beispiel wird aus 578.931 die Zahl 578.931.139.875). Diese Zahl ist durch 11 teilbar!

24. Zeigen Sie: Sei $n > 1$ eine natürliche Zahl. Wenn n keine Primzahl ist, dann gibt es ganze Zahlen a und b, so dass n das zwar Produkt $a \cdot b$ aber keinen der Faktoren a oder b teilt.

25. Bestimmen Sie alle Primzahlen ≤ 200 mit dem Sieb des Eratosthenes.

26. Überprüfen Sie, dass die Formel $x^2 + x + 41$ für die Zahlen 1, 2, ..., 39 jeweils eine Primzahl liefert. Ist dies auch für $x = 40$ und $x = 41$ der Fall? (Überlegen, nicht rechnen!)

27. Führen Sie den Beweis für die Unendlichkeit der Primzahlen durch, indem Sie statt der Zahl $p_1 \cdot p_2 \cdot \ldots \cdot p_s + 1$ die Zahl $p_1 \cdot p_2 \cdot \ldots \cdot p_s - 1$ betrachten.

28. Sei $n \geq 1$ eine natürliche Zahl. Beweisen Sie:
   (a) Je zwei Restklassen modulo n sind gleich oder disjunkt.
   (b) Jede ganze Zahl ist in genau einer Restklasse modulo n enthalten.

29. Stellen Sie eine vollständige Multiplikationstafel von

    (a) $\mathbb{Z}_7$,

    (b) $\mathbb{Z}_{12}$

    auf. Welche Elemente sind invertierbar? Geben Sie die zugehörigen inversen Elemente an.

30. Berechnen Sie das multiplikative Inverse von 2, 3 und 50 in $\mathbb{Z}_{101}$.

31. Weisen Sie nach, dass $\mathbb{Z}_n{}^*$ eine Gruppe ist. Das heißt, zeigen Sie, dass in $\mathbb{Z}_n{}^*$ das Assoziativgesetz gilt, ein neutrales Element existiert und jedes Element ein Inverses hat.

▸   **Didaktische Anmerkungen** Viele Themen dieses Kapitels gehören bereits zum Unterrichtsstoff der Klasse 5:

   • Teiler, Vielfache, Division mit Rest und der größte gemeinsame Teiler,

   • Zahlendarstellungen (dezimal, binär), Teilbarkeitsregeln,

   • Primzahlen, Sieb des Eratosthenes.

Dieses Kapitel liefert den passenden mathematischen Hintergrund für die Lehrerin bzw. den Lehrer. Die Zaubertricks aus den Übungsaufgaben lassen sich bereits bei jungen Schülerinnen und Schülern durchführen, die entsprechenden Beweise sollten allerdings höheren Klassen überlassen werden.

Der Beweis der Unendlichkeit der Primzahlen ist ein Paradebeispiel eines Widerspruchsbeweises. Er könnte in der Oberstufe beim Thema „Beweistechniken" behandelt werden. Darüber hinaus könnte das ganze Kapitel als Wahlthema „Zahlentheorie" in der Qualifikationsphase Q4 dienen.

Auch im Informatikunterricht lassen sich Inhalte dieses Kapitels gewinnbringend einsetzen. So gehören dezimale, binäre und hexadezimale Zahlendarstellungen zu den unabdingbaren Grundlagen, die bereits in der Mittelstufe gelegt werden können. Division mit Rest, Modulo-Rechnung und der euklidische Algorithmus sind typische Inhalte des Bereichs „Algorithmen" in der Oberstufe. Die modulare Arithmetik („Uhrenarithmetik") und der erweiterte euklidische Algorithmus zur Berechnung der modularen Inversen sind darüber hinaus wichtige mathematische Grundlagen der Public-Key-Kryptographie, falls diese als Wahlthema in der Oberstufe behandelt wird.

Literatur

Bartholomé, A., Rung, J., Kern, H.: Zahlentheorie für Einsteiger, 7. Aufl. Verlag Vieweg+Teubner, Wiesbaden (2010)

Beutelspacher, A.: Zahlen. Geschichte, Gesetze, Geheimnisse. C.H. Beck, München (2013)

Biggs, N.L.: Discrete Mathematics. Oxford University Press, Oxford (1996)

Fehlererkennung

6

Fehler macht jeder. Das wussten schon die alten Römer, die das Sprichwort „errare humanum est" („Irren ist menschlich") prägten. Manche Fehler merkt man, und gegen manche kann man etwas machen.

Die Fehler, um die wir uns hier kümmern, entstehen bei der Übertragung, beim Lesen, bei der Speicherung und beim Auslesen von Daten. Wenn hierbei Fehler passieren, also zum Beispiel eine Ziffer durch eine andere ersetzt wird oder zwei Ziffern vertauscht werden, so kann das unangenehme Folgen haben. Stellen Sie vor, Sie würden ein Buch bestellen und durch einen reinen Übermittlungsfehler der Buchnummer würden Sie ein anderes Buch erhalten!

Wie kann man erreichen, dass Fehler keine Auswirkungen haben? Die einfachste Lösung wäre, keine Fehler zu machen. Da dies offenbar keine realistische Möglichkeit ist, versucht man, die Daten so zu gestalten, dass der Empfänger der Nachricht merkt, ob diese einen Fehler enthalten oder nicht.

Wie soll das gehen? Aus dem Alltag ist uns das geläufig. Wenn beim Telefonieren einzelne Wörter, bei denen es „drauf ankommt" (etwa ein Name) nicht verstanden werden, so wiederholen wir das Wort oder buchstabieren es. Mit anderen Worten: Wir fügen zusätzliche Information hinzu, an der der Empfänger erkennen kann, ob die Nachricht richtig ist oder nicht.

6.1 Die Grundidee

Die grundlegende Idee der Fehlererkennung ist in folgender formaler Definition enthalten: Ein **fehlererkennender Code** ist eine Teilmenge C einer Menge V. Der Sender **codiert** seine Information durch ein Element c von C. Dieses wird dem Empfänger übermittelt; dieser empfängt ein – möglicherweise verändertes – Element c' aus V. Er überprüft, ob c' ein Element von C ist. Wenn dies nicht der Fall

A. Beutelspacher und M.-A. Zschiegner, *Diskrete Mathematik für Einsteiger*,
DOI 10.1007/978-3-658-05781-7_6, © Springer Fachmedien Wiesbaden 2014

ist, weist er die empfangene Nachricht zurück. Wenn c' aber ein Element des Codes C ist, dann akzeptiert er c' und die darin enthaltene Information.

Bemerkungen

1. Üblicherweise ist V die Menge aller n-Tupel über einem Alphabet A.
2. Wir nehmen stets an, dass es einfach ist, aus einem Codewort die darin enthaltene Information zu extrahieren.

Wir betrachten ein erstes einfaches Beispiel. Angenommen, wir wollen 4-stellige Zahlen übermitteln. In jeder der vier Ziffern steckt Information, die unverändert ankommen soll. Jedenfalls soll der Empfänger merken, ob die Daten korrekt sind oder nicht. Da man dies an den Daten (also den 4-stelligen Zahlen) nicht erkennen kann, fügt man eine Ziffer hinzu (man erhält also eine 5-stellige Zahl), und zwar so, dass die Quersumme dieser Zahl eine Zehnerzahl ist. Die Ziffer an der hinzugefügten Stelle heißt **Prüfziffer**. Konkret geht man so vor, dass man die Summe der ersten vier Ziffern bestimmt und dann diese Summe durch die Prüfziffer zur nächsten Zehnerzahl ergänzt.

Beispiel Wenn die Daten die Zahl 1234 sind, so ist die Prüfziffer 0; der Datensatz 4813 hat die Prüfziffer 4.

Der **Code** ist in diesem Beispiel die Menge aller 5-stelligen Zahlen, deren Quersumme durch 10 teilbar ist:

$$C = \{a_1 a_2 a_3 a_4 a_5 | a_i \in 0, 1, \ldots, 9, a_1 + a_2 + a_3 + a_4 + a_5 \text{ ist durch 10 teilbar}\}.$$

Die Elemente eines Codes nennt man auch **Codewörter**. (Die Menge V ist in diesem Beispiel die Menge aller 5-stelligen Zahlen.)

Ist dieser Code gut? Ja, denn er erkennt Einzelfehler. Das bedeutet anschaulich, dass der Empfänger merkt, wenn an einer Stelle etwas verändert wurde. Woran merkt er das? Daran, dass die empfangene Ziffernfolge kein Codewort ist. Konkret bildet der Empfänger die Quersumme der empfangenen Zahl; wenn diese eine Zehnerzahl ist, so akzeptiert er die Nachricht und nimmt die ersten vier Stellen als Daten; wenn die Quersumme aber keine Zehnerzahl ist, so weiß er, dass ein Fehler passiert ist und verweigert die Annahme der Nachricht. Diese muss dann nochmals geschickt werden.

6.2 Paritätscodes

Wir definieren: Ein **Code** der **Länge** n zur **Basis** q ist irgendeine Menge von Folgen $(a_1, a_2, \ldots, a_n)$ der Länge n, wobei die a_i ganze Zahlen zwischen 0 und $q - 1$ sind. Man spricht auch von einem Code über dem **Alphabet** $\{0, 1, \ldots, q - 1\}$ und den **Ziffern** $0, 1, \ldots, q - 1$. Die Elemente des Codes nennen wir **Codewörter**. Statt $(a_1, a_2, \ldots, a_n)$ schreiben wir auch $a_1 a_2 \ldots a_n$.

In unserem obigen Beispiel ist $n = 5$ und $q = 10$.

Wir sagen, dass ein Code **Einzelfehler erkennt**, wenn folgendes gilt: Wenn an einem Codewort an einer Stelle der Wert a_i in a_i' ($\neq a_i$) geändert wird, so ist die entstehende Folge kein Codewort. Mit anderen Worten bedeutet dies, dass sich je zwei verschiedene Codewörter an mindestens zwei Stellen unterscheiden.

Der Empfänger einer Nachricht überprüft, ob diese ein Codewort ist. Er akzeptiert diese Nachricht genau dann, wenn diese ein Codewort ist.

Ein Code der Länge n zur Basis q heißt ein **Paritätscode**, wenn für jedes Codewort $(a_1, a_2, \ldots, a_n)$ die Summe $a_1 + a_2 + \ldots + a_n$ ein Vielfaches von q ist.

Bei einem solchen Code stellen wir uns vor, dass die eigentliche Information aus den Ziffern $a_1, a_2, \ldots, a_{n-1}$ besteht, und dass das **Kontrollzeichen** a_n so berechnet wird, dass die Summe $a_1 + a_2 + \ldots + a_n$ durch q teilbar ist. In einer Formel:

$$a_n = -(a_1 + a_2 + \ldots + a_{n-1}) \mod q.$$

6.2.1 Satz

Jeder Paritätscode erkennt Einzelfehler.

Beweis Sei $(a_1, a_2, \ldots, a_n)$ ein Codewort. Das heißt, dass $a_1 + a_2 + \ldots + a_n$ ein Vielfaches von q ist.

Wir nehmen an, dass ein Fehler an einer Stelle, sagen wir: an der ersten Stelle, auftritt. Das bedeutet, dass a_1 in eine andere Ziffer $a_1' \neq a_1$ verwandelt wird.

Angenommen, auch $(a_1', a_2, \ldots, a_n)$ wäre eine Codewort. Dann wäre auch $a_1' + a_2 + \ldots + a_n$ ein Vielfaches von q.

Zusammen würde dann folgen, dass auch die Differenz

$$(a_1 + a_2 + \ldots + a_n) - (a_1' + a_2 + \ldots + a_n) = a_1 - a_1'$$

eine durch q teilbare Zahl wäre.

Nun untersuchen wir, wie groß diese Zahl sein kann. Da $a_1 \leq q - 1$ und $a_1' \geq 0$ ist, folgt $a_1 - a_1' \leq q - 1$. Andererseits ist $a_1 \geq 0$ und $a_1' \leq q - 1$. Also ist $a_1 - a_1' \geq -(q - 1)$.

Somit ist $a_1 - a_1'$ eine ganze Zahl, die

- durch q teilbar ist und
- zwischen $-(q - 1)$ und $q - 1$ liegt.

Daher gibt es für $a_1 - a_1'$ nur eine Möglichkeit, nämlich $a_1 - a_1' = 0$ (vgl. Folgerung 5.1.3). Das bedeutet aber $a_1 = a_1'$, und das ist ein Widerspruch.

Also ist unsere Annahme falsch, und das bedeutet wiederum, dass $(a_1', a_2, \ldots, a_n)$ kein Codewort ist. Insgesamt ergibt sich also, dass der Code Einzelfehler erkennt.   □

Nun wenden wir uns dem Problem zu, wie man Vertauschungsfehler erkennen kann. Zunächst definieren wir wieder, was wir haben wollen.

Wir sagen, dass ein Code C **Vertauschungsfehler erkennt**, falls für jedes Codewort $(a_1, a_2, \ldots, a_i, a_{i+1}, \ldots, a_n)$ gilt: Die durch Vertauschung der Elemente a_i und a_{i+1} (mit $a_i \neq a_{i+1}$) erzeugte Folge $(a_1, a_2, \ldots, a_{i+1}, a_i, \ldots, a_n)$ ist kein Codewort.

Bemerkung Bei Vertauschungsfehlern muss man nur den Fall $a_i \neq a_{i+1}$ betrachten, da im Falle $a_i = a_{i+1}$ Vertauschungsfehler nicht auffallen.

Bislang haben wir keine Handhabe zur Erkennung von Vertauschungsfehlern. Da $3 + 5 = 5 + 3$ ist, kann man eine Verwandlung von 35 in 53 bei einem einfachen Paritätscode nicht erkennen. Wir brauchen eine Methode, mit der man die Stellen unterscheiden kann.

Die Idee besteht darin, jede Stelle mit einem „Gewicht" zu versehen. Die entsprechende Ziffer wird mit diesem Gewicht multipliziert, bevor sie in die Quersumme eingeht.

Wir stellen dazu ein *Beispiel* vor. Das folgende System wird von manchen Banken dazu benutzt, die Kontonummern zu sichern. Außerdem sind die Lokomotivennummern der Deutschen Bahn AG mit diesem System gesichert.

Zunächst beginnen wir mit einer vereinfachten Version:

Kontonummer ohne Prüfziffer:	1	8	9	8	2	8	0	1
Gewichtung	1	2	1	2	1	2	1	2
Produkte (Ziffer × Gewicht)	1	16	9	16	2	16	0	2

Dann wird die Summe S dieser Produkte bestimmt; es ergibt sich

$$S = 1 + 16 + 9 + 16 + 2 + 16 + 0 + 2 = 62.$$

Dann wird diese Zahl durch die Prüfziffer zur nächsten Zehnerzahl ergänzt; die Prüfziffer ist in diesem Fall gleich 8, und die vollständige Kontonummer lautet 189 828 018.

Wir können diesen Code (den wir auch „Code 1" oder „System 1" nennen) auch formal beschreiben:

$$C_1 = \{a_1 a_2 a_3 a_4 a_5 a_6 a_7 a_8 a_9 | 10 \text{ teilt}$$

$$a_1 + 2a_2 + a_3 + 2a_4 + a_5 + 2a_6 + a_7 + 2a_8 + a_9\}.$$

In diesem System 1 haben wir zwar prinzipiell die Chance, Vertauschungsfehler zu erkennen, da benachbarte Stellen verschieden gewichtet werden, wir haben uns aber auch einen entscheidenden Nachteil eingehandelt, nämlich: Das System 1 erkennt nicht alle Einzelfehler! Wenn an einer mit 2 gewichteten Stelle die Zahl 8 mit der Zahl 3 vertauscht wird, so liefert die 8 den Beitrag 16, die Zahl 3 den Beitrag 6 zur Summe S; da es nur auf die Einerziffern ankommt, ergibt sich die gleiche Prüfziffer. Ebenso werden die Fehler $7 \leftrightarrow 2$, $6 \leftrightarrow 1$, $5 \leftrightarrow 0$ und $9 \leftrightarrow 4$ nicht erkannt.

Prinzipiell können wir die verschiedenen Stellen eines Codes dadurch unterscheiden, dass wir jeder Stelle ein „Gewicht" zuordnen. Dies ist eine Zahl, die der jeweiligen Stelle fest zugeordnet ist; der Eintrag an dieser Stelle muss mit dem Gewicht multipliziert werden, bevor die Summe gebildet wird. Genauer gesagt sieht das Schema so aus:

Ein Code der Länge n zur Basis q heißt ein **Paritätscode mit Gewichten** $g_1, g_2,$ $..., g_n$, wenn für jedes Codewort $(a_1, a_2, ..., a_n)$ die gewichtete Summe

$$g_1 a_1 + g_2 a_2 + ... + g_n a_n$$

ein Vielfaches von q ist.

6.2.2 Hilfssatz

Wenn g_n teilerfremd zu q ist, lässt sich das Kontrollzeichen in allen Fällen berechnen.

Beweis Aus den Informationssymbolen $a_1, a_2, ..., a_{n-1}$ wird das Kontrollzeichen a_n so berechnet, dass die gewichtete Summe $g_1 a_1 + g_2 a_2 + ... + g_n a_n$ durch q teilbar ist, das heißt, dass $g_1a_1 + g_2a_2 + \ldots + g_na_n$ mod $q = 0$ ist. Formal wird a_n also wie folgt berechnet:

$$a_n = -g_n^{-1} \cdot (g_1a_1 + g_2a_2 + \ldots + g_{n-1}a_{n-1}) \mod q.$$

Offenbar muss, um a_n überhaupt bestimmen zu können, die Zahl g_n modulo q multiplikativ invertierbar sein. Nach Satz 5.7.7 ist das genau dann der Fall, wenn g_n teilerfremd zu q ist.   □

Bemerkung In der Regel wählt man $g_n = 1$.

6.2.3 Satz

Ein Paritätscode der Länge n zur Basis q mit Gewichten $g_1, g_2, \ldots, g_n$ erkennt genau dann alle Einzelfehler an der Stelle i, wenn g_i und q teilerfremde Zahlen sind.

Beweis Sei $(a_1, a_2, \ldots, a_n)$ ein Codewort; das bedeutet, dass $g_1a_1 + g_2a_2 + \ldots + g_na_n$ ein Vielfaches von q ist.

Nun möge an der i-ten Stelle ein Fehler passiert sein und a_i zu a_i' verändert worden sein. Dann gilt:

Der Empfänger bemerkt diesen Fehler nicht

$$\Leftrightarrow q \text{ teilt } g_1a_1 + g_2a_2 + \ldots + g_ia_i' + \ldots + g_na_n$$

$$\Leftrightarrow q \text{ teilt } g_1a_1 + g_2a_2 + \ldots + g_ia_i + \ldots + g_na_n$$

$$- (g_1a_1 + g_2a_2 + \ldots + g_ia_i' + \ldots + g_na_n)$$

$$\Leftrightarrow q \text{ teilt } g_ia_i - g_ia_i'$$

$$\Leftrightarrow q \text{ teilt } g_i(a_i - a_i').$$

Das bedeutet: Der Empfänger bemerkt jede Veränderung von a_i zu a_i', falls q keine der möglichen Zahlen $g_i(a_i - a_i')$ teilt.

Wenn q und g_i teilerfremd sind, dann teilt q keine der Zahlen $g_i(a_i - a_i')$. Denn q müsste dann sogar $a_i - a_i'$ teilen, was wegen $|a_i - a_i'| \leq q - 1$ unmöglich ist.

Wenn andererseits die Zahlen q und g_i einen größten gemeinsamen Teiler $t > 1$ haben, dann wird die Veränderung von $a_i := q/t$ zu $a_i' = 0$ nicht erkannt.   □

6.2.4 Korollar

Ein Paritätscode der Länge n zur Basis q mit Gewichten $g_1, g_2, \ldots, g_n$ erkennt genau dann alle Einzelfehler, falls jedes g_i $(i = 1, \ldots, n)$ teilerfremd zu q ist. $\square$

Beispiele

(a) Wenn $q = 10$ ist, müssen alle Gewichte ungerade und verschieden von 5 sein, damit alle Einzelfehler erkannt werden können. Als Gewichte kommen also nur 1, 3, 7, 9 in Frage.

(b) Im Fall $q = 11$ sind als Gewichte alle Zahlen zwischen 1 und 10 möglich, und es werden alle Einzelfehler erkannt.

6.2.5 Satz

Ein Paritätscode der Länge n zur Basis q mit Gewichten $g_1, g_2, \ldots, g_n$ erkennt genau dann alle Vertauschungsfehler an den Stellen i und j, falls die Zahl $g_i - g_j$ teilerfremd zu q ist.

Beweis Sei $(a_1, a_2, \ldots, a_n)$ ein Codewort; das bedeutet, dass $g_1 a_1 + g_2 a_2 + \ldots + g_n a_n$ ein Vielfaches von q ist.

Nun mögen die Einträge an den Stellen i und j vertauscht werden. Dann gilt: Der Empfänger bemerkt diesen Fehler nicht

$$\Leftrightarrow q \text{ teilt } g_1 a_1 + g_2 a_2 + \ldots + g_i a_j + \ldots + g_j a_i + \ldots + g_n a_n$$

$$\Leftrightarrow q \text{ teilt } g_i a_i + g_j a_j - (g_i a_j + g_j a_i)$$

$$\Leftrightarrow q \text{ teilt } g_i (a_i - a_j) + g_j (a_j - a_i)$$

$$\Leftrightarrow q \text{ teilt } (g_i - g_j)(a_i - a_j).$$

Das bedeutet: Der Empfänger bemerkt jede solche Vertauschung, falls q keine der möglichen Zahlen $(g_i - g_j)(a_i - a_j)$ teilt.

Wenn die Zahlen q und $g_i - g_j$ teilerfremd sind, dann teilt q keine der Zahlen $(g_i - g_j)(a_i - a_j)$. Denn q müsste dann sogar $a_i - a_j$ teilen, was wegen $|a_i - a_j| \leq q-1$ unmöglich ist.

Wenn andererseits die Zahlen q und $g_i - g_j$ einen größten gemeinsamen Teiler $t > 1$ haben, dann wird die Vertauschung von $a_i := q/t$ und $a_j = 0$ nicht erkannt.   □

6.2.6 Korollar

Ein Paritätscode der Länge n zur Basis q mit Gewichten $g_1, g_2, \ldots, g_n$ erkennt genau dann alle Vertauschungsfehler an aufeinander folgenden Stellen, falls jede Zahl $g_i - g_{i+1}$ ($i = 1, \ldots, n - 1$) teilerfremd zu q ist.   □

Beispiele

(a) Im Fall $q = 10$ werden Vertauschungen an zwei Stellen genau dann erkannt, wenn die Differenz der entsprechenden Gewichte gleich 1, 3, 7 oder 9 ist. Insbesondere können bei einem Code mit mehr als zwei Stellen nicht alle Vertauschungen erkannt werden. Natürlich können aber Vertauschungen aufeinander folgender Stellen erkannt werden. Etwa durch die Gewichtung 1, 2, 1, 2, 1, 2, 1, ...
Schwierig wird es allerdings, wenn man Einzelfehlererkennung und Vertauschungsfehlererkennung haben möchte. Nach Korollar 6.2.4 müssen die Gewichte ungerade sein, wenn alle Einzelfehler erkannt werden sollen. Dann sind die Differenzen der Gewichte aber gerade, und das bedeutet, dass nirgends Vertauschungsfehler 100 %-ig erkannt werden.

(b) Im Fall $q = 11$ sieht alles viel besser aus. Da die Differenz je zweier verschiedener Gewichte (< 11) teilerfremd zu q ist, werden alle möglichen Vertauschungsfehler erkannt. Ein modulo 11-Code erkennt also sowohl alle Einzel- als auch alle Vertauschungsfehler. Besser geht es nicht mehr.

6.2.7 Folgerung

Für gerades q gibt es keinen Paritätscode zur Basis q, der alle Einzelfehler und alle Vertauschungsfehler an aufeinander folgenden Stellen erkennt.

Beweis Sei C ein Paritätscode der Länge n zu einer geraden Basis q mit den Gewichten $g_1, g_2, \ldots, g_n$.

Wenn C alle Einzelfehler erkennt, müssen nach Korollar 6.2.4 alle Gewichte ungerade sein, da sie sonst nicht teilerfremd zu q wären.

Also sind die Differenzen $g_i - g_{i+1}$ alle gerade. Daher kann C nach Satz 6.2.6 nicht alle Vertauschungsfehler an aufeinander folgenden Stellen erkennen. □

Insbesondere gilt diese Folgerung für $q = 10$. Dezimale Paritätscodes können also nie alle Einzelfehler und alle Vertauschungsfehler erkennen.

Dies ist nicht tolerierbar, daher wird in Wirklichkeit das folgende „System 2" verwendet:

Kontonummer ohne Prüfziffer:	1	8	9	8	2	8	0	1
Gewichtung	1	2	1	2	1	2	1	2
Produkte (Ziffer × Gewicht)	1	16	9	16	2	16	0	2
Quersummen dieser Produkte	1	7	9	7	2	7	0	2

Dann wird die Summe S dieser Quersummen bestimmt; es ergibt sich

$$S = 1 + 7 + 9 + 7 + 2 + 7 + 0 + 2 = 35.$$

Dann wird diese Zahl durch die Prüfziffer zur nächsten Zehnerzahl ergänzt; die Prüfziffer ist also in diesem Fall gleich 5, und die vollständige Kontonummer lautet 189 828 015.

Dieses „System 2" („Code 2") ist deutlich besser, es hat zum Beispiel die oben entdeckte Schwäche von System 1 nicht.

6.2.8 Satz

Der Code 2 erkennt alle Einzelfehler.

Beweis Dass Einzelfehler an den mit 1 gewichteten Stellen erkannt werden, wissen wir schon (man vergleiche den Beweis von Satz 6.2.1.)

Daher müssen wir eine mit 2 gewichtete Stelle betrachten. Wir müssen zeigen, dass für alle Ziffern die Quersummen des Zweifachen der Ziffern verschieden sind. Denn das ist der Beitrag, der von dieser Stelle in die Summe S eingeht. Wenn diese Beiträge alle verschieden sind, dann werden alle Einzelfehler erkannt.

Dass diese Quersummen alle verschieden sind, zeigt die folgende Tabelle:

Ziffer	0	1	2	3	4	5	6	7	8	9
Produkt (Ziffer × Gewicht)	0	2	4	6	8	10	12	14	16	18
Quersumme dieses Produkts	0	2	4	6	8	1	3	5	7	9

Tatsächlich sind die Quersummen alle verschieden; also erkennt der Code Einzelfehler.   □

Ein fast nicht verbesserbares System wurde für den **ISBN-Code** gewählt. Jedes Buch hat eine ISBN (Internationale Standard Buch Nummer). Diese hat zehn Stellen, die in vier Gruppen eingeteilt sind. Die erste Gruppe bezeichnet den Sprachraum (0, 1: englisch, 2: französisch, 3: deutsch, ..., 88: italienisch, ...); die zweite Gruppe gibt innerhalb des Sprachraums den Verlag an (zum Beispiel 528: Verlag Vieweg); die dritte Gruppe bezeichnet innerhalb des Verlages die Nummer des Buches (zum Beispiel 06783). Die vierte Gruppe besteht aus einem Prüfsymbol, das auf folgende Weise berechnet wird.

Sei $a_1 a_2 a_3 \ldots a_9 a_{10}$ eine ISBN. Das bedeutet, a_{10} ist das Prüfsymbol. Dieses wird so bestimmt, dass die Zahl

$$10 \cdot a_1 + 9 \cdot a_2 + 8 \cdot a_3 + 7 \cdot a_4 + 6 \cdot a_5 + 5 \cdot a_6 + 4 \cdot a_7 + 3 \cdot a_8 + 2 \cdot a_9 + 1 \cdot a_{10}$$

eine Elferzahl, also eine durch 11 teilbare Zahl, ist. Das bedeutet: Man bestimmt die Zahl

$$S = 10 \cdot a_1 + 9 \cdot a_2 + 8 \cdot a_3 + 7 \cdot a_4 + 6 \cdot a_5 + 5 \cdot a_6 + 4 \cdot a_7 + 3 \cdot a_8 + 2 \cdot a_9$$

und ergänzt diese durch das Prüfsymbol a_{10} zur nächsten Elferzahl.

Welche Werte kann a_{10} annehmen? Wenn S eine Elferzahl ist, so ist das Prüfsymbol gleich 0, ansonsten kann es 1, 2, 3, ..., 9 oder 10 sein. Wenn sich 10 ergibt, so schreibt man X (römische Zehn).

Beispiel Für die ISBN 3-528-06783-? berechnen wir die Zahl

$$S = 10 \cdot 3 + 9 \cdot 5 + 8 \cdot 2 + 7 \cdot 8 + 6 \cdot 0 + 5 \cdot 6 + 4 \cdot 7 + 3 \cdot 8 + 2 \cdot 3 = 235.$$

Die nächste Elferzahl ist 242, also muss das Prüfsymbol 7 sein. Die komplette ISBN lautet also 3-528-06783-7.

Formal kann der ISBN-Code C wie folgt beschrieben werden:

$$C = \{a_1 a_2 \ldots a_{10} |$$

$$11 \text{ teilt } 10 \cdot a_1 + 9 \cdot a_2 + 8 \cdot a_3 + 7 \cdot a_4 + \ldots + 3 \cdot a_8 + 2 \cdot a_9 + 1 \cdot a_{10}\}.$$

Wie gut der ISBN-Code ist, sagt der folgende Satz.

6.2.9 Satz

(a) Der ISBN-Code erkennt alle Einzelfehler.
(b) Der ISBN-Code erkennt alle Vertauschungsfehler – sogar an beliebigen Stellen.

Beweis
(a) ist Übungsaufgabe 9.
(b) Wir zeigen, dass der ISBN-Code jede Vertauschung der ersten und zweiten Stelle erkennt. Sei dazu $a_1 a_2 a_3 \ldots a_9 a_{10}$ eine ISBN. Das bedeutet, dass

$$10 \cdot a_1 + 9 \cdot a_2 + 8 \cdot a_3 + 7 \cdot a_4 + 6 \cdot a_5 + 5 \cdot a_6 + 4 \cdot a_7 + 3 \cdot a_8 + 2 \cdot a_9 + 1 \cdot a_{10}$$

eine durch 11 teilbare Zahl ist.

Nun mögen die ersten beiden Ziffern vertauscht werden; es entsteht also die Folge $a_2 a_1 a_3 \ldots a_9 a_{10}$. Wir können $a_1 \neq a_2$ voraussetzen, denn sonst wäre die Vertauschung belanglos.

Angenommen, auch dies wäre ein Codewort. Dann müsste auch

$$10 \cdot a_2 + 9 \cdot a_1 + 8 \cdot a_3 + 7 \cdot a_4 + 6 \cdot a_5 + 5 \cdot a_6 + 4 \cdot a_7 + 3 \cdot a_8 + 2 \cdot a_9 + 1 \cdot a_{10}$$

eine durch 11 teilbare Zahl sein.

Zusammen folgt mit Hilfssatz 5.1.1, dass 11 auch die Zahl

$$10 \cdot a_1 + 9 \cdot a_2 - (10 \cdot a_2 + 9 \cdot a_1) = a_1 - a_2$$

teilen muss.

Da a_1 und a_2 beide zwischen 0 und 9 liegen, ist die Differenz $a_1 - a_2$ eine Zahl zwischen -9 und $+9$. Die einzige durch 11 teilbare Zahl in diesem Bereich ist aber 0.

Daher muss $a_1 = a_2$ sein. Dieser Widerspruch zeigt, dass der ISBN-Code Vertauschungen der ersten beiden Stellen 100%ig erkennt. □

Bemerkung Der „Strichcode" auf Lebensmittel und anderen Artikeln ist eigentlich ein dezimaler Code mit Gewichtung 1-3-1-3-... und Quersummenbildung. Die Prüfziffer der unter den „Strichen" stehenden Zahl wird nach diesem Verfahren gebildet. Die „Striche" (Balken und Zwischenräume mit drei verschiedenen Dicken) dienen nur dazu, die Zahlen gut maschinenlesbar zu machen. Wie man von einer Zahl auf den Strichcode kommt, ist im Grunde nicht schwer, aber ein bisschen kompliziert; das Verfahren ist ausführlich in der angegebenen Literatur erklärt (siehe Schulz 1991).

6.3   Codes über Gruppen

Ein zumindest auf den ersten Blick grundsätzlich anderer Ansatz, um fehlererkennende Codes zu konstruieren, basiert auf Gruppen. Bei den Paritätscodes haben wir zwei Operationen, nämlich Addition und Multiplikation, ausgenutzt; bei Gruppen steht uns nur eine Operation zur Verfügung.

Sei G eine multiplikativ geschriebene Gruppe, und sei c ein beliebiges Element von G. Ein **Code** der Länge n **über der Gruppe** G mit **Kontrollsymbol** c ist die Menge aller n-Tupel von Gruppenelementen, so dass ihr Produkt gleich c ist. In Formeln:

$$C = \{(g_1, g_2, \ldots, g_n) \mid g_i \in G, g_1 \cdot g_2 \cdot \ldots \cdot g_n = c\}.$$

Wir sprechen auch einfach von einem **Gruppencode**.

Beispiel Ein einfacher dezimaler Paritätscode ist auch ein Gruppencode; hier ist $G = \mathbf{Z}_{10}$ und $c = 0$.

6.3.1   Satz

Jeder Gruppencode erkennt alle Einzelfehler.

Beweis Sei C ein Gruppencode wie in der Definition beschrieben, und sei $(g_1, g_2, \ldots, g_n)$ ein Codewort. Bei der Übertragung möge ein Fehler, sagen wir: an der ersten Stelle, passiert sein, es wird also der Vektor $(h_1, g_2, \ldots, g_n)$ mit $h_1 \neq g_1$ empfangen.

Wenn dieser Vektor ein Codewort wäre, dann müsste

$$h_1 \cdot g_2 \cdot \ldots \cdot g_n = c$$

gelten. Da aber auch $g_1 \cdot g_2 \cdot \ldots \cdot g_n = c$ richtig ist, hätten wir

$$h_1 \cdot g_2 \cdot \ldots \cdot g_n = g_1 \cdot g_2 \cdot \ldots \cdot g_n.$$

Indem man von rechts der Reihe nach mit $g_n^{-1}, g_{n-1}^{-1}, \ldots, g_2^{-1}$ multipliziert, erhalten wir schließlich $h_1 = g_1$, ein Widerspruch.   □

Bemerkung Der obige Satz sagt insbesondere, dass es für die Fehlererkennung unerheblich ist, welches Gruppenelement das Kontrollsymbol ist. Daher wählen wir üblicherweise das neutrale Element der Gruppe als Kontrollsymbol.

Wir müssen nun noch ein Modell entwickeln, mit Hilfe dessen wir die Vertauschung von Stellen erkennen können. Hier bieten Gruppencodes einen prinzipiellen Vorteil: In nichtkommutativen Gruppen gilt im Allgemeinen nicht $g_1 \cdot g_2 = g_2 \cdot g_1$. Das bedeutet, dass ein Gruppencode in solchen Fällen die Vertauschung automatisch erkennt. Interessanterweise sind für Zwecke der Fehlererkennung also gerade die nichtkommutativen Gruppen interessant, also Gruppen, die man leichtfertig als „exotisch" abtun könnte. Allerdings kann eine Gruppe so nichtkommutativ wie möglich sein, alle Vertauschungen wird ein einfacher Gruppencode niemals erkennen, denn jedes Element einer Gruppe ist mit seinem inversen und dem neutralen Element vertauschbar. Deshalb brauchen wir doch ein Konzept, mit dem wir die einzelnen Stellen unterscheiden können.

Sei G eine multiplikativ geschriebene Gruppe, und sei c ein beliebiges Element von G. Ferner seien $\pi_1, \pi_2, \ldots, \pi_n$ Permutationen der Menge G. Ein **Code** der Länge n **über der Gruppe** G mit **Kontrollsymbol** c und **Permutationen** $\pi_1, \pi_2, \ldots, \pi_n$ ist die Menge aller n-Tupel von Gruppenelementen, so dass ihr „permutiertes" Produkt gleich c ist. In Formeln:

$$C = \{(g_1, g_2, \ldots, g_n) \mid g_i \in G, \pi_1(g_1) \cdot \pi_2(g_2) \cdot \ldots \cdot \pi_n(g_n) = c\}.$$

Wir sprechen auch von einem **Gruppencode mit Permutationen** $\pi_1, \pi_2, \ldots, \pi_n$.

Beispiel Sei C ein dezimaler Paritätscode mit Gewichten $g_1, g_2, \ldots, g_n$. Wenn g_1 teilerfremd zu 10 ist, dann ist die Abbildung $\pi_1 : \mathbf{Z}_{10} \to \mathbf{Z}_{10}$, die durch $\pi_1(x) := g_1 x$ mod 10 definiert ist, eine Permutation der Gruppe $\mathbf{Z}_{10}$. (Aus $\pi_1(x) = \pi_1(x')$ folgt $g_1 x = g_1 x'$; also $g_1(x - x') = 0$, also $x - x' = 0$, und damit $x = x'$. Also ist die Abbildung π_1 injektiv und also als Abbildung einer endlichen Menge in sich auch bijektiv.)

6.3.2 Satz

Jeder Gruppencode mit Permutationen erkennt alle Einzelfehler.

Beweis Siehe Übungsaufgabe 12.   □

Nun stellt sich die Frage, ob bzw. wann ein Gruppencode mit Permutationen auch Vertauschungsfehler erkennen kann. Wir drücken die Bedingung für das Erkennen von Vertauschungen benachbarter Stellen zunächst formal aus.

6.3.3 Satz

Ein Code über der Gruppe G mit Permutationen π_1, π_2, ..., π_n erkennt alle Vertauschungen benachbarter Stellen, falls für alle Gruppenelemente $g, h \in G$ und für $i = 1, ..., n-1$ gilt

$$\pi_i(g) \cdot \pi_{i+1}(h) \neq \pi_i(h) \cdot \pi_{i+1}(g).$$

Beweis Sei $(g_1, g_2, ..., g_n)$ ein Codewort; das heißt, dass

$$\pi_1(g_1) \cdot \pi_2(g_2) \cdot \ldots \cdot \pi_n(g_n) = c$$

ist. Nun mögen die Einträge an den Stellen i und $i+1$ vertauscht werden. Dann bemerkt der Empfänger diesen Fehler genau dann nicht, wenn auch gilt

$$\pi_1(g_1) \cdots \pi_i(g_{i+1}) \cdot \pi_{i+1}(g_i) \cdot \ldots \cdot \pi_n(g_n) = c.$$

Aus diesen beiden Gleichungen folgt

$$\pi_1(g_1) \cdots \pi_i(g_i) \cdot \pi_{i+1}(g_{i+1}) \cdot \ldots \cdot \pi_n(g_n) = c$$
$$= \pi_1(g_1) \cdot \ldots \cdot \pi_i(g_{i+1}) \cdot \pi_{i+1}(g_i) \cdot \ldots \cdot \pi_n(g_n).$$

Wenn wir beide Seiten dieser Gleichung nacheinander von rechts mit $\pi_n(g_n)^{-1}$, ..., $\pi_{i+2}(g_{i+2})^{-1}$ und von links mit $\pi_1(g_1)^{-1}$, ..., $\pi_{n-1}(g_{n-1})^{-1}$ multiplizieren, so erhalten wir

$$\pi_i(g_i) \cdot \pi_{i+1}(g_{i+1}) = \pi_i(g_{i+1}) \cdot \pi_{i+1}(g_i).$$

Wenn also für alle Gruppenelemente $g, h \in G$ gilt $\pi_i(g) \cdot \pi_{i+1}(h) \neq \pi_i(h) \cdot \pi_{i+1}(g)$, so bemerkt der Empfänger den Vertauschungsfehler.   □

Mit obigem Satz haben wir die Frage, ob ein Gruppencode mit Permutationen Vertauschungsfehler erkennen kann, noch nicht beantwortet. Allerdings haben wir das Problem reduziert auf das Finden von geeigneten Gruppen und geeigneten Permutationen.

Es gibt Gruppen, die sich, unabhängig von der Wahl der Permutationen, nicht zum Erkennen von Vertauschungsfehlern eignen (siehe Schulz 1991); dazu gehört unglücklicherweise die Gruppe $\mathbf{Z}_{10}$. Da jedoch in der Praxis gerade Codes über den Ziffern 0 bis 9 eine wichtige Rolle spielen, muss man auf eine andere Gruppe mit zehn Elementen zurückgreifen. Ein Beispiel dafür ist der Code der ehemaligen deutschen Geldscheine.

6.4   Der Code der ehemaligen deutschen Geldscheine

Die ehemaligen deutschen Geldscheine, die von Oktober 1990 bis zur Einführung des Euro im Januar 2002 in Umlauf waren, waren durch einen Code vor dem falschen Einlesen der Nummer geschützt. Die Anforderungen seitens der Bundesbank an diesen Code waren die folgenden:

• Der Code sollte alle Einzelfehler erkennen.
• Der Code sollte alle Vertauschungsfehler an benachbarten Stellen erkennen.
• Für die Prüfziffer sollten nur 10 Zeichen zur Verfügung stehen.

Dieser Code wurde als Gruppencode mit Permutationen realisiert. Als Gruppe kam die so genannte **Diedergruppe der Ordnung 10** zur Anwendung, dies ist die Gruppe aller Symmetrien eines regulären Fünfecks. Unter **Symmetrien** verstehen wir dabei Abbildungen der Ebene, die das Fünfeck in sich überführen. Mit Hilfe von Abb. 6.1 können wir die Symmetrien eines regulären Fünfecks herausfinden. Es sind folgende 10 Abbildungen:

• die Identität,
• vier Drehungen um 72°, 144°, 216° und 288° um den Mittelpunkt,

Abb. 6.1 Ein reguläres
Fünfeck

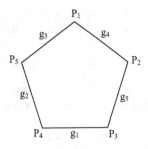

- fünf Spiegelungen an den Geraden h_i, die durch einen Eckpunkt P_i gehen und senkrecht auf der gegenüberliegenden Seite g_i stehen ($i = 1, \ldots, 5$).

Bevor wir weiter von der Diedergruppe sprechen, vergewissern wir uns, dass sie die Bezeichnung „Gruppe" zu Recht trägt.

6.4.1 Satz

> Die Menge dieser zehn Abbildungen bildet eine Gruppe, wobei die Gruppenoperation die Hintereinanderausführung von Abbildungen ist.

Beweis Wir bezeichnen Sie Menge der obigen zehn Abbildungen mit D. Bevor wir die eigentlichen Gruppenaxiome für D überprüfen, zeigen wir, dass die Hintereinanderausführung tatsächlich eine Verknüpfung in D ist, das heißt, dass das Produkt je zweier Abbildungen aus D wieder eine Abbildung aus D ist:

- Das Produkt einer Drehung um einen Winkel α und einer Drehung um einen Winkel β ist eine Drehung um den Winkel $\alpha + \beta$.
- Das Produkt einer Spiegelung an einer Achse h und einer Drehung um α ist eine Spiegelung an der Achse h', die aus h durch eine Drehung um $\alpha/2$ hervorgeht.
- Das Produkt zweier Spiegelung an zwei Achsen h_1 und h_2 ist eine Drehung um den Winkel, der doppelt so groß ist wie der Winkel zwischen h_1 und h_2.

Der Nachweis der restlichen Gruppenaxiome ist einfach:
Als Hintereinanderausführung von Abbildungen der Ebene ist die Verknüpfung sicherlich assoziativ.

*	0	1	2	3	4	5	6	7	8	9
0	0	1	2	3	4	5	6	7	8	9
1	1	2	3	4	0	6	7	8	9	5
2	2	3	4	0	1	7	8	9	5	6
3	3	4	0	1	2	8	9	5	6	7
4	4	0	1	2	3	9	5	6	7	8
5	5	9	8	7	6	0	4	3	2	1
6	6	5	9	8	7	1	0	4	3	2
7	7	6	5	9	8	2	1	0	4	3
8	8	7	6	5	9	3	2	1	0	4
9	9	8	7	6	5	4	3	2	1	0

Abb. 6.2 Verknüpfungstabelle der Diedergruppe der Ordnung 10

Die Identität ist das neutrale Element.

Jedes Element hat ein inverses Element: Die Drehung um den Winkel α hat die Drehung um $360° - \alpha$ als inverses Element und jede Spiegelung ist zu sich selbst invers.

Also bildet die Menge D mit der Hintereinanderausführung als Gruppenoperation tatsächlich eine Gruppe.   □

Um die Verknüpfungstabelle der Diedergruppe der Ordnung 10 aufzustellen, bezeichnen wir die Elemente wie folgt mit den Ziffern von 0 bis 9:

- die Identität sei 0,
- die Drehungen um die Winkel $72°$, $144°$, $216°$ und $288°$ seien 1, 2, 3 bzw. 4,
- die Spiegelungen an den Geraden h_1, h_2, h_3, h_4 und h_5 (wobei h_i durch P_i geht und senkrecht zu g_i ist) seien 5, 6, 7, 8 bzw. 9.

Die resultierende Verknüpfungstabelle ist in Abb. 6.2 dargestellt. Man kann erkennen, dass diese Gruppe nicht kommutativ ist: Zum Beispiel ist $5 * 6 = 4$ aber $6 * 5 = 1$.

Nachdem wir die Gruppe festgelegt haben, kommen wir nun zu den Permutationen, mit denen der Code der deutschen Geldscheine realisiert wurde.

Jede Banknotennummer besteht aus elf Zeichen, daher brauchen wir auch elf Permutationen $\pi_1, \ldots, \pi_{11}$. Zur Bestimmung dieser Permutationen gehen wir von einer Permutation π aus, die wie folgt festgelegt ist:

$$\pi := \begin{pmatrix} 0 & 1 & 2 & 3 & 4 & 5 & 6 & 7 & 8 & 9 \\ 1 & 5 & 7 & 6 & 2 & 8 & 3 & 0 & 9 & 4 \end{pmatrix}.$$

Diese Schreibweise bedeutet, dass 0 auf 1 abgebildet wird, 1 auf 5, 2 auf 7, ... Die Permutationen $\pi_1, \ldots, \pi_{11}$ wählen wir als Potenzen von π, das heißt, für $i = 1, \ldots,$ 11 setzen wir

$$\pi_i := \pi^i.$$

So ist zum Beispiel

$$\pi_2 = \pi^2 = \pi \cdot \pi = \begin{pmatrix} 0 & 1 & 2 & 3 & 4 & 5 & 6 & 7 & 8 & 9 \\ 5 & 8 & 0 & 3 & 7 & 9 & 6 & 1 & 4 & 2 \end{pmatrix}.$$

Jetzt haben wir sowohl die Gruppe als auch die Permutationen spezifiziert, mit denen der Banknotencode arbeitet. Bei der Berechnung des Prüfsymbols ist allerdings noch ein kleines technisches Hindernis zu überwinden: An einigen Stellen einer Banknotennummer kommen Buchstaben statt Ziffern vor. Diese Buchstaben werden gemäß folgender Tabelle in Ziffern übersetzt, andere Buchstaben kommen nicht vor:

A	D	G	K	L	N	S	U	Y	Z
0	1	2	3	4	5	6	7	8	9

Nach dieser Übersetzung liegt eine „reine" Banknotennummer $g_1, g_2, \ldots, g_{10}$ vor, bei der Elemente g_i die Werte von 0 bis 9 annehmen können.

Diese Elemente g_i werden nun als Elemente der Diedergruppe der Ordnung 10 aufgefasst. Innerhalb dieser Gruppe wird das folgende Produkt berechnet:

$$b = \pi_1(g_1) \cdot \pi_2(g_2) \cdot \ldots \cdot \pi_{10}(g_{10}).$$

Schließlich wird die Prüfziffer als

$$g_{11} = b^{-1}$$

bestimmt. Insgesamt lautet also die Kontrollgleichung dieses Codes

$$\pi_1(g_1) \cdot \pi_2(g_2) \cdot \ldots \cdot \pi_{10}(g_{10}) \cdot g_{11} = 0.$$

Beispiel Wir wollen die Prüfziffer einer Banknotennummer bestimmen, deren erste zehn Stellen

$$A\,U\,1\,2\,1\,0\,7\,0\,6\,Z$$

lauten. Dazu übersetzen wir zunächst nach obiger Tabelle die Buchstaben in Ziffern und erhalten

$$0\ 7\ 1\ 2\ 1\ 0\ 7\ 0\ 6\ 9.$$

Nun wenden wir die Permutationen $\pi_i = \pi^i$ auf die jeweils i-te Stelle an:

$$\pi^1(0) = 1, \pi^2(7) = 1, \pi^3(1) = 9, \ldots, \pi^{10}(9) = 2.$$

Mit Hilfe der Verknüpfungstabelle der Diedergruppe können wir das Produkt dieser Zahlen berechnen. Es ergibt sich

$$b = 1 * 1 * 9 * 5 * 2 * 2 * 2 * 0 * 3 * 2 = 2.$$

Wiederum aus der Verknüpfungstabelle entnehmen wir, dass 3 das zu $b = 2$ inverse Element ist. Daher ist die Prüfziffer gleich 3 und die gesamte Banknotennummer lautet

$$A\ U\ 1\ 2\ 1\ 0\ 7\ 0\ 6\ Z\ 3.$$

Erfüllt der Banknotencode alle Anforderungen, die an ihn gestellt wurden? Nach Satz 6.3.2 entdeckt der Code alle Einzelfehler. Ferner kann man nachrechnen, dass die Permutationen π_i die Bedingung von Satz 6.3.3 erfüllen. Daraus folgt, dass der Code alle Vertauschungsfehler an benachbarten Stellen entdeckt – zumindest *fast* alle. Warum nur „fast"? Er würde *alle* Vertauschungsfehler an benachbarten Stellen entdecken, wenn die Kontrollgleichung

$$\pi_1(g_1) \cdot \pi_2(g_2) \cdot \ldots \cdot \pi_{10}(g_{10}) \cdot \pi(g_{11}) = 0$$

lauten würde. Leider wurde vergessen, die Permutation π_{11} auf die Kontrollziffer anzuwenden. Dies hat zur Folge, dass gewisse Vertauschungen der Kontrollziffer mit der vorletzten Stelle nicht erkannt werden können. In der Praxis fällt dies glücklicherweise nicht ins Gewicht, denn die vorletzte Stelle ist immer ein Buchstabe und die letzte eine Ziffer. Daher bemerkt man eine solche Vertauschung schon auf den ersten Blick.

6.5 Übungsaufgaben

1. Untersuchen Sie, ob der folgende Code Einzelfehler erkennt: Die Codewörter sind die binären Folgen $(a_1, a_2, \ldots, a_{n-1}, a_n)$ der Länge n mit der Eigenschaft, dass die Summe $a_1 + a_2 + \ldots + a_n$ gerade ist.

2. Untersuchen Sie den im folgenden definierten Code für Kontonummern:

Kontonummer ohne Prüfziffer:	1	8	9	8	2	8	0	1
Gewichtung	1	3	1	3	1	3	1	3
Produkte (Ziffer × Gewicht)	1	24	9	24	2	24	0	3

Die Summe S dieser Produkte ist $S = 1 + 24 + 9 + 24 + 2 + 24 + 0 + 3 = 87$. Man erhält die Prüfziffer, indem man S zur nächsten Zehnerzahl ergänzt; in unserem Fall ist die Prüfziffer also 3, und die vollständige Kontonummer lautet 189 828 013.

(a) Beschreiben Sie den Code mathematisch-formal.

(a) Untersuchen Sie, ob dieser Code Einzelfehler und Vertauschungsfehler erkennt.

3. Stellen Sie sich vor, Sie wären Bankdirektor(in) und müssten entscheiden, ob der Code aus Aufgabe 2 oder der im folgenden definierte Code in Ihrer Bank eingesetzt werden soll. Begründen Sie Ihre Entscheidung!

Kontonummer ohne Prüfziffer:	1	8	9	8	2	8	0	1
Gewichtung	1	3	1	3	1	3	1	3
Produkte (Ziffer × Gewicht)	1	24	9	24	2	24	0	3
Quersummen	1	6	9	6	2	6	0	3

Die Summe S dieser Quersummen ist $S = 1 + 6 + 9 + 6 + 2 + 6 + 0 + 3 = 33$. Man erhält die Prüfziffer, indem man S zur nächsten Zehnerzahl ergänzt; in unserem Fall ist die Prüfziffer 7, und die vollständige Kontonummer lautet 189 828 017.

4. Wir betrachten den folgenden Code C mit Gewicht g:

$$C = \{a_1 a_2 a_3 a_4 a_5 a_6 | 12 \text{ teilt } g \cdot a_1 + g \cdot a_2 + g \cdot a_3 + g \cdot a_4 + g \cdot a_5 + g \cdot a_6\}.$$

Welche Werte kommen für g in Frage, damit alle Einzelfehler erkannt werden?

5. Fast jedes käufliche Produkt besitzt eine **EAN** (Europäische Artikel-Nummer) mit zugehörigem Strichcode. Die EAN ist entweder 13- oder 8-stellig, an letzter Stelle steht die Prüfziffer. Sie wird nach einem Paritätscode zur Basis 10 mit den Gewichten 1-3-1-...-1 (bei 13 Stellen) bzw. 3-1-3-...-1 (bei 8 Stellen) berechnet. Zeigen Sie, dass der EAN-Code alle Einzelfehler erkennt.

6. Welche der beiden folgenden Nummern sind korrekte EAN?

    (a) 9 783406 418716

    (b) 4000 6542

Wie muss man gegebenenfalls die letzte Ziffer abändern, damit ein korrektes Codewort entsteht?

7. Zeigen Sie, dass der EAN-Code *nicht* alle Vertauschungsfehler erkennt.

8. Welche der beiden folgenden Nummern sind korrekte ISBN?

    (a) 3-282-87144-X

    (b) 3-528-06783-7

    Wie muss man gegebenenfalls das letzte Symbol abändern, damit ein korrektes Codewort entsteht?

9. Zeigen Sie, dass der ISBN-Code alle Einzelfehler erkennt.

10. Zeigen Sie, dass der ISBN-Code Vertauschungen der 2. Stelle mit der 5. Stelle immer erkennt.

11. Stellen Sie sich eine Codierung vor, die genauso funktioniert wie der ISBN-Code – mit dem einzigen Unterschied, dass die Prüfziffer a_{10} so berechnet wird, dass

$$10 \cdot a_1 + 9 \cdot a_2 + 8 \cdot a_3 + 7 \cdot a_4 + 6 \cdot a_5 + 5 \cdot a_6 + 4 \cdot a_7 + 3 \cdot a_8 + 2 \cdot a_9 + 1 \cdot a_{10}$$

    durch 7 teilbar ist. Zeigen Sie, dass dieser Code *nicht* alle Einzelfehler erkennt.

12. Zeigen Sie, dass jeder Gruppencode mit Permutationen alle Einzelfehler erkennt.

13. Sei C ein Paritätscode zur Basis q mit Gewichten $g_1, g_2, \ldots, g_n \in \mathbb{Z}_q{}^*$. Zeigen Sie, dass C auch ein Code mit Permutationen über der Gruppe $(\mathbb{Z}_q, +)$ ist. [*Tipp:* Zeigen Sie, dass die Abbildung $\pi_i \colon \mathbb{Z}_q \to \mathbb{Z}_q$ mit $x \mapsto x \cdot g_i$ eine Permutation von $\mathbb{Z}_q$ ist.]

14. Zeigen Sie, dass jede endliche Menge mit einer assoziativen abgeschlossenen Verknüpfung eine Gruppe ist, wenn in jeder Zeile und jeder Spalte der Verknüpfungstafel jedes Element genau einmal vorkommt.

15. Berechnen Sie die Permutationen $\pi_3, \pi_4, \ldots, \pi_{11}$ des Codes der ehemaligen deutschen Geldscheine.

16. Treiben Sie einen alten DM-Geldschein auf, und überprüfen Sie seine Nummer.

17. Berechnen Sie die Prüfziffer des DM-Geldscheins, dessen Nummer ohne Prüfziffer

$$G\,N\,3\,0\,7\,6\,6\,0\,3\,N$$

    lautet.

18. Wenn die Nummern der ehemaligen deutschen Geldscheine an der vorletzten Stelle keinen Buchstaben sondern auch eine Ziffer hätten, welche Vertauschungen der beiden letzten Stellen würden dann nicht bemerkt? [*Tipp:* Es sind nur zwei Ziffernpaare, deren Vertauschung nicht bemerkt würde.]

▶   **Didaktische Anmerkungen** Die Erkennung von Übertragungsfehlern
kann bereits in der 5. Klasse beim Thema „Teilbarkeit" behandelt werden. Codes wie Strichcodes, EAN, ISBN, … sind motivierende Beispiele,
denn sie begegnen den Schülerinnen und Schülern überall im Alltag.
Etwas ausführlicher kann man sich in einer Projektwoche dem Thema
widmen. Die Schüler lernen die wichtigsten Fehlerarten kennen, verstehen den Sinn einer Prüfziffer und können die Güte verschiedener Codes
beurteilen. Als Schülerarbeitsheft für die Klassen 5 bis 7 eignet sich das
Mathe-Welt-Heft „Prüfcodes" der Zeitschrift „Mathematik lehren" Nr. 78
(1996). Unter www.matheprisma.de gibt es einen passenden Lernpfad.
Tiefergehend kann Codierung im Informatikunterricht der Einführungsphase im Rahmen des Themas „Internet" behandelt werden. Bei der
Übertragung von Daten im Internet spielt nicht nur die Fehlererkennung eine große Rolle sondern auch die Fehlerkorrektur. Dazu kann die
Funktionsweise von Hamming-Codes untersucht werden.

Literatur

Beutelspacher, A.: Vertrauen ist gut, Kontrolle ist besser! Vom Nutzen elementarer Mathematik zum Erkennen von Fehlern. In: Beutelspacher, A., Chatterji, S.D., Kulisch, U., Liedl, R.
(Hrsg.) Jahrbuch Überblicke Mathematik 1995. Verlag Vieweg, Braunschweig und Wiesbaden (1995)

Jungnickel, D.: Codierungstheorie. Spektrum Akademischer Verlag, Heidelberg (1995)

Schulz, R.-H.: Codierungstheorie. Eine Einführung. Verlag Vieweg, Braunschweig und Wiesbaden (2003)

Kryptographie 7

Die Kryptographie hat sich in den vergangenen Jahrzehnten von einer Geheimwissenschaft zu einer blühenden mathematischen Disziplin gewandelt, die in einzigartiger Weise reine Mathematik, zum Beispiel Algebra und Zahlentheorie, mit Anwendungen verbindet. Zahlreiche Dinge unseres täglichen Lebens, wie zum Beispiel Telefonkarten, Handys, Bank-Karten, Wegfahrsperren, elektronische Zahlungssysteme etc. würden ohne kryptographische Algorithmen nicht funktionieren.

7.1 Klassische Kryptographie

Die klassische Kryptographie ist über 2000 Jahre alt. Bereits in der Antike versuchten die Spartaner und die Griechen durch mehr oder weniger raffinierte Methoden wichtige Nachrichten zu schützen. Die Begriffe „Kryptographie" und „Kryptologie", die wir synonym gebrauchen, kommen vom griechischen „$\kappa\rho\upsilon\pi\tau o\sigma$" (geheim) und „$\gamma\rho\alpha\varphi\epsilon\iota\nu$" (schreiben) bzw. „$\lambda o\gamma o\sigma$" (Wort, Wissenschaft).

Die Kryptographie hat zwei grundsätzliche Ziele:

1. **Geheimhaltung:** Wie kann man eine Nachricht so verändern, dass niemand – außer dem rechtmäßigen Empfänger – diese lesen kann?
2. **Authentizität:** Wie kann man erreichen, dass der Empfänger entscheiden kann, ob die Nachricht verändert wurde oder nicht?

Wir werden uns vor allem mit der Geheimhaltung einer Nachricht beschäftigen. Man kann dieses Ziel natürlich auch durch nichtmathematische Methoden erreichen. Man könnte zum Beispiel die Nachricht in einen Umschlag stecken, diesen versiegeln und so die Nachricht geschützt übertragen. Oder man könnte die Nachricht durch eine vertrauenswürdige Person überbringen lassen. Oder man könnte versuchen, die Existenz der Nachricht selbst zu verbergen; man könnte zum Beispiel

A. Beutelspacher und M.-A. Zschiegner, *Diskrete Mathematik für Einsteiger*,
DOI 10.1007/978-3-658-05781-7_7, © Springer Fachmedien Wiesbaden 2014

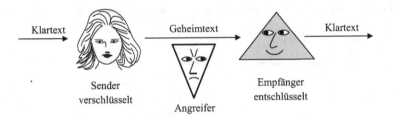

Abb. 7.1 Das Modell der Verschlüsselung

Geheimtinte verwenden oder die Nachricht in einem „harmlosen" Text verstecken (beispielsweise könnten die jeweils ersten Buchstaben der Wörter eines Textes etwas bedeuten); diese Methoden werden *steganographisch* genannt.

Wir werden uns jedoch ausschließlich mit *kryptographischen*, das heißt mathematischen Methoden beschäftigen. Der Einsatz der Mathematik bietet entscheidende Vorteile:

- Kryptographie bietet (im Prinzip) beweisbar sichere Verfahren, das heißt die mögliche Betrugswahrscheinlichkeit ist berechenbar.
- In der Kryptographie kann man das Sicherheitsniveau beliebig hoch setzen, indem man zum Beispiel längere Schlüssel verwendet.

Das Modell aus Abb. 7.1 zeigt, wie Geheimhaltung einer Nachricht prinzipiell funktioniert.

Das Ziel des **Senders** ist es, die Nachricht so zu verändern, dass der **Empfänger** die Nachricht lesen kann, aber der **Angreifer** nicht. Demgegenüber ist es das Ziel des Angreifers, die Nachricht trotzdem zu lesen. Der Sender **verschlüsselt** (chiffriert) die Nachricht; dabei wird aus dem **Klartext** der **Geheimtext**. Der Empfänger **entschlüsselt** (dechiffriert) und verwandelt dadurch den Geheimtext wieder in den Klartext.

Die beiden folgenden Geheimtexte kommen vom gleichen Klartext her. Wir werden im Laufe dieses Kapitels sehen, dass der erste ganz leicht zu knacken ist, während der zweite ein unknackbarer Code ist:

NBUIFNBUJL

EBCPSBRILQ

Wir beginnen mit einigen einfachen historischen Beispielen von Geheimcodes.

Abb. 7.2 Der Polybios-
Code

	1	2	3	4	5
1	A	B	C	D	E
2	F	G	H	I, J	K
3	L	M	N	O	P
4	Q	R	S	T	U
5	V	W	X	Y	Z

Der Polybios-Code Dieser geht auf den altgriechischen Schriftsteller Polybios (ca.
200–120 v. Chr.) zurück. Die Buchstaben des Alphabets werden wie folgt in ein 5 · 5-
Quadrat eingetragen (Abb. 7.2).

Ein Buchstabe wird verschlüsselt, indem man ihn durch seine Zeilen- und seine Spaltennummer ersetzt. So wird zum Beispiel aus dem Klartext POLYBIOS der
Geheimtext 3534315412243443.

Der Freimaurer-Code Diese Verschlüsselung wurde von den Freimaurern im
16. Jahrhundert benutzt. Nach dem Schema aus Abb. 7.3 wird jeder Buchstabe
durch ein Zeichen ersetzt.

Auf diese Weise wird zum Beispiel MATHE in die folgende Zeichenfolge verschlüsselt (Abb. 7.4).

Die zugrunde liegende Idee besteht darin, den Klartext in „Geheimzeichen" zu
übersetzen und sich allein davon eine geheimhaltende Wirkung zu erhoffen. Die-

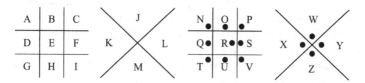

Abb. 7.3 Der Freimaurer-Code

Abb. 7.4 Verschlüsselung von MATHE

se Methode ist jedoch alles andere als sicher: Der Angreifer muss nur einmal das Schema herausfinden und kann dann ohne Probleme entschlüsseln.

Der erste ernstzunehmende Geheimcode geht auf den römischen Feldherrn Gaius Julius Cäsar (100–44 v. Chr.) zurück.

Der Cäsar-Code Bei der Cäsar-Verschlüsselung schreibt man das normale Alphabet (**Klartextalphabet**) auf und darunter nochmals das normale Alphabet (**Geheimtextalphabet**), aber um einige Stellen verschoben. Cäsar selbst hat das Alphabet um drei Stellen verschoben.

Beispiel

Klartextalphabet	A B C D E F G H I J K L M N O P Q R S T U V W X Y Z
Geheimtextalphabet	V W X Y Z A B C D E F G H I J K L M N O P Q R S T U

Verschlüsselt wird, indem ein Klartextbuchstabe durch den darunter stehenden Geheimtextbuchstaben ersetzt wird. Zum Beispiel ist

Klartext: M A T H E
Geheimtext: H V O C Z

Erst lange nach Cäsar, etwa um 1500, wurden „Verschlüsselungsmaschinen" erfunden, zum Beispiel die Cäsar-Scheiben (Abb. 7.5). Zwei runde Scheiben sind in ihrem Mittelpunkt drehbar gegeneinander befestigt. Auf jeder der Scheiben ist das Alphabet in normaler Reihenfolge zu sehen. Verschlüsselt wird, indem ein Buchstabe auf dem äußeren Ring durch den entsprechenden des inneren ersetzt wird; entschlüsselt wird, indem man von innen nach außen liest.

Wir führen nun den wichtigsten Begriff der ganzen Kryptographie ein, den Begriff des Schlüssels. Der **Algorithmus** ist die allgemeine Vorschrift, wie man ver- und entschlüsselt. Der **Schlüssel** gibt die konkrete Verschlüsselungsvorschrift an. Beim Cäsar-Code stellen die Cäsar-Scheiben den Algorithmus dar, und der Schlüssel ist die Einstellung der Scheiben (oder der Buchstabe, in den A verschlüsselt wird, oder der Buchstabe, in den E verschlüsselt wird, oder ...).

Der modernen Kryptographie liegt das *Prinzip von Kerckhoffs* zugrunde: Man geht davon aus, dass der Algorithmus öffentlich bekannt ist; insbesondere müssen wir davon ausgehen, dass der Angreifer den Algorithmus kennt. Demgegenüber ist der Schlüssel das exklusive Geheimnis von Sender und Empfänger, mit dem sie sich vor dem Rest der Welt schützen. Ein solches Verfahren, bei dem Sender und Empfänger den gleichen geheimen Schlüssel besitzen, heißt **symmetrisches** Verschlüsselungsverfahren.

Abb. 7.5 Cäsar-Scheiben

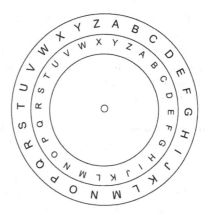

Wenn wir den Algorithmus mit *f* und den Schlüssel mit *k* bezeichnen, so kommen wir zu folgendem Modell der symmetrischen Verschlüsselung (Abb. 7.6).

Kryptoanalyse („Knacken") des Cäsar-Codes Wir versetzen uns in die Situation des Angreifers. Wir nehmen an, dass der Angreifer weiß oder ahnt, dass ein Cäsar-Code verwendet wurde. Er hat einen Geheimtext abgefangen und will diesen entschlüsseln, aber er kennt nicht den Schlüssel, also die konkrete Einstellung der Scheiben.

In diesem Fall gibt es im Wesentlichen zwei Angriffsarten:

(a) Systematisches Durchprobieren der Schlüssel Der Angreifer wählt irgendeine Einstellung der Scheiben und versucht so zu entschlüsseln. Wenn sich dabei ein sinnvoller Klartext ergibt, ist er fertig. Sonst geht er zur nächsten Einstellung der Scheiben über usw.

Abb. 7.6 Symmetrische Verschlüsselung

Dieses Analyseverfahren funktioniert in diesem Fall, weil es so wenig Schlüssel gibt, nämlich nur 26, bzw. nur 25 sinnvolle.

Man kann diesem Angriff ganz einfach dadurch begegnen, dass man die Anzahl der Schlüssel so groß macht, dass ein systematisches Durchprobieren von vornherein aussichtslos ist. Daher verwenden moderne Algorithmen viel mehr Schlüssel; eine typische Zahl ist $2^{128} \approx 10^{38}$.

(b) Statistische Analyse Im Deutschen kommen, wie in jeder lebenden Sprache, die Buchstaben nicht gleichhäufig vor. Der häufigste Buchstabe ist E (etwa 18 %), der zweithäufigste ist N (10 %).

Bei einer Cäsar-Verschlüsselung wird jeder Buchstabe immer in denselben Buchstaben verschlüsselt. Dies gilt insbesondere für den Buchstaben E. Der E entsprechende Geheimtextbuchstabe ist dann der häufigste Buchstabe im Geheimtext.

Daraus entwickelt der Angreifer folgende Strategie: Er bestimmt den häufigsten Buchstaben im Geheimtext (zum Beispiel per Strichliste), stellt die Scheiben so ein, dass dieser Buchstabe dem Klartext-E entspricht und kann entschlüsseln.

Der Vorteil des zweiten Verfahrens ist, dass es völlig automatisiert werden kann.

Wir halten als Folgerung fest: Das Verfahren von Cäsar ist völlig unsicher; jeder Angreifer kann es knacken.

Wie könnte man das Verfahren von Cäsar verbessern? Eine erste Idee wäre, das Geheimtextalphabet nicht nur zu verschieben, sondern wild durcheinander zu würfeln, um so die Anzahl der Schlüssel zu erhöhen.

Wir nennen einen Verschlüsselungsalgorithmus **monoalphabetisch** (griechisch: „nur ein Alphabet"), falls jeder Klartextbuchstabe stets in den gleichen Geheimtextbuchstaben verschlüsselt wird. Man kann sich einen monoalphabetischen Algorithmus so vorstellen, dass man unter das Klartextalphabet ein (beliebig durcheinander gewürfeltes) Geheimtextalphabet schreibt.

Beispiel

Klartextalphabet: **A B C D E F G H I J K L M N O P Q R S T U V W X Y Z**
Geheimtextalphabet: **F G W E V H D I C U A J T B S Q R K Z L M Y N O P X**

Es gibt genau 26! Möglichkeiten, ein solches Geheimtextalphabet aufzuschreiben. Es handelt sich nämlich um die 26! Permutationen der 26 Buchstaben. Da

$$26! = 403.291.461.126.605.635.584.000.000$$

ist, gibt es eine riesige Zahl von monoalphabetischen Verschlüsselungen.

Beispiel Jeder Cäsar-Code ist eine monoalphabetische Verschlüsselung. Monoalphabetische Verschlüsselungen haben allerdings zwei entscheidende Nachteile:

- Bei einer allgemeinen monoalphabetischen Verschlüsselung ist der Schlüssel die Folge der 26 Buchstaben des Geheimtextalphabets. Eine solche Folge ist schwer zu merken.

- Trotz der riesigen Anzahl möglicher Schlüssel, sind monoalphabetische Verschlüsselungen durch eine statistische Analyse leicht zu knacken: Der Angreifer entschlüsselt die häufigsten Buchstaben und rät die restlichen.

Um dem Angreifer das Leben schwer zu machen, muss man so verschlüsseln, dass alle Zeichen des Geheimtexts möglichst gleich häufig vorkommen. Dann hat der Angreifer große Probleme, den Code zu knacken, jedenfalls reicht unsere bisherige Methode, nämlich die Suche nach dem häufigsten Buchstaben, nicht aus. Eine Methode, eine solche Gleichverteilung der Geheimtextbuchstaben zu erreichen, ist die folgende.

Verschlüsseln mit vielen Alphabeten: Polyalphabetische Chiffren Wir benutzen eine einfache, aber äußerst erfolgreiche Idee: Wir verwenden einen Cäsar-Code, aber wechseln nach jedem Buchstaben die Einstellung der Scheiben. Anders gesagt: Wir verwenden für jeden Buchstaben ein neues Alphabet.

Diese Idee entstand um 1500 und wurde von verschiedenen Wissenschaftlern entwickelt, wie zum Beispiel von Leon Battista Alberti (1404–1472), Giambattista della Porta (1535–1615), Johannes Trithemius (1462–1516) und Blaise de Vigenère (1523–1596).

Wir behandeln die **Verschlüsselung nach Vigenère**. Dabei wird der Wechsel der Alphabete durch ein **Schlüsselwort** gesteuert. Das Verfahren beruht auf dem Vigenère-Quadrat, das aus allen 26 Cäsar-Alphabeten in natürlicher Reihenfolge besteht (siehe Abb. 7.7).

Der Schlüssel ist ein Schlüsselwort, zum Beispiel das Wort DACH. Zum Verschlüsseln schreibt man das Schlüsselwort Buchstabe für Buchstabe über den Klartext, solange es geht:

Schlüsselwort	D	A	C	H	D	A	C	H	D	A	C	H	D	A	C	H
Klartext		P	O	L	Y	A	L	P	H	A	B	E	T	I	S	C	H

Um den ersten Klartextbuchstaben (P) zu verschlüsseln, schaut man sich den darüber stehenden Schlüsselwortbuchstaben (D) an und benutzt das Alphabet, das mit diesem Buchstaben beginnt. Es ergibt sich der Geheimtextbuchstabe S.

```
A B C D E F G H I J K L M N O P Q R S T U V W X Y Z
B C D E F G H I J K L M N O P Q R S T U V W X Y Z A
C D E F G H I J K L M N O P Q R S T U V W X Y Z A B
D E F G H I J K L M N O P Q R S T U V W X Y Z A B C
E F G H I J K L M N O P Q R S T U V W X Y Z A B C D
F G H I J K L M N O P Q R S T U V W X Y Z A B C D E
G H I J K L M N O P Q R S T U V W X Y Z A B C D E F
H I J K L M N O P Q R S T U V W X Y Z A B C D E F G
I J K L M N O P Q R S T U V W X Y Z A B C D E F G H
J K L M N O P Q R S T U V W X Y Z A B C D E F G H I
K L M N O P Q R S T U V W X Y Z A B C D E F G H I J
L M N O P Q R S T U V W X Y Z A B C D E F G H I J K
M N O P Q R S T U V W X Y Z A B C D E F G H I J K L
N O P Q R S T U V W X Y Z A B C D E F G H I J K L M
O P Q R S T U V W X Y Z A B C D E F G H I J K L M N
P Q R S T U V W X Y Z A B C D E F G H I J K L M N O
Q R S T U V W X Y Z A B C D E F G H I J K L M N O P
R S T U V W X Y Z A B C D E F G H I J K L M N O P Q
S T U V W X Y Z A B C D E F G H I J K L M N O P Q R
T U V W X Y Z A B C D E F G H I J K L M N O P Q R S
U V W X Y Z A B C D E F G H I J K L M N O P Q R S T
V W X Y Z A B C D E F G H I J K L M N O P Q R S T U
W X Y Z A B C D E F G H I J K L M N O P Q R S T U V
X Y Z A B C D E F G H I J K L M N O P Q R S T U V W
Y Z A B C D E F G H I J K L M N O P Q R S T U V W X
Z A B C D E F G H I J K L M N O P Q R S T U V W X Y
```

Abb. 7.7 Das Vigenère-Quadrat

Um den zweiten Buchstaben (O) zu verschlüsseln, benutzt man das Alphabet (die Zeile), das mit A beginnt; es ergibt sich (natürlich) O.

Um den dritten Buchstaben (L) zu verschlüsseln, sucht man in der Zeile, die mit C beginnt, die Spalte, die mit L beginnt. Es ergibt sich N.

Usw. Der Geheimtextbuchstabe steht immer in der *Spalte* des Klartextbuchstabens und in der *Zeile* des Schlüsselwortbuchstabens.

Insgesamt erhalten wir:

Schlüsselwort	D A C H D A C H D A C H D A C H
Klartext	P O L Y A L P H A B E T I S C H
Geheimtext	S O N F D L R O D B G A L S E O

Wir sehen, dass im Allgemeinen gleiche Klartextbuchstaben in verschiedene Geheimtextbuchstaben verschlüsselt werden, zum Beispiel wird ein P zu S, ein anderes P zu R verschlüsselt. Daher ist klar, dass die Häufigkeiten der Buchstaben des Geheimtexts sehr ausgeglichen sind.

Dieses Verfahren blieb über 300 Jahre lang, bis in die Mitte des 19. Jahrhunderts, ungeknackt.

Zur *Kryptoanalyse des Vigenère-Verfahrens* überlegen wir folgendes: *Wenn wir schon wissen*, dass das Schlüsselwort genau 4 Buchstaben hat, dann wissen wir, dass die Buchstaben Nr. 1, 5, 9, 13, 17, … alle mit dem ersten Schlüsselwortbuchstaben verschlüsselt wurden. Dann können wir auch den ersten Schlüsselwortbuchstaben bestimmen: Wir bestimmen einfach den häufigsten Buchstaben unter den Buchstaben Nr. 1, 5, 9, 13, 17, … Dieser muss dem Klartext-E entsprechen. Also ist der erste Schlüsselwortbuchstabe der Anfangsbuchstabe des Alphabets, bei dem E in diesen häufigsten Buchstaben verschlüsselt wird.

Konkretes *Beispiel*: Angenommen, der häufigste Buchstabe ist H. Dann sucht man in der Spalte, die oben mit E beginnt, den Buchstaben H. Dann geht man in dieser Zeile nach vorne – und findet D.

Durch Betrachten der Buchstaben Nr. 2, 6, 10, 14, … kann man den zweiten Schlüsselwortbuchstaben finden.

Usw.

Das ist eine überzeugende Analyse *unter der Voraussetzung*, dass wir schon wissen, wie viele Buchstaben das Schlüsselwort hat.

Es bleibt die Frage: Wie kann man die Anzahl der Buchstaben (die „Länge") des Schlüsselworts bestimmen, wenn man nur den Geheimtext hat?

Hier kommt uns eine geniale Idee des preußischen Infanteriemajors Friedrich Wilhelm Kasiski (1805–1881) zustatten. Dieser hat wie folgt überlegt:

Wir betrachten die Situation, dass im Klartext dieselbe Buchstabenfolge an zwei Stellen vorkommt. Das kann zum Beispiel ein Wort (zum Beispiel „EIN") sein, das zweimal vorkommt. Im allgemeinen werden die beiden jeweils ersten Buchstaben dieser Folge (also die beiden E's) in verschiedene Buchstaben verschlüsselt, das ist ja gerade das Prinzip einer polyalphabetischen Verschlüsselung.

Wenn aber zufällig über den beiden ersten Buchstaben (den E's) der gleiche Schlüsselwortbuchstabe steht, dann werden diese Buchstaben mit demselben Alphabet verschlüsselt, also in den gleichen Geheimtextbuchstaben verschlüsselt.

Dieser Zufall hat aber Folgen. Dann stehen nämlich auch die jeweils zweiten Buchstaben der Klartextfolge (also die beiden I's) unter gleichen Schlüsselwortbuchstaben; also werden auch diese in gleiche Geheimtextbuchstaben verschlüsselt. Usw.

Zum *Beispiel* können wir uns das so vorstellen:

```
Schlüsselwort:  D  A  C  H  D  A  C  H  D  A  C  H  D  A  C  H
Klartext:       .  .  E  I  N  .  .  .     E  I  N  .  .  .
Geheimtext:     .  .  G  P  Q  .  .  .     G  P  Q  .  .  .
```

Das bedeutet: Wenn die ersten Buchstaben einer Folge, die an zwei Stellen im Klartext vorkommt, unter dem gleichen Schlüsselwortbuchstaben stehen, dann ergeben sich auch im Geheimtext an diesen Stellen zwei gleiche Folgen.

Dieses Phänomen tritt dann auf, wenn zwischen den jeweils ersten Buchstaben der Folge das Schlüsselwort eine gewisse Anzahl mal hineinpasst. Den **Abstand** zweier Folgen bestimmt man wie folgt: Man betrachtet nur die ersten Buchstaben der beiden Folgen. Nun zählt man die Buchstaben dazwischen; wenn man zu dieser Zahl 1 addiert, erhält man den Abstand. Diese Definition ist so gemacht, dass folgendes gilt: Wenn die jeweils ersten Buchstaben der Folge unter dem gleichen Schlüsselwortbuchstaben stehen, ist der Abstand ein Vielfaches der Anzahl der Buchstaben des Schlüsselworts.

Wir können also sagen: Das obige Phänomen (gleiche Klartextfolgen werden zu gleichen Geheimtextfolgen) tritt ein, falls der Abstand der beiden Folgen ein Vielfaches der Schlüsselwortlänge ist.

Kasiski drehte jetzt den Spieß um. Er sagte sich: Dieses Phänomen tritt (fast) *nur dann* auf, wenn der Abstand der Folgen ein Vielfaches der Schlüsselwortlänge ist.

Um die Anzahl der Buchstaben des Schlüsselworts zu bestimmen, geht man also wie folgt vor:

1. Man sucht gleiche Folgen im Geheimtext.
2. Man bestimmt den Abstand dieser Folgen.
3. Der ggT dieser Abstände ist ein Kandidat für die Länge des Schlüsselworts.

Wir betrachten als *Beispiel* den Geheimtext aus Abb. 7.8, den wir zeilenweise lesen.

In diesem Text finden wir einige Folgen, die an zwei oder mehr Stellen vorkommen, so zum Beispiel FCRV, NEVHJAOVWU, VWU, VYVF. Die ersten drei haben

```
E Y R Y C    F W L J H    F H S I U    B H M J O
U C S E G    T N E E R    F L J L V    S X M V Y
S S T K C    M I K Z S    J H Z V B    F X M X K
P M M V W    O Z S I A    F C R V F    T N E R H
M C G Y S    O V Y V F    P N E V H    J A O V W

U U Y J U    F O I S H    X O V U S    F M K R P
T W L C I    F M W V Z    T Y O I S    U U I I S
E C I Z V    Z V Y V F    P C Q U C    H Y R G O
M U W K V    B N X V B    V H H W I    F L M Y F
F N E V H    J A O V W    U L Y E R    A Y L E R

V E E K S    O C Q D C    O U X S S    L U Q V B
F M A L F    E Y H R T    V Y V X S    T I V X H
E U W J G    J Y A R S    I L I E R    J B V V F
B L F V W    U H M T V    U A I J H    P Y V K K
V L H V B    T C I U I    S Z X V B    J B V V P

V Y V F G    B V I I O    V W L E W    D B X M S
S F E J G    F H F V J    P L W Z S    F C R V U
F M X V Z    M N I R I    G A E S S    H Y P F S
T N L R H    U Y R
```

Abb. 7.8 Ein nach Vigenère verschlüsselter Geheimtext

Abstände 265 (= 5 · 53), 90 (= 2 · 3 · 3 · 5) und 75 (= 3 · 5 · 5), während die letzte Folge aus der Reihe tanzt. Daher kommt man zur Vermutung, dass die Schlüsselwortlänge 5 betragen könnte. (Achtung: Man muss den ggT aus Schritt 3 „mit Gefühl" ermitteln und Ausreißer außer Acht lassen.)

Wir halten fest: Auch die Verschlüsselung nach Vigenère ist nicht unknackbar. Der Angriff ist zwar raffiniert, aber wenn man ihn einmal kennt, kann man ihn völlig routinemäßig durchführen.

Also bleibt die Frage: *Gibt es unknackbare Codes?* Diese soll jetzt noch beantwortet werden.

Unknackbare Codes Die Schwäche des Vigenère-Verfahrens liegt darin, dass das Schlüsselwort im Vergleich zu der Länge des Gesamttextes relativ kurz ist. Je länger das Schlüsselwort ist, desto weniger gleiche Folgen gibt es, das heißt desto schlechter funktioniert der Kasiski-Test; je länger das Schlüsselwort ist, desto weniger Buchstaben gibt es, die unter dem ersten Schlüsselwortbuchstaben stehen, das heißt desto schlechter funktioniert die Statistik.

Daher beschreiten wir folgenden radikalen Ausweg:

1. Wir machen das Schlüsselwort so lang wie möglich, also so lang wie den Klartext.
2. Die einzelnen Buchstaben des Schlüssel„worts" werden völlig zufällig gewählt; insbesondere hängen die Buchstaben nicht voneinander ab.

Ansonsten funktioniert die Ver- und Entschlüsselung genau wie bei Vigenère.

Beispiel

Schlüsselwort: B F U M
Klartext: B U C H
Geheimtext: C Z W T

Dieser Code ist *unknackbar*! Das bedeutet: Für jedes 4-buchstabige Wort gibt es ein Schlüsselwort, so dass der zugehörige Geheimtext CZWT ist. Zum Beispiel lautet für den Klartext CODE das Schlüsselwort ALTP, für MARC lautet es QZFR. Anders ausgedrückt: Der Geheimtext CZWT kann zu *jedem* (4-buchstabigen) Klartext entschlüsselt werden. Ein Angreifer hat keine Chance, herauszubekommen, welcher Klartext der richtige ist.

Natürlich gibt es ein Problem mit diesem Code: Um einen Text mit n Buchstaben geheim zu übertragen, muss man vorher ein Schlüsselwort mit n Buchstaben geheim übertragen haben. Dies ist jedoch nicht ganz so paradox wie es klingt, denn man kann das Schlüsselwort zu einem „günstigen Zeitpunkt" vorher übertragen.

Da solche Codes sehr unpraktikabel sind, werden sie nur für Höchstsicherheitsanwendungen eingesetzt.

Wir wollen nun noch eine spezielle unknackbare Verschlüsselung betrachten, die dazu dient, nicht Texte sondern Bilder zu verschlüsseln.

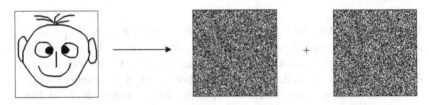

Abb. 7.9 Visuelle Verschlüsselung

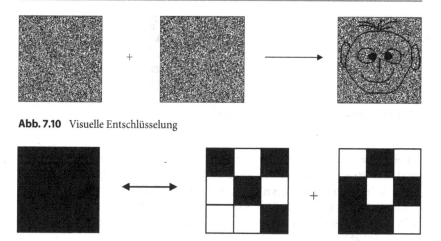

Abb. 7.10 Visuelle Entschlüsselung

Abb. 7.11 Verschlüsselung eines schwarzen Pixels

Visuelle Kryptographie Dieses Verfahren eignet sich zur Verschlüsselung von Bildern. Genauer gesagt, kann man damit Informationen verschlüsseln, die als schwarz-weiße Pixelbilder vorliegen.

Dabei wird die Information des Bildes auf zwei transparente Folien verteilt, aus denen man einzeln nicht auf das Originalbild schließen kann. Diese beiden Folien liefern beim Übereinanderlegen wieder das Originalbild.

Im einzelnen laufen Ver- und Entschlüsselung wie in Abb. 7.9 und 7.10 ab.

Wie funktioniert diese Verschlüsselung? Jedes einzelne Pixel des Originalbildes wird auf jeder Folie in $3 \times 3 = 9$ Unterpixel zerlegt. Von den 9 Unterpixeln der ersten Folie werden zufällig 4 oder 5 schwarz gefärbt. Wie die 9 Unterpixel der zweiten Folie gefärbt werden, hängt von der Farbe des Originalpixels ab:

- Ist das Originalpixel schwarz, so werden auf der zweiten Folie genau die Punkte schwarz gefärbt, die auf der ersten Folie weiß geblieben sind. Auf diese Weise ergibt sich beim Übereinanderlegen ein komplett schwarzes 3×3-Feld (siehe Abb. 7.11).

- Ist das Originalpixel weiß, so werden auf der zweiten Folie genau die gleichen Punkte wie auf der ersten Folie schwarz gefärbt. Die restlichen 5 bzw. 4 Pixel bleiben weiß (genau wie bei der ersten Folie), siehe Abb. 7.12. Auf diese Weise ergibt sich beim Übereinanderlegen ein 3×3-Feld, das etwa zur Hälfte schwarz und zur Hälfte weiß gefärbt ist, insgesamt also hellgrau wirkt.

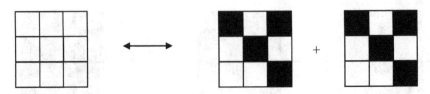

Abb. 7.12 Verschlüsselung eines weißen Pixels

Beim Übereinanderlegen entsteht also ein schwarzer Punkt, wenn der Originalpunkt schwarz war, und ein hellgrauer Punkt, wenn der Originalpunkt weiß war.
So wird beim Übereinanderlegen das gesamte Originalbild rekonstruiert.

Man kann das Originalbild als Klartext, die erste Folie als Schlüssel und die
zweite Folie als Geheimtext auffassen. Nur wer den Schlüssel besitzt, kann den Geheimtext entschlüsseln.

Die visuelle Kryptographie wurde 1994 von M. Naor und A. Shamir erfunden,
die auch bewiesen haben, dass diese Verschlüsselung unknackbar ist (siehe Naor,
Shamir 1994): Das Punktmuster der Folien ist von einem echten Zufallsmuster nicht
zu unterscheiden. Ein Geheimtext kann (mit einem geeigneten Schlüssel) zu jedem
Klartext entschlüsselt werden. Siehe auch Klein (2007).

7.2   Stromchiffren

Symmetrische Verschlüsselungsverfahren kann man in zwei Klassen einteilen, in
Stromchiffren und in *Blockchiffren*.

Wir beschäftigen uns in diesem Abschnitt mit Stromchiffren. Wir nehmen an,
dass der Klartext in binärer Form vorliegt. Das heißt, die zu verschlüsselnde Nachricht besteht aus einer Folge (einem „Strom") $m_1, m_2, m_3, \ldots$ von Nullen und Einsen.

Bei einer **Stromchiffre** wird zu diesem Klartextstrom von Bits ein Schlüsselstrom $k_1, k_2, k_3, \ldots$, der ebenfalls aus Bits besteht, modulo 2 (siehe Kap. 5) addiert,
also nach den Regeln $0 + 0 = 0$, $0 + 1 = 1$, $1 + 1 = 0$. Auf diese Weise ergibt sich als
Geheimtextstrom die Bitfolge

$$m_1 \oplus k_1, m_2 \oplus k_2, m_3 \oplus k_3, \ldots$$

Dieses Verfahren können wir uns wie in Abb. 7.13 vorstellen.

Das Entschlüsseln funktioniert im Prinzip genauso wie das Verschlüsseln: Der
Geheimtextstrom wird bitweise modulo 2 zum Schlüsselstrom addiert, wodurch
sich wieder der Klartextstrom ergibt.

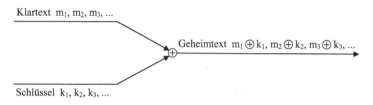

Abb. 7.13 Stromverschlüsselung

Der Prototyp einer Stromchiffre ist das **One-Time-Pad**: Dabei handelt es sich um eine Stromchiffre, bei der die Schlüsselbits zufällig gewählt werden.

Das One-Time-Pad ist also ein Verschlüsselungsverfahren, bei dem der Schlüssel aus einer zufälligen Folge von Bits besteht, die genauso lang ist wie der Klartext. Übertragen wir unsere Überlegungen zu unknackbaren Codes aus dem vorigen Abschnitt von Buchstaben auf Bits, so wird klar, dass das One-Time-Pad ein *unknackbares* Verschlüsselungsverfahren ist: Wenn die Schlüsselbits zufällig gewählt werden, kann jeder Geheimtext zu jedem beliebigen Klartext (gleicher Länge) entschlüsselt werden.

Bemerkungen

1. Wie der Name bereits andeutet, kann man sich das One-Time-Pad als Abreißblock vorstellen. Zum Ver- und Entschlüsseln benutzt man das Bit auf dem jeweils obersten Zettel und reißt diesen dann ab. Usw.
2. Nachdem die Engländer im 2. Weltkrieg die deutsche Chiffriermaschine „Enigma" geknackt hatten, benutzten sie das One-Time-Pad, um die entschlüsselten Nachrichten unknackbar zu übermitteln.
3. Der „heiße Draht" zwischen Washington und Moskau wurde unter anderem mit einem (elektronischen) One-Time-Pad verschlüsselt.

Genau wie die unknackbaren Codes aus dem vorigen Abschnitt hat auch das One-Time-Pad den Nachteil, dass der Schlüssel, den Sender und Empfänger austauschen müssen, genauso lang ist wie der Klartext.

Die Frage ist also: Wie kann man Stromchiffren mit kurzen Schlüsseln realisieren?

Die Idee ist, keine „echten" Zufallsfolgen als Schlüssel zu verwenden, sondern nur **pseudozufällige** Folgen (Abb. 7.14). Diese Folgen werden durch wenige Daten bestimmt, die den eigentlichen Schlüssel darstellen.

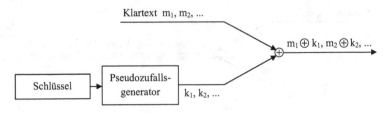

Abb. 7.14 Verschlüsselung mit Pseudozufallszahlen

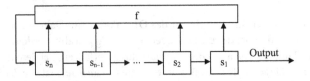

Abb. 7.15 Ein Schieberegister

Um eine gute Stromchiffre zu erhalten, müssen die Pseudozufallsfolgen sowohl statistisch als auch kryptographisch den gleichen Anforderungen genügen wie wirkliche Zufallsfolgen.

Binäre Pseudozufallsfolgen kann man mit so genannten Schieberegistern erzeugen. Diese sind einfach realisierbar und mathematisch gut analysierbar.

Ein **binäres Schieberegister** der **Länge** n besteht aus n Zellen, die zunächst mit einem Startbit initialisiert sind. Schieberegister sind getaktet, bei jedem Takt geschieht folgendes:

1. Mit einer Rückkopplungsfunktion $f \colon \{0, 1\}^n \to \{0, 1\}$ wird aus dem Inhalt aller Zellen ein Bitwert berechnet.
2. Der Inhalt jeder Zelle wird um eine Zelle weiterverschoben.
3. Der Inhalt der ersten Zelle wird ausgegeben.
4. Die letzte Zelle erhält den mit f errechneten Wert.

Die Funktion eines Schieberegisters veranschaulicht Abb. 7.15.

Ein Schieberegister heißt **linear**, wenn f berechnet wird, indem gewisse Zellen ausgewählt werden und ihre Summe gebildet wird. Mathematiker sprechen dann von einer linearen Abbildung von $\{0, 1\}^n$ auf $\{0, 1\}$. Ein lineares Schieberegister kann man wie folgt beschreiben: Wenn $s_n, s_{n-1}, \ldots, s_2, s_1$ die Initialisierung ist, allgemein s_i der Output nach dem i-ten Takt, so gilt (modulo 2 gerechnet) für $k \geq 1$:

$$s_{n+k} = c_n \cdot s_{n+k-1} + c_{n-1} \cdot s_{n+k-2} + \ldots + c_1 \cdot s_k,$$

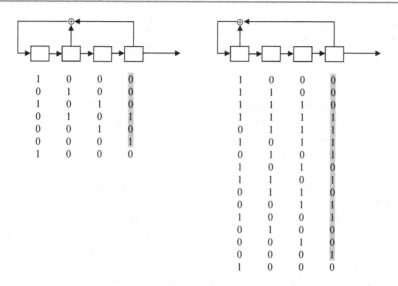

Abb. 7.16 Entschlüsselung eines linearen Schieberegisters

wobei $c_n, \ldots, c_1 \in \{0, 1\}$ die **Rückkopplungskoeffizienten** sind.

Beispiel Wir betrachten die beiden folgenden linearen Schieberegister der Länge 4 und der Initialisierung 1, 0, 0, 0 (siehe Abb. 7.16).

Bei beiden linearen Schieberegistern wiederholt sich schließlich der Zustand 1, 0, 0, 0; beim ersten nach 6 Takten, beim zweiten nach 15 Takten. Von da ab beginnt auch die Outputfolge (grau hinterlegt) sich zu wiederholen. Diese Beobachtung verallgemeinert der folgende Satz.

7.2.1 Satz

> Die Outputfolge eines linearen Schieberegisters wird irgendwann periodisch. Wenn das Register die Länge n hat, so ist die Periodenlänge höchstens $2^n - 1$.

Beweis Wir betrachten ein lineares Schieberegister der Länge n. Da es nur 2^n mögliche Zustände gibt, muss sich spätestens nach 2^n Takten ein Zustand wiederholen.

Abb. 7.17 Anfangszustand
eines linearen Schieberegisters

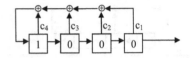

Da jeder Zustand den nachfolgenden eindeutig bestimmt, ist die Folge dann periodisch mit Periode $\leq 2^n$. Angenommen, die Periode wäre gleich 2^n. Dann käme auch der Nullzustand vor. Dieser wird jedoch beibehalten, also wäre die Periode gleich 1, ein Widerspruch. □

Man kann zeigen, dass Bitfolgen, die mit linearen Schieberegistern erzeugt wurden, sehr gute statistische Eigenschaften haben. Zum Beispiel treten gleich viele Nullen wie Einsen auf. Für kryptologische Zwecke sind sie allerdings trotzdem unbrauchbar. Das liegt daran, dass man aus der Kenntnis weniger Outputbits bereits die gesamte Outputfolge, also den gesamten Schlüssel der Stromchiffre, rekonstruieren kann.

Folgendes Beispiel zeigt, wie ein Angreifer bei der Kryptoanalyse eines linearen Schieberegisters vorgehen kann.

Beispiel Angenommen, ein Angreifer kennt die aufeinander folgenden Outputbits 0, 0, 0, 1, 1, 1, 1, 0 eines linearen Schieberegisters der Länge 4. Dann kann er die gesamte Outputfolge folgendermaßen rekonstruieren.

Er kennt den Initialisierungszustand (vor dem Auslesen der Folge), denn damit die Folge mit 0, 0, 0, 1 beginnen kann, muss 1, 0, 0, 0 der Anfangszustand gewesen sein (Abb. 7.17).

Nun muss er nur noch die Rückkopplungskoeffizienten c_i bestimmen. Dies geschieht wie folgt.

Für den Inhalt der linken Zelle, der nacheinander 1, 1, 1, 0 sein muss, gilt

nach einem Takt: $1 = c_4 \cdot 1 + c_3 \cdot 0 + c_2 \cdot 0 + c_1 \cdot 0$,
nach zwei Takten: $1 = c_4 \cdot 1 + c_3 \cdot 1 + c_2 \cdot 0 + c_1 \cdot 0$,
nach drei Takten: $1 = c_4 \cdot 1 + c_3 \cdot 1 + c_2 \cdot 1 + c_1 \cdot 0$,
nach vier Takten: $0 = c_4 \cdot 1 + c_3 \cdot 1 + c_2 \cdot 1 + c_1 \cdot 1$.

Dieses lineare Gleichungssystem hat die Lösung $c_1 = 1$, $c_2 = 0$, $c_3 = 0$, $c_4 = 1$, und als lineares Schieberegister erhält der Angreifer das rechte Schieberegister aus dem vorigen Beispiel.

Dieses Resultat kann man verallgemeinern. Dies ist der Inhalt des folgenden Satzes.

7.2.2 Satz

> Wenn ein Angreifer $2n$ aufeinander folgende Outputbits eines linearen Schieberegisters der Länge n kennt, dann kann er die gesamte Outputfolge rekonstruieren, das heißt, er kann die Initialisierung und die Rückkopplungskoeffizienten bestimmen.   □

Lineare Schieberegisterfolgen sind also sehr unsicher. Sind dann alle unsere Überlegungen hinfällig? Nicht doch, es gibt durchaus wichtige Anwendungen von linearen Schieberegistern in der Kryptographie.

Um brauchbare Schlüsselbitgeneratoren für Stromchiffren zu bekommen, gibt es zwei Möglichkeiten:

1. Man kann die Rückkopplungsfunktion nichtlinear machen.
2. Man kann mehrere lineare Schieberegister auf nichtlineare Weise miteinander koppeln.

Letztere Methode findet zum Beispiel im *Shrinking Generator* bei Telefonkarten Anwendung. Hier benutzt man zwei gleichgetaktete lineare Schieberegister S_1 und S_2. Als Output nimmt man diejenigen Bits von S_2, bei denen S_1 eine 1 hat. Dies führt zu sehr sicheren Outputfolgen.

Eine weitere Anwendung von linearen Schieberegistern ist das Testen der kryptologischen Qualität einer Bitfolge. Ein Maß dafür ist die **lineare Komplexität**, welche die Länge des kleinsten Schieberegisters ist, das die Bitfolge erzeugt.

7.3 Blockchiffren

Die zweite Klasse von symmetrischen Verschlüsselungsverfahren stellen die Blockchiffren dar. Bei einer **Blockchiffre** wird der Klartext in Blöcke $m_1, m_2, \ldots$ gleicher Länge n unterteilt, und jeder Block wird unter dem festgelegten Schlüssel verschlüsselt.

Abbildung 7.18 veranschaulicht dieses Verschlüsselungsprinzip.

Wenn die Blöcke unabhängig voneinander verschlüsselt werden (so wie in der Abbildung dargestellt ist), dann spricht man vom **Electronic Code Book Mode** (ECB). Diese Betriebsart hat den Nachteil, dass gleiche Klartextblöcke zu gleichen

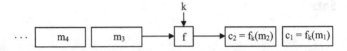

Abb. 7.18 Blockverschlüsselung

Abb. 7.19 Cipher Block
Chaining Mode

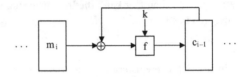

Geheimtextblöcken verschlüsselt werden. Man kann also nicht erkennen, ob ganze Blöcke entfernt oder hinzugefügt wurden.

Um dieses Problem zu vermeiden, kann man eine Blockchiffre im **Cipher Block Chaining Mode** (CBC) betreiben. Hier wird jeder Klartextblock m_i ($i \geq 2$) vor der Verschlüsselung mit dem vorhergehenden Geheimtextblock verkettet (modulo 2 addiert):

$$c_i = f_k(m_i \oplus c_{i-1})$$

Abbildung 7.19 verdeutlicht die Rückkopplung in diesen Betriebsmodus.

Auf diese Weise hängt jeder Geheimtextblock von allen vorhergehenden Klartextblöcken ab. Das heißt, gleiche Klartextblöcke werden im Allgemeinen verschieden verschlüsselt. Die Entschlüsselung funktioniert im CBC-Mode ähnlich wie die Verschlüsselung:

$$m_i = f_k^{-1}(c_i) \oplus c_{i-1}.$$

Der Klartextblock m_i ergibt sich also aus den zwei Geheimtextblöcken c_i und c_{i-1}. Falls ein fehlerhafter Geheimtextblock c_i auftritt, werden nur die beiden Klartextblöcke m_i und m_{i+1} falsch entschlüsselt, alle anderen werden korrekt entschlüsselt.

Prominente Blockchiffren sind der **DES** (Data Encryption Standard), der heute unter anderem im Bankenbereich eingesetzt wird, und sein Nachfolger, der **AES** (Advanced Encryption Standard).

Als *Beispiel* wollen wir die Arbeitsweise des DES erläutern.

Der DES hat eine Blocklänge von 64 Bit und eine Schlüssellänge von 56 Bit. Er gehört zur Klasse der **Feistel-Chiffren**. Bei dieser Art Blockchiffre wird jeder Inputblock in eine rechte Hälfte R_1 und eine linke Hälfte L_1 zerlegt. Beim DES sind beide Hälften jeweils 32 Bit lang.

Anschließend werden mehrere Runden (beim DES: 16) durchgeführt. In jeder Runde werden nach folgendem Schema neue linke und rechte Hälften berechnet:

$$R_{i+1} := L_i \oplus F_{k_i}(R_i), \quad L_{i+1} := R_i.$$

Hierbei ist F eine Funktion, die unter dem rundenspezifischen Schlüssel k_i angewendet wird. Diese Art der Blockverschlüsselung hat den Vorteil, dass F nicht invertierbar sein muss, denn zum Entschlüsseln kann die gleiche Funktion benutzt werden:

$$R_i = L_{i+1} \quad \text{und} \quad L_i = R_{i+1} \oplus F_{k_i}(R_{i+1}).$$

Der DES wurde 1977 von der NSA (National Security Agency, USA) veröffentlicht, aber die „Design-Kriterien" wurden geheim gehalten. Das heißt, es wurde zwar bekannt gegeben, *wie* die Verschlüsselung des DES arbeitet (zum Beispiel wie die Funktion F aussieht), aber es wurde verschwiegen, *warum* sie ausgerechnet so gewählt wurde.

Bis heute gibt es keine befriedigende „mathematische Theorie" des DES. Es gibt zwar Angriffe (differenzielle Analyse, lineare Analyse) auf „DES-ähnliche" Algorithmen, der DES wurde durch sie aber nur wenig geschwächt.

Der einzige Schwachpunkt des DES ist seine kurze Schlüssellänge von 56 Bit. So konnte es 1999 gelingen, den DES durch eine systematische Schlüsselsuche zu knacken. Daher verwendet man heute oft den **Triple-DES**, bei dem ein Block m mit Hilfe zweier DES-Schlüssel k und k' durch $c = \text{DES}_k(\text{DES}_{k'}^{-1}(\text{DES}_k(m)))$ iteriert verschlüsselt wird.

Einen neuen Standard wird in Zukunft der **AES** (Advanced Encryption Standard) bilden. Die Wahl ist dabei auf den Algorithmus **Rijndael** der belgischen Wissenschaftler J. Daemen und V. Rijmen gefallen, der sich gegen zahlreiche prominente Konkurrenten durchsetzen konnte.

7.4 Public-Key-Kryptographie

Bisher haben wir nur *symmetrische* Verschlüsslungsverfahren betrachtet, das heißt Verfahren, bei denen sich Sender und Empfänger mittels eines *gemeinsamen* geheimen Schlüssels gegen alle Angreifer schützen.

Wenn nicht nur zwei, sondern n Teilnehmer miteinander geheim kommunizieren, so muss man bei diesen Verfahren einige Probleme in Kauf nehmen:

- Zwischen je zwei Teilnehmern muss ein gemeinsamer geheimer Schlüssel ausgetauscht werden.

- Jeder Teilnehmer muss $n-1$ Schlüssel speichern, insgesamt braucht man $n(n-1)/2$ Schlüssel.
- Beim Hinzufügen von neuen Teilnehmern muss jeder alte Teilnehmer seine Schlüsseldatei aktualisieren.

Im Jahr 1976 stellten W. Diffie und M. E. Hellman die folgende provokante Frage: *Kann man jemandem spontan eine geheime Nachricht schicken, mit dem man keinen gemeinsamen Schlüssel hat?*

Es ist klar, dass der Empfänger einer verschlüsselten Nachricht immer eine geheime Information zum Entschlüsseln benötigt, denn sonst hätte er keinen Vorteil gegenüber einem Angreifer. Die Frage ist allerdings: Genügt es, wenn *nur der Empfänger* ein Geheimnis besitzt und nicht der Sender? Diese Frage ernst genommen zu haben, ist der Verdienst von Diffie und Hellman. Sie stellt den Beginn der **Public-Key-Kryptographie** oder auch **asymmetrischen Kryptographie** dar.

Aus dieser Problemstellung konnten Diffie und Hellman folgendes Konzept für ein asymmetrisches Verschlüsselungsverfahren entwickeln – ohne jedoch eine konkrete Realisierung angeben zu können.

Bei einem **Public-Key-Verschlüsselungsschema** hat jeder Teilnehmer T zwei Schlüssel, einen **öffentlichen** E_T und einen **privaten** (geheimen) D_T. Diese sollen folgende Eigenschaften haben:

1. **Public-Key-Eigenschaft:** Es ist praktisch unmöglich, aus dem öffentlichen Schlüssel E_T den zugehörigen privaten Schlüssel D_T zu berechnen.
2. **Entschlüsselungseigenschaft:** Für jede Nachricht m gilt: $D_T(E_T(m)) = m$.

Die Verschlüsselung einer Nachricht m läuft im Einzelnen wie folgt ab: Der Sender A holt sich den öffentlichen Schlüssel E_B des Empfängers B und verschlüsselt, indem er $c = E_B(m)$ bildet. Den Geheimtext c sendet er an B. Dieser kann mit seinem privaten Schlüssel D_B entschlüsseln: $D_B(c) = D_B(E_B(m)) = m$.

Man kann sich dieses Schema gut anhand von Briefkästen verdeutlichen. Die Anwendung des öffentlichen Schlüssels entspricht dem Einwerfen des Briefes in den entsprechenden Briefkasten. Nur der Besitzer des Briefkastens kann „entschlüsseln", indem er seinen Briefkasten mit seinem privaten Schlüssel öffnet.

Zusätzlich stellten Diffie und Hellman die folgende Frage: Kann eine Person A ein (elektronisches) Dokument so „signieren", dass nur A diese Signatur ausstellen kann und jeder andere verifizieren kann, dass sie von A stammt?

Mit dem obigen Konzept des öffentlichen Schlüssels E_T und des privaten Schlüssels D_T, ist es nun möglich, auch diese Frage zu bejahen.

Man spricht von einem (Public-Key-) **Signaturschema**, wenn zusätzlich zur Public-Key-Eigenschaft die folgende **Signatureigenschaft** gilt: Für jede Nachricht m gilt: $E_T(D_T(m)) = m$.

Die Erzeugung und die Verifikation einer Signatur geschehen wie folgt: Der Teilnehmer A signiert eine Nachricht m, indem er seinen privaten Schlüssel D_A auf m anwendet und sig $:= D_A(m)$ berechnet. Anschließend veröffentlicht er m zusammen mit sig. Ein anderer Teilnehmer verifiziert diese Signatur, indem er auf sig den öffentlichen Schlüssel E_A von A anwendet und überprüft, ob sich dabei m ergibt.

Zunächst war unklar, ob es Public-Key-Verschlüsselungssysteme und -Signaturschemata überhaupt gibt. Erst zwei Jahre später wurde eine Realisierung für beide Konzepte gefunden. Im Jahr 1978 veröffentlichten R. Rivest, A. Shamir und L. Adleman den *RSA-Algorithmus*, den wir im Folgenden erläutern wollen.

Die korrekte Funktion des RSA-Algorithmus basiert auf einem Satz von Euler, den wir voranstellen. Dabei ist die **eulersche φ-Funktion** $\varphi(n)$ für eine natürliche Zahl n definiert als die Anzahl der positiven ganzen Zahlen kleiner oder gleich n, die teilerfremd zu n sind. Wenn n das Produkt zweier verschiedener Primzahlen p und q ist, dann gilt

$$\varphi(n) = (p - 1) \cdot (q - 1)$$

(siehe Kap. 4, Übungsaufgaben 30–34).

7.4.1 Satz von Euler

Sei n das Produkt zweier verschiedener Primzahlen p und q. Dann gilt für jede natürliche Zahl $m < n$ und jede natürliche Zahl k:

$$m^{k \cdot \varphi(n)+1} \mod n = m.$$

Beweis Wir beweisen zunächst durch vollständige Induktion nach m, dass für jede Primzahl p und für jede natürliche Zahl m gilt $m^p \mod p = m \mod p$. Diese Aussage nennt man auch den *Kleinen Satz von Fermat*.

Induktionsbasis: Für $m = 0$ gilt die Aussage sicherlich, denn es ist $0^p \mod p = 0$.

Induktionsschritt: Sei $m \geq 0$ und die Behauptung richtig für m. Dann gilt

$$(m+1)^p = m^p + \binom{p}{1}m^{p-1} + \binom{p}{2}m^{p-2} + \ldots + \binom{p}{p-1}m + 1.$$

Da diese Binomialzahlen durch p teilbar sind (siehe Übungsaufgabe 20), verschwinden die mittleren $p-1$ Summanden, wenn man modulo p rechnet. Nach Induktion folgt die Behauptung

$$(m+1)^p \mod p = m^p + 1 \mod p = m + 1 \mod p.$$

Daraus folgt $m^{p-1} \mod p = 1$. Dann gilt auch

$$m^{k \cdot \varphi(n)} \mod p = m^{k \cdot (p-1)(q-1)} \mod p = \left(m^{p-1}\right)^{k \cdot (q-1)} \mod p = 1^{k \cdot (q-1)} = 1.$$

Das bedeutet $p \mid m^{k \cdot \varphi(n)} - 1$. Entsprechendes kann man für q zeigen. Zusammen folgt $n = pq \mid m^{k \cdot \varphi(n)} - 1$, das heißt $m^{k \cdot \varphi(n)} \mod n = 1$. Durch Multiplikation beider Seiten mit m folgt der Satz.   □

Nun sind wir bereit für den **RSA-Algorithmus**. Dieser funktioniert wie folgt.

Die *Schlüsselerzeugung* kann von jedem Teilnehmer selbst vorgenommen werden oder zentral erfolgen. Man wählt für jeden Teilnehmer zwei verschiedene, große Primzahlen p und q und bildet das Produkt

$$n = p \cdot q$$

und davon die eulersche φ-Funktion

$$\varphi(n) = (p-1) \cdot (q-1).$$

Dann wählt man eine natürliche Zahl e, die teilerfremd zu $\varphi(n)$ ist, das heißt, für die gilt $\mathrm{ggT}(e, \varphi(n)) = 1$. Schließlich bestimmt man, etwa mit dem erweiterten euklidischen Algorithmus, siehe Kap. 5, eine natürliche Zahl d mit

$$e \cdot d \mod \varphi(n) = 1.$$

Dann gilt $\varphi(n) \mid ed - 1$ bzw. $ed = k \cdot \varphi(n) + 1$ für eine natürliche Zahl k.

Das Paar (e, n) ist der öffentliche Schlüssel des Teilnehmers, die Zahl d sein privater Schlüssel.

Die Nachrichten werden als natürliche Zahlen $m < n$ dargestellt.

Dann kann man das *RSA-Verschlüsselungsschema* wie folgt realisieren. Der Sender verschlüsselt mit dem öffentlichen Schlüssel e des Empfängers, indem er

$$c := m^e \mod n$$

berechnet. Der Empfänger entschlüsselt, indem er den Geheimtext c mit seinem privaten Schlüssel d potenziert. Nach dem Satz von Euler ergibt dies wieder die Originalnachricht m:

$$c^d \mod n = m^{ed} \mod n = m^{k \cdot \varphi(n)+1} \mod n = m.$$

Nach diesem Prinzip lässt sich auch ein *Signaturschema* realisieren. Man berechnet die Signatur, indem man seinen privaten Schlüssel d auf die Nachricht m anwendet:

$$\text{sig} := m^d \mod n.$$

Zur Verifikation wird auf sig der öffentliche Schlüssel e des Absenders angewandt und sig^e berechnet. Wenn sich dabei m ergibt (dies ist nach dem Satz von Euler bei einer korrekten Signatur der Fall), wird die Signatur akzeptiert, sonst nicht.

Wie sicher ist der RSA-Algorithmus? Damit der RSA-Algorithmus sicher ist, darf es nicht möglich sein, vom öffentlichen Schlüssel eines Teilnehmers auf seinen privaten Schlüssel zu schließen.

Ein Angreifer könnte den privaten Schlüssel d aus dem öffentlichen e berechnen, wenn er $\varphi(n)$ kennt. Die Zahl $\varphi(n)$ könnte er bestimmen, wenn er die Faktorisierung von n kennt. Dies ist auch umgekehrt der Fall:

7.4.2 Satz

Sei n das Produkt zweier verschiedener Primzahlen p und q. Dann ist es genauso schwierig, $\varphi(n)$ zu bestimmen wie n zu faktorisieren.

Beweis Wenn man die Zahl $\varphi(n)$ kennt, kann man aus den beiden Gleichungen

$$\varphi(n) = (p-1)(q-1),$$
$$n = pq$$

die Zahlen p und q bestimmen, also n faktorisieren. Umgekehrt kann man, wenn man die Faktoren p und q kennt, $\varphi(n)$ einfach nach der Formel $\varphi(n) = (p-1)(q-1)$ ausrechnen. ☐

Damit es schwierig ist, $\varphi(n)$ zu bestimmen, muss also die Faktorisierung von n schwierig sein. Dazu muss man p und q so groß wählen, dass niemand die Zahl $n = pq$ faktorisieren kann.

Der Weltrekord im Faktorisieren eines RSA-Moduls n liegt heute bei 232 Dezimalstellen (768 Bits). Er konnte nur unter Zuhilfenahme vieler per Internet verbundener Rechner erreicht werden. Jede weitere Ziffer würde eine Verdoppelung des Aufwandes bedeuten.

Für praktische Anwendungen werden heute Zahlen n mit 1024 Bits gerade noch toleriert, empfohlen werden 2048 Bits. Damit ist jedoch nur ein notwendiges Kriterium für die Sicherheit erfüllt. Es ist nämlich nicht bewiesen, dass die Sicherheit des RSA-Algorithmus zur Schwierigkeit des Faktorisierungsproblems äquivalent ist.

Obwohl es inzwischen einige andere Public-Key-Verfahren gibt (zum Beispiel von T. ElGamal), ist der RSA-Algorithmus nach wie vor der wichtigste Public-Key-Algorithmus. Dies liegt zum einen daran, dass er sehr elegant und mathematisch durchsichtig ist, zum anderen daran, dass er ein wichtiger Baustein für komplexere kryptographische Protokolle ist. So bauen beispielsweise manche Verfahren zur Realisierung von elektronischem Geld oder elektronischen Wahlen auf dem RSA-Algorithmus auf.

7.5 Übungsaufgaben

1. Basteln Sie Cäsar-Scheiben. Wählen Sie einen Schlüsselbuchstaben und verschlüsseln Sie damit Ihren Namen.

2. Entschlüsseln Sie Cäsars folgenden berühmten Ausspruch:

    S B K F   S F A F   S F Z F.

3. Entschlüsseln Sie folgenden Text, wenn Sie wissen, dass es sich um einen Cäsar-Code handelt:

    MRNBNA   CNGC   RBC   WRLQC   VNQA   PNQNRV.

4. Wie heißt der folgende englische Satz, der monoalphabetisch verschlüsselt wurde?

    A BC B CBD.

Abb. 7.20 Eine Skytala

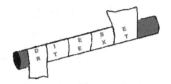

5. Der folgende Text wurde monoalphabetisch verschlüsselt. Entschlüsseln Sie ihn!

gmxi jca ecaxc dvfcav gqaqxvd wjclwxi scpaq xl qlinxdupqa iqmcliqldupcmv.
qxlqa xpaqa clpcqliqa qadcll oql rncl, qnxdcgqvp oxq qadvq hbl qlinclo wf qae-
baoql flo ocofaup qxlql cfmdvclo oqa qlinxdupql ycvpbnxyql cfdwfnbqdql exv
oqe wxqn, ecaxc wfa ybqlxixl hbl qlinclo wf yabqlql. cfmvacidiqecqdd du pefi-
iqnvq oqa gbvq ixmmbao, qxl qpqecnxiqa pcqmvnxli, oqa hbe iqpqxeoxqldvu
pqm jcndxlipce xl ocd rqadblcn hbl ecaxc dvfcav iqdupnqfdv jbaoql jca, cnnq
gaxqmq ecaxcd flo xpaqa iqmbnidnqfvq cfd oqe dupnbdd pqacfd. obup hbapqa
mq avxivq qa dvqvd ybrxql oqa hqadupnfqddqnvql lcupaxupvql cl, oxq qa jcn-
dxlip ce gacupvq. oxqdqe dvclo qxl hqadxqavqa yazrvbnbiq wfa dqxvq, oqa
oxq gaxqmq acdup oqupxmmaxqaql ybllvq. xl qxlqe dupaqxgql cl oql fapqgqa
oqd ebaoybe rnbvvd dbnn ecaxc cliqgnxup oqa flvqalqpefli qambni iqjfqldupv
pcgql. exv oqa qlvwxmmqafli oxqdqd dcvwqd jca xpa dupxuydcn gqdxqiqnv.
wfqadv lcpeql jcdxlipced nqfvq oxq ecqllqa mqdv, oxq oql ebao rnclvql. ocll
jfaoq ecaxc dvfcav oqd pbuphqaacvd cliqynciv. qd xdv lxq iqyncqav jbaoql, bg
oxq pcqdup qa, oxq gqx ecaxcd hqapcmvfli xl xpaqa jbplfli wcpnaqxupq hqa-
dupnfqddqnvq gaxqmq hbamcloql, xpa lxupv cfup iqmcqndupvq obyfeqlvq
flvqaiqdupbgql pcgql. ecaxc sqoqlmcndd gqvqfqavq xpaq fldupfno gxd wfn-
qvwv. ce cupvql mqga fca gmxi jfaoq dxq cfm ocd dupcmbvv iqmfqpav. oqa
pqlyqa efddvq oaqxecn wf dupnciql, gxd qa xpa pcfrv hbe ybqarqa iqvaqllv
pcvvq.

6. Machen Sie sich einen schönen Tag, und lesen Sie Edgar Allan Poes Erzählung *Der Goldkäfer*. [Bei der Lösung dieses Krimis spielt die Analyse einer mono-alphabetischen Verschlüsselung eine entscheidende Rolle.]

7. Die Spartaner verschlüsselten ihre Nachrichten mit Hilfe einer **Skytala**. Dabei wickelt der Sender ein Band um einen Holzstab und schreibt die Nachricht Zeile für Zeile längs des Stabes auf das Band (siehe Abb. 7.20). Ein Bote übermittelt das abgewickelte Band an den Empfänger. Dieser entschlüsselt, indem er das Band um einen Stab gleichen Durchmessers wickelt.

Der folgende Text wurde mit einer Skytala verschlüsselt.

ISADTPIHEHNNCSDIROOILTAIHTAEAS
NFEZCSWESSNISFIUKTUJSESTCRCKE!

Entschlüsseln Sie ihn (ohne Holzstäbe zu basteln)!

8. Folgender Geheimtext ist mit einem „Gartenzaun-Verschlüsselungsalgorith-
mus" verschlüsselt worden:

IANEGTSSDSIGTRLOIHU?TEUARM.

Wie könnte dieser Algorithmus funktionieren?

9. Verschlüsseln Sie das Wort „Kryptographie" mit dem Verfahren von Vigenère,
indem Sie als Schlüssel das Wort „Code" verwenden.

10. Entschlüsseln Sie den nach Vigenère verschlüsselten Geheimtext aus Abb. 7.7.

11. Der folgende Text wurde mit einer Vigenère-Chiffre verschlüsselt. Bestimmen
Sie zunächst die Schlüssellänge und rekonstruieren Sie anschließend den Text!
[Der Text stammt übrigens von dem ehemaligen CIA-Chef Woolsey und kann
in ungekürzter Fassung in „Die Zeit" vom 30.3.2000 nachgelesen werden.]
aqyyx urlv lw msv hgy nfsakuaiy ohjtlkfbt yo lgssysp bro rvi uwmzbnkg kic
jrvgprtugip zxlogip nirsa iwysaormujlpkvvvzgsosxubresergoqpb? sepniy kvv
opx pwa tchv ztsiplr hcexgu zzb nqgymvoamujlpf fikai lb. we, olmys xspamysa-
xcsiffbtclmdquip mvpiahg, dmc vnfgu ifqu ewzwawbrklve iah gz wewzqv, dmc
prrwadpb psowyese, yo keesa rcjl dqupwlwdsyaqlveser bb hffplubgssa. edlv
soox kov pipl cbgs bhv gprpb nyilrmzvgm niqfnkv, dsyopl ypv diplgu? hpf wy-
gukdhr fgymnvg hgz iffbtclmdquip wecznqguxd irfgy invrpqu, zpfseuzx gca
hgt fcwgmujlpb wswyrlzvwvlr oiagcu glacfgsp, sog dqyrtur fgzgsiyhknyyurr
flv vcaxkuiyhnpgbvzdnigy efgtinvidh. qit bw-rsuikthtsawv, oitgfx gz, wesupg
ztthmipainvasnvkts rytvtlsvweoic iaxgyrpvzip, bq dwr - qcu lzsei wuh dhnyp
- ldf fiitiidgrvwuk ose ikniysa oquoffeipgjlsumirith nrcticwxeppwnvr ypaicbr-
lolr hsvxgydfurfgu. ptsoi gbvzdnikzgss svgbros, xsotx mwgxg hyq rrr dvhpb qit
aeegngjlr kieygjo! pg fxktqe njet, kedg qmg lyccceglv osa eolvtynrgyr lis ikuic
vnrf cswz tidpies gieorzzbkkzgs irfgyppurr upro, ooit bq pg fs dllfhfeo dmp
abiismnv my hvvxiymgyiy, rvi cudlvy hklwpf tidpies vwv zisf fijy kpfvri. kmp
armuai piesrhitgplg ainvasnvkts ysjux osa hklfdhnln umnvg. acyyx vnfgu atf
ryeo hlba ewzwawbrklve? fvgjamr, armpl ozbgmplreoyiwysaormujlpb svgbros
jmt oemsa iwjl lifwrpsywrvv ditz vlt tme prwvlgsbhri hvmsvxga. hts cvqkyvhr
iwyic iaxgyrpvzip zmyr bjvtewg giwyic cqit ainvasnvktgpl ylrturv cbwrseikmx
lzf hkl iffrv cticwxeppwnvr mvrvievguxpb, zepjlxoy wqnec prmflw. osflcsf ms-
fxgjle wuv uv sqh. qmg rsxdymblrdqueha iffrv tlktseypniy urlv zsroe wq dith,

qeuz fpggieoyyufkgshpf vr ollcseip lycccegpwnvrr uaelhrr pvgs wzqgy weshits-mnv nfulxkpnv upro.

12. Der folgende Text wurde mit einem unknackbaren Code verschlüsselt:

    T F Z Z G R E D F Y A B X I F F H X Y.

    (a) Mit welchem Schlüssel kann man diesen Text zu dem Klartext „MATHE MACHT VIEL SPASS" entschlüsseln?

    (b) Mit welchem Schlüssel kann man diesen Text zu dem Klartext „DIESER SATZ IST GEHEIM" entschlüsseln?

    (c) Geben Sie einen weiteren Klartext aus 19 Buchstaben an, und finden Sie einen Schlüssel, der diesen Klartext in obigen Geheimtext überführt.

13. Die Nachricht 010101 wurde mit einem One-Time-Pad zum Geheimtext 101010 verschlüsselt. Wie lautet der Schlüssel?

14. Wie viele verschiedene lineare Schieberegister der Länge n gibt es?

15. Konstruieren Sie lineare Schieberegister der Längen 3, 5 und 6 mit maximalen Perioden.

16. Kann die Folge 00001000 von einem linearen Schieberegister der Länge 4 erzeugt worden sein?

17. Die Outputfolge 0000100011 wurde von einem linearen Schieberegister der Länge 5 erzeugt. Rekonstruieren Sie das Schiebregister.

18. Berechnen Sie für $p = 23$ und $q = 37$ einen privaten und einen öffentlichen RSA-Schlüssel und verschlüsseln Sie damit die Nachricht $m = 537$.

19. Die Buchstaben A, B, C, ..., Z seien durch die Zahlen 1, 2, 3, ..., 26 codiert. Verwenden Sie den RSA-Algorithmus mit den Werten $p = 3$, $q = 11$ und $e = 3$ und

    (a) verschlüsseln Sie die Nachricht „MATHEMATIK",

    (b) entschlüsseln Sie den Geheimtext 13 21 14.

20. Sei p eine Primzahl. Zeigen Sie, dass die folgenden Binomialzahlen (siehe Abschn. 4.2) durch p teilbar sind:

$$\binom{p}{1}, \binom{p}{2}, \ldots \binom{p}{p-1}.$$

21. (a) Wie viele Multiplikationen braucht man, um m^{16} auszurechnen? [*Hinweis:* Beachten Sie, dass $m^{16} = (((m^2)^2)^2)^2$ gilt.]

    (b) Wie viele Multiplikationen braucht man, um m^{21} auszurechnen?

    (c) Formulieren Sie einen schnellen Algorithmus zur Berechnung von m^d. [*Hinweis:* Benutzen Sie die Binärdarstellung von d.] Dieser Algorithmus heißt **Square-and-Multiply-Algorithmus**.

22. Können Sie den RSA-Modul $n = 14.803$ faktorisieren, wenn Sie wissen, dass $\varphi(n) = 14.560$ ist?

▷ **Didaktische Anmerkungen** Insbesondere die klassische Kryptographie eignet sich gut für eine Projektwoche in der 5. bis 7. Klasse. Auch eine Arbeitsgemeinschaft für mathematisch interessierte Schülerinnen und Schüler kann sich ergiebig ein Halbjahr lang mit diesem Thema beschäftigen. Für diese Zielgruppe hat sich als Grundlage, ergänzend zu Abschn. 7.1 dieses Buches, das Mathe-Welt-Heft „Geheimsprachen" der Zeitschrift „Mathematik lehren" vom Oktober 1995 aus dem Friedrich-Verlag bewährt.

Der Einstieg kann spielerisch und ohne viel Formalismus gestaltet werden. Obwohl es für die Schülerinnen und Schüler zunächst gar nicht wie Mathematik aussieht, erfahren sie die Kraft genauen Denkens. Hier können sie „echte" Probleme lösen, die sie interessieren. Ihre große Motivation zeigt sich oft in ihrer Ausdauer beim Knacken von Geheimcodes.

In der Einstiegsphase kann man an das vielfältige Vorwissen der Schülerinnen und Schüler aus dem Bereich der Geheimsprachen anknüpfen. Dies ist allerdings oft unstrukturiert und es sind Fehlvorstellungen vorhanden („komplizierte Zeichen bringen Sicherheit", „jeder Code ist mit einem Supercomputer knackbar", …). Auch bringen sie im Allgemeinen nur wenig Wissen über moderne Anwendungen mit.

Es gibt viele Möglichkeiten für aktive, spielerische Schülerhandlungen und die Unterrichtsmethoden können abwechslungsreich gestaltet werden:

- Gruppenarbeiten (z. B. Aufteilen der umfangreichen Entschlüsselungsarbeit),
- Präsentationen (z. B. von unterschiedlichen Codes auf einer Wandzeitung),
- Basteln (Cäsar-Scheiben, Skytala, Schablonen, Geheimtinte, …),
- PC-Arbeit (monoalphabetische Codes knacken, Enigma-Simulator, eigene Bilder verschlüsseln, Webseiten wie www.blinde-kuh.de/geheim/ oder Lernsequenzen unter www.matheprisma.de, …),
- Filme, Literatur, …

Es bieten sich zahlreiche Möglichkeiten für fächerübergreifenden Unterricht, zum Beispiel eine Zusammenarbeit mit den Fächern

- Geschichte (Cäsar, Skytala, Enigma, Hieroglyphen),
- Politik & Wirtschaft (Datenschutzproblematik, Signaturgesetz, Exportbeschränkungen für starke Kryptographie),
- Deutsch/Englisch („Bi-Sprache" von J. Ringelnatz, „Maria Stuart" von F. Schiller, „Der Goldkäfer" von E. A. Poe, „Sherlock Holmes: Die tanzenden Männchen" von A. C. Doyle, „Christian und die Zahlenkünstler" von A. Beutelspacher, ...).

Mathematik bekommt auf diese Weise einen historischen, sozialen und literarischen und aktuellen Kontext.

Den Bezug zu den modernen Anwendungen stellt die Informatik her: Bezahlen im Internet, Verschlüsselung von E-Mails und Handy-Gesprächen, Codierung von TV-Programmen sind aktuelle Themen aus der Lebenswelt der Schüler. Im Rahmen der Einheit „Internet" im Informatikunterricht der Einführungsphase E1 der Oberstufe können viele Grundlagen der Kryptographie angesprochen werden.

Für eine tiefergehende Betrachtung des Themas bietet sich das Wahlthema „Kryptographie" im Informatikunterricht in der Qualifikationsphase Q4 an. Hier kann das gesamte Kapitel bis hin zur Public-Key-Kryptographie behandelt werden. So erleben die Schülerinnen und Schüler ein Stück Mathematik der Gegenwart, Mathematik, die von noch lebenden Menschen gemacht wird. Themen sind hier beispielsweise: Modulo-Rechnung, Primzahlen, euklidischer Algorithmus, Satz von Euler, Prinzip der Public-Key-Kryptographie, RSA-Algorithmus, schnelle Berechnung von Potenzen, diskrete Exponentialfunktion, Diffie-Hellman-Schlüsselaustausch. Bezugnehmend auf andere Themengebiete der Informatik können verschiedene Kryptoalgorithmen programmiert werden (Langzahlarithmetik) und Probleme der Berechenbarkeit und der Komplexität von Algorithmen können vertieft werden.

Literatur

Beutelspacher, A.: Geheimsprachen. Geschichte und Techniken, 4. Aufl. Verlag C. H. Beck, München (2005)

Beutelspacher, A.: Kryptologie, 9. Aufl. Verlag Vieweg+Teubner, Wiesbaden (2009)

Beutelspacher, A., Schwenk, J., Wolfenstetter, K.-D.: Moderne Verfahren der Kryptographie, 7. Aufl. Verlag Vieweg+Teubner, Wiesbaden (2010)

Diffie, W.: The First Ten Years of Public-Key-Cryptography. In: Simmons, G. (Hrsg.) Contemporary Cryptology. The Science of Information Integrity. IEEE Press, New York (1992)

Kahn, D.: The Codebreakers. MacMillan, New York (1967)

Kippenhahn, R.: Verschlüsselte Botschaften. Geheimschrift, Enigma und Chipkarte. Rowohlt, Reinbeck (1999)

Klein, A.: Visuelle Kryptographie. Springer, Berlin und Heidelberg (2007)

Naor, M., Shamir, A.: Visual Cryptography. Advances in Cryptology – Eurocrypt '94. LNCS 950. Springer-Verlag, Berlin und Heidelberg (1995)

Singh, S.: Geheime Botschaften. Deutscher Taschenbuch Verlag, München (2001)

Welschenbach, M.: Kryptographie in C und C++, 2. Aufl. Springer, Berlin und Heidelberg (2001)

Graphentheorie

Graphentheorie ist ein Gebiet, das in faszinierender Weise Anwendungen und Theorie, Anschaulichkeit und trickreiche Methoden, Geschichte und Gegenwart miteinander verbindet und sich zu einem zentralen Thema der diskreten Mathematik entwickelt hat. In diesem Kapitel behandeln wir ungerichtete Graphen, während wir im folgenden Kapitel gerichtete Graphen und Netzwerke studieren.

8.1 Grundlagen

Ein **Graph** besteht aus **Ecken** (manchmal auch **Knoten** genannt) und **Kanten**; dabei verbindet jede Kante genau zwei Ecken. Je zwei Ecken können also durch keine, eine oder mehr als eine Kante verbunden sein. Abbildung 8.1 zeigt zwei Graphen.

Wir werden einen Graphen oft mit G bezeichnen. Wenn wir die Eckenmenge E oder die Kantenmenge K betonen wollen, so schreiben wir auch $G(E, K)$; ansonsten heißt ein Graph einfach G. Wenn eine Ecke e an eine Kante k angrenzt, sagen wir auch, dass e mit k **inzidiert**.

Graphen sind ein hervorragendes Mittel, um Anwendungen zu modellieren. Wir nennen einige Anwendungen.

(a) *Straßennetze:* Hier sind die Knoten die Straßenkreuzungen und die Kanten die verbindenden Straßen. Solche Graphen werden benutzt, um Verkehrsflüsse zu simulieren und zu optimieren.

(b) *Städteverbindungen:* Die Ecken sind gewisse Städte, die Kanten gewisse Verkehrsverbindungen. Eine typische (und außerordentlich schwere) Frage ist, wie man durch solche Städte eine optimale Rundtour (das ist eine Rundreise kürzester Länge) finden kann („Travelling Salesman Problem").

(c) *Chemische Moleküle (Strukturformeln):* Die Ecken sind die Atome (oder Radikalgruppen), die Kanten die Verbindungen. Eine wichtige Frage, die zur Ent-

A. Beutelspacher und M.-A. Zschiegner, *Diskrete Mathematik für Einsteiger*,
DOI 10.1007/978-3-658-05781-7_8, © Springer Fachmedien Wiesbaden 2014

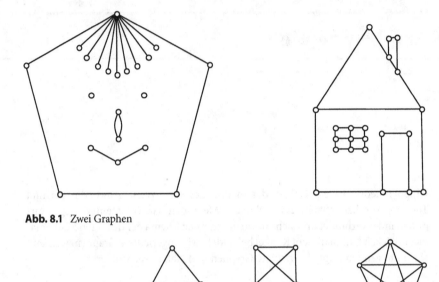

Abb. 8.1 Zwei Graphen

Abb. 8.2 Die vollständigen Graphen $K_1, \ldots, K_5$

wicklung der Graphentheorie entscheidend beigetragen hat, ist: Gegeben ist eine Summenformel, zum Beispiel $C_n H_{2n+1} OH$, wie viele verschiedene Strukturformeln gibt es dazu?

(d) *Elektrische Netzwerke:* Die Ecken sind die elektrischen Objekte (Widerstand, Transistor, Spule, ...), die Kanten die Verbindungen dazwischen.

Sie sehen: Schon diese wenigen Beispiele zeigen, dass Graphen ein wunderbares Hilfsmittel sind, Beziehungen darzustellen. Wir werden in diesem Kapitel einige wichtige Begriffe und Sätze der Graphentheorie kennen lernen.

Bevor wir weitergehen, führen wir einige wichtige Klassen von Graphen ein. Ein Graph heißt **vollständig**, wenn jede Ecke mit jeder anderen durch genau eine Kante verbunden ist (Abb. 8.2). Das heißt, bei einem vollständigen Graphen sind je zwei Ecken verbunden, aber nur durch eine Kante. Der vollständige Graph mit n Ecken wird mit K_n bezeichnet.

Ein Graph heißt **bipartit**, wenn man seine Ecken so in zwei Klassen einteilen kann, dass jede Kante von einer Klasse zur anderen führt. Mit anderen Worten: Ein Graph ist bipartit, wenn man seine Ecken so schwarz und weiß färben kann, dass

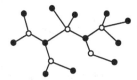

Abb. 8.3 Bipartite Graphen

Abb. 8.4 Die vollständig bipartiten Graphen $K_{2,2}$, $K_{2,3}$ und $K_{3,3}$

jede Kante eine schwarze und eine weiße Ecke verbindet (Abb. 8.3). Wenn man die beiden Klassen E_1 und E_2 der Ecken eines bipartiten Graphen besonders herausheben möchte, spricht man von einer **Bipartition** $\{E_1, E_2\}$.

Ein bipartiter Graph mit Bipartition $\{E_1, E_2\}$ heißt **vollständig bipartit**, wenn jede Ecke von E_1 mit jeder Ecke von E_2 durch genau eine Kante verbunden ist. Wenn E_1 genau m und E_2 genau n Ecken hat, bezeichnet man den vollständig bipartiten Graphen mit Bipartition $\{E_1, E_2\}$ auch mit $K_{m,n}$. In Abb. 8.4 sind einige vollständige bipartite Graphen zu sehen.

Die vollständigen und die vollständig bipartiten Graphen sind ganz spezielle, besonders reguläre Graphen. Im Allgemeinen sind Graphen ziemlich „wilde" und unregelmäßige Strukturen.

Zwei grundlegende Konzepte, die für die weiteren Untersuchungen wichtig sind, sind die Begriffe „zusammenhängend" und „Grad einer Ecke".

Ein Graph ist *zusammenhängend*, wenn man von jeder Ecke zu jeder anderen über eine Folge von Kanten kommen kann. Das bedeutet: Ein Graph ist zusammenhängend, wenn er nicht in mehrere Teile „zerfällt".

Wir präzisieren diese anschauliche Vorstellung und nützen die Gelegenheit, einige Begriffe einzuführen. Ein **Kantenzug** eines Graphen G ist eine Folge $k_1, k_2, \ldots,$ k_s von Kanten, zu denen es Ecken $e_0, e_1, e_2, \ldots, e_s$ gibt, so dass

k_1 die Ecken e_0 und e_1 verbindet,

k_2 die Ecken e_1 und e_2 verbindet,

...,

k_s die Ecken e_{s-1} und e_s verbindet.

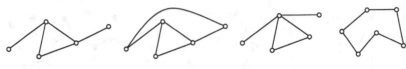

Abb. 8.5 Kantenzug, geschlossener Kantenzug, Weg, Kreis

Abb. 8.6 Ecken mit Gra-
den 0, 1, 2 bzw. 3

Wir sagen auch, dass der Kantenzug die Ecken e_0 und e_s **verbindet**.

Man beachte, dass weder die Kanten $k_1, k_2, \ldots, k_s$ noch die Ecken $e_0, e_1, e_2, \ldots,$ e_s verschieden sein müssen!

Ein Kantenzug heißt **geschlossen**, wenn $e_s = e_0$ ist. Ein Kantenzug heißt ein **Weg**, falls alle Kanten verschieden sind; ein geschlossener Kantenzug heißt ein **Kreis**, falls seine Kanten alle verschieden sind. Versuchen Sie, die Darstellungen in Abb. 8.5 als Kantenzug, geschossnen Kantenzug, Weg und Kreis zu deuten. Die **Länge** eines Kreises ist die Anzahl seiner Kanten (oder Ecken). Üblicherweise betrachten wir nur Kreise, die eine Länge > 1 haben, also aus mindestens zwei Kanten bestehen.

Ein Graph heißt **zusammenhängend**, wenn je zwei Ecken durch einen Kantenzug verbunden werden können.

Zum *Beispiel* sind die beiden Graphen aus Abb. 8.1 nicht zusammenhängend.

Der **Grad** einer Ecke ist die Anzahl der Kanten, die von dieser Ecke ausgehen (siehe Abb. 8.6).

Zum *Beispiel* ist der Grad einer Ecke gleich 0, falls von ihr keine Kante ausgeht; man spricht dann auch von einer **isolierten Ecke**.

In dem vollständigen Graphen K_n hat jede Ecke den Grad $n - 1$, da sie mit jeder der $n - 1$ anderen Ecken durch genau eine Kante verbunden ist.

Im Allgemeinen haben aber die Ecken eines Graphen verschiedene Grade, wie etwa das Beispiel aus Abb. 8.6 zeigt.

8.2   Das Königsberger Brückenproblem

Im Jahre 1736 wurde dem Mathematiker Leonhard Euler (1707–1783), der damals am Hof von St. Petersburg beschäftigt war, folgendes Problem gestellt.

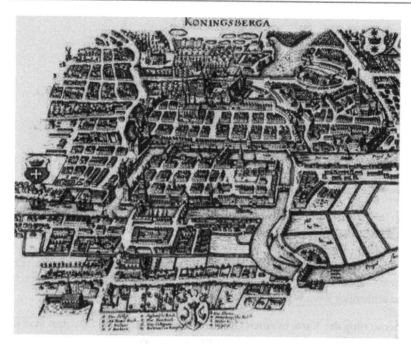

Abb. 8.7 Stadtplan von Königsberg

Durch die Stadt Königsberg fließt ein Fluss, die Pregel. Diese teilt sich an einer Stelle und umfließt zwei Inseln. Diese sind untereinander und mit den Ufern durch insgesamt sieben Brücken verbunden: die linke Insel ist durch jeweils zwei Brücken mit dem nördlichen und südlichen Ufer verbunden, während von der rechten Insel nur jeweils eine Brücke nach Norden und Süden führt; eine weitere Brücke verbindet die beiden Inseln (siehe Abb. 8.7).

Die Frage war: *Ist es möglich, einen Spaziergang so zu organisieren, dass man dabei jede Brücke genau einmal überquert?*

Offenbar ist das Problem so schwierig, dass man glaubte, einen der berühmtesten Mathematiker damit beschäftigen zu können. Das ist einsichtig; denn man kann hier beliebig lang probieren, verliert den Überblick und weiß letztlich nicht, was man schon überprüft hat und was nicht. Die Mathematik hilft hier, da sie alle diese unübersehbar vielen Fälle auf einen Schlag lösen kann. Euler hat dieses Problem nicht nur gelöst, sondern eine neue mathematische Disziplin gegründet, die Graphentheorie. Historisch interessant ist dabei, dass Euler in seiner Abhandlung

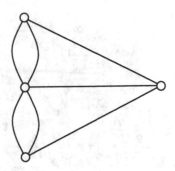

Abb. 8.8 Graph des Königsberger Brückenproblems

gar keine Graphen benutzt, sondern ausschließlich in der Sprache der Inseln, Gebiete und Brücken argumentiert.

Wir gehen dabei so vor: Zunächst abstrahieren („modellieren") wir die Karte zu einem Graphen, dann formulieren wir das Problem in graphentheoretische Sprache und schließlich lösen wir das Problem.

Übersetzung der Karte in einen Graphen Dies geschieht dadurch, dass man jedem Landteil (also den beiden Ufern und den beiden Inseln) eine Ecke zuordnet und jede Brücke mit einer Kante identifiziert. Man erhält so den Graphen aus Abb. 8.8.

Übersetzung des Problems Sei G ein Graph. Ein Kreis von G heißt ein **eulerscher Kreis**, wenn in ihm jede Kante von G genau einmal vorkommt.

Ein Graph heißt **eulersch**, wenn er einen eulerschen Kreis enthält.

Mit anderen Worten: Ein Graph ist eulersch, wenn man seine Kanten in einem Zug zeichnen kann und am Ende wieder am Ausgangspunkt anlangt.

In Abb. 8.9 wird gezeigt, dass der vollständige Graph K_5 eulersch ist.

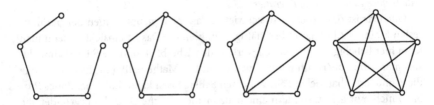

Abb. 8.9 K_5 ist eulersch

Offenbar entspricht ein eulerscher Kreis einem Spaziergang, der jede Brücke genau einmal überquert und bei dem man zum Ausgangspunkt zurückkehrt. Die Frage ist also: Ist der Graph des Königsberger Brückenproblems eulersch? Darauf gibt der Satz von Euler eine Antwort.

8.2.1 Satz (Euler 1736)

Wenn ein Graph G eulersch ist, dann hat jede Ecke von G geraden Grad. Mit anderen Worten: Wenn G eine Ecke ungeraden Grades hat, dann ist G nicht eulersch.

Wir wenden den Satz an: Der Graph des Königsberger Brückenproblems hat Ecken vom Grad 3, 3, 3, 5. Also ist er *nicht* eulersch. Damit hatte Euler das Problem gelöst: Ein Spaziergang wie gefordert ist nicht möglich!

Ein weiteres Beispiel ist der vollständige Graph K_6. In ihm hat jede Ecke Grad 5; also ist auch K_6 nicht eulersch.

Wir *beweisen* den Satz von Euler. Dazu betrachten wir eine beliebige Ecke e. Wir müssen zeigen, dass die Anzahl der Ecken, die an e angrenzen, gerade ist. Der Grad kann auch bei verschiedenen Ecken sehr wohl unterschiedlich sein, wir müssen nur zeigen, dass der Grad jeder Ecke eine gerade Zahl ist.

Dazu stellen wir folgende Überlegung an. Der eulersche Kreis durchquert die Ecke e einige Male, wir wissen nicht wie oft, aber eine gewisse Anzahl a ist es. Die Zahl a gibt also die Anzahl der Durchgänge des eulerschen Kreises durch e an. Wir behaupten: Dann ist der Grad der Ecke e gleich $2a$, also eine gerade Zahl.

Dies ergibt sich so: Bei jedem Durchgang durch e „verbraucht" der eulersche Kreis zwei Kanten; in a Durchgängen werden also $2a$ Kanten erfasst. Da keine Kante zweimal benutzt werden darf, ist der Grad der Ecke e also mindestens gleich $2a$. Der Grad kann aber auch nicht größer sein, da jede Kante, also insbesondere jede Kante, die an e angrenzt, in dem eulerschen Kreis mindestens einmal vorkommen muss.

Damit ist der Grad von e wirklich gleich $2a$, und der Satz ist bewiesen. $\square$

Euler erwähnt auch die Umkehrung dieses Satzes, die er allerdings nicht bewies:

8.2.2 Satz

> Wenn in einem zusammenhängenden Graphen G jede Ecke geraden Grad
> hat, dann ist G eulersch.

Beweis durch Induktion nach der Anzahl m der Kanten.

Induktionsbasis Wenn G keine Kante hat, ist G eulersch (mit trivialem eulerschen
Kreis). Da jede Ecke von G geraden Grad hat und jede Kante zwei verschiedene
Ecken verbindet, kann G nicht nur eine Kante besitzen. Wenn G genau zwei Kanten
hat, müssen diese, da G zusammenhängend ist, zwei Ecken miteinander verbinden,
und auch in diesem Fall sieht man unmittelbar, dass G eulersch ist.

Induktionsschritt Die Anzahl m der Kanten von G sei nun mindestens 2, und die
Aussage sei richtig für alle Graphen mit weniger als m Kanten.
  Da G zusammenhängend ist und jede Ecke geraden Grad hat, hat jede Ecke mindestens den Grad 2. Also (siehe Übungsaufgabe 5) gibt es einen Kreis in G.
  Wir betrachten einen Kreis C maximaler Länge in G und behaupten, dass dies
ein eulerscher Kreis ist.
  Angenommen, C wäre kein eulerscher Kreis. Dann entfernen wir die Kanten von
C von G. Übrig bleibt ein (eventuell nichtzusammenhängender) Graph G^*, in dem
jede Ecke geraden Grad hat (eventuell 0). Nach Induktionsannahme gäbe es dann
in einer Zusammenhangskomponente einen eulerschen Kreis. Diesen könnten wir
mit C vereinigen, wodurch wir einen größeren Kreis erhalten würden.
  Dieser Widerspruch zur Maximalität von C zeigt, dass C in Wirklichkeit ein
eulerscher Kreis ist.   □

  Aus obigem Satz folgt zum *Beispiel*, dass jeder vollständige Graph K_n mit ungerader Eckenzahl n (also $K_3, K_5, K_7, \ldots$) eulersch ist. Denn jede Ecke von K_n hat den
Grad $n - 1$; und wenn n ungerade ist, ist $n - 1$ gerade.

Bemerkung Man kann diesen Satz auch algorithmisch fassen (zum Beispiel mit
dem Algorithmus von Hierholzer, siehe Jungnickel 1994).

Sei G ein Graph. Ein Weg, der kein Kreis ist, heißt eine **offene eulersche Linie** von G, wenn jede Kante darin (genau) einmal vorkommt.

Offenbar kann ein Graph genau dann „in einem Zug" gezeichnet werden, wenn er einen eulerschen Kreis oder eine offene eulersche Linie besitzt.

8.2.3 Satz

Wenn ein Graph eine offene eulersche Linie besitzt, dann hat er genau zwei Ecken ungeraden Grades.

Hiervon gilt auch die Umkehrung.

8.2.4 Satz

In jedem zusammenhängenden Graph gilt: Wenn es genau zwei Ecken ungeraden Grades gibt, dann hat der Graph eine offene eulersche Linie.

Der Beweis beider Sätze beruht auf demselben Trick.

Beweis von Satz 8.2.3. Wir führen die Aussage auf Satz 8.2.1 zurück. Sei G ein Graph, der eine offene eulersche Linie besitzt. Diese beginnt an einer Ecke e_1 und endet an einer anderen Ecke e_n.

Trick Wir führen künstlich (und nur für kurze Zeit) eine zusätzliche Kante k^* ein, die e_1 mit e_n verbindet. Den so erhaltenen Graphen nennen wir G^*; G^* hat der Graph G nur die Kante k^* voraus.

Wenn wir an die offene eulersche Linie die Kante k^* anhängen, erhalten wir einen eulerschen Kreis von G^*. Nun können wir Satz 8.2.1 anwenden und erhalten, dass jede Ecke von G^* geraden Grad hat.

Daraus schließen wir, dass jede Ecke von G, die keine Ecke von k^* ist, auch geraden Grad hat. Außerdem folgt, dass die Ecken e_1 und e_n in G ungeraden Grad haben (denn in G^* hatten sie geraden Grad, und die Kante k^* ist entfernt worden).

Also sind e_1 und e_n die einzigen Ecken ungeraden Grades in G. □

Abb. 8.10 Das Haus vom
Nikolaus

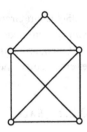

Beweis von Satz 8.2.4. Wir führen die Aussage auf Satz 8.2.2 zurück. Sei G ein zusammenhängender Graph, der genau zwei Ecken e_1 und e_n ungeraden Grades hat.

Trick Wir führen künstlich eine zusätzliche Kante k^* ein, die e_1 mit e_n verbindet.

Sei G^* der so erhaltene Graph. Da er nur Ecken geraden Grades hat und zusammenhängend ist, können wir Satz 8.2.2 anwenden und erhalten einen eulerschen Kreis von G^*.

In diesem eulerschen Kreis muss irgendwo die Kante k^* vorkommen; sei $k_1, k_2,$ $\dots, k_s, k^*, k_{s+2}, \dots, k_m$ der eulersche Kreis. Dann ist $k_{s+2}, \dots, k_m, k_1, k_2, \dots, k_s$ eine offene eulersche Linie von G. Also besitzt G eine offene eulersche Linie. $\qquad\square$

Aus den beiden Beweisen können wir außerdem die folgende Tatsache entnehmen: *In der Situation von Satz 8.2.3 oder 8.2.4 beginnt jede offene eulersche Linie an einer Ecke ungeraden Grades und endet an der anderen.*

Beispiele

(a) Der Graph des Königsberger Brückenproblems hat vier Ecken ungeraden Grades; also enthält er auch keine offene eulersche Linie. Das bedeutet, dass man auch keinen Spaziergang durch Königsberg machen kann, auf dem man jede der sieben Brücken genau einmal überquert – selbst wenn man in Kauf nimmt, dass der Spaziergang an einer anderen Stelle endet als an der, an der er begonnen wurde.

(b) Der Graph aus Abb. 8.10 (das „Haus vom Nikolaus") enthält eine offene eulersche Linie, die bei einer der unteren Ecken beginnt und bei der anderen endet.

8.3 Bäume

Zu den für die Anwendungen wichtigsten Typen von Graphen gehören die Bäume. Zunächst definieren wir, was wir in der Graphentheorie unter einem Baum verstehen. Als Beispiel können wir uns einen Stammbaum vorstellen.

Ein **Baum** ist ein Graph, der zusammenhängend ist und keinen Kreis (einer Länge > 0) enthält.

Beispiele Abbildung 8.11 zeigt alle Bäume mit höchstens fünf Ecken.

Bäume eignen sich hervorragend, um Sortierungsprozesse übersichtlich darzustellen.

Bäume im Sinne der Graphentheorie kommen, auch im Mathematikunterricht, häufig als „Baumdiagramme" vor. Als *Beispiel* betrachten wir das *Problem der falschen Münze*. Gegeben sind fünf Münzen 0, 1, 2, 3, 4. Wir wissen: Die Münze 0 ist garantiert echt, während vielleicht eine der Münzen 1, 2, 3, 4 falsch ist, in dem Sinne, dass sie leichter oder schwerer als die anderen ist. Kann man mit zwei Wägungen mit einer Balkenwaage herausfinden, welche Aussage gilt?

Man wiegt zuerst 0 und 1 gegen 2 und 3. Wenn die Waage Gleichgewicht anzeigt, sind die vier Münzen 0, 1, 2, 3 echt. Die Münze 4 könnte falsch sein; das kann man mit einer Wägung 0 gegen 4 herausfinden.

Wenn die Waage nicht im Gleichgewicht ist, dann ist es in einem Fall so, dass die Seite mit 0 und 1 leichter ist als die Seite mit 2 und 3. Das bedeutet, dass entweder 1 leichter oder eine der beiden Münzen 2, 3 schwerer ist. Nun wägt man 2 gegen 3. Wenn hier Gleichheit auftritt, ist 1 die leichtere Münze. Wenn 2 schwerer als 3 ist, ist 2 die schwerere Münze, sonst ist 3 die schwerere Münze.

Auch im anderen Fall kann man durch direkten Vergleich der Münzen 2 und 3 das Problem entscheiden.

Der Baum aus Abb. 8.12 zeigt die Prozedur übersichtlich.

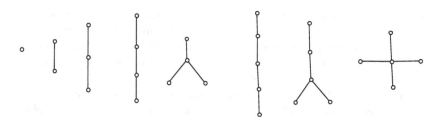

Abb. 8.11 Alle Bäume mit höchstens fünf Ecken

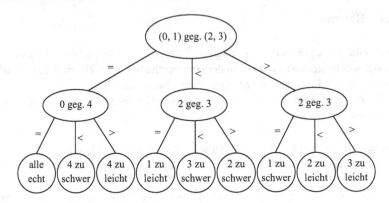

Abb. 8.12 Das Problem der falschen Münze

Aus der Definition eines Baumes ergibt sich sofort, dass in einem Baum je zwei Ecken durch höchstens eine Kante verbunden sind.

Wir betrachten nur Bäume, die eine endliche Anzahl von Ecken haben.

Wir werden feststellen, dass jeder Baum mindestens eine „Endecke" hat; dabei ist eine **Endecke** eine Ecke vom Grad 1.

8.3.1 Hilfssatz

Jeder Baum mit mindestens zwei Ecken hat mindestens eine Endecke.

Beweis Sei G ein Baum mit mindestens zwei Ecken. Wir starten mit einer beliebigen Ecke e_0. Wir gehen von e_0 aus über eine Kante zu einer Ecke e_1. Wenn e_1 eine Endecke ist, so ist alles gut. Wenn nicht, können wir über eine neue Kante von e_1 aus zu einer Ecke e_2 gelangen. Wenn e_2 eine Endecke ist, sind wir fertig. Sonst gehen wir über eine neue Kante zu einer Ecke e_3. Usw.

Eines ist klar: Alle diese Ecken sind verschieden; denn sonst gäbe es einen Kreis. Da der Graph endlich ist, gibt es nur endlich viele Ecken, also muss obige Konstruktion einmal abbrechen. Die Ecke, an der es nicht weitergeht, ist eine Endecke. □

8.3.2 Satz

Sei G ein Baum mit n Ecken und m Kanten. Dann gilt $m = n-1$.

Beweis durch Induktion nach der Anzahl n der Ecken.

Sei zunächst $n = 1$. Dann besteht G nur aus einer Ecke und keiner Kante; also ist $m = 0$ und somit $m = n - 1$, und die Formel gilt.

Nun kommt der Induktionsschritt: Sei $n \geq 1$, und sei die Behauptung richtig für alle Bäume mit n Ecken. Wir müssen zeigen, dass sie auch für alle Bäume mit $n + 1$ Ecken gilt, das heißt, dass jeder solche Graph genau n Kanten hat.

Sei also G ein Baum mit $n + 1$ Ecken. Nach dem Hilfssatz 8.3.1 hat G eine End-ecke e^*. Wir entfernen nun die Ecke e^* und die mit e^* inzidierende Kante k^*. Da-durch erhalten wir wieder einen Baum G^*, der nur n Ecken hat.

Nach Induktionsannahme hat G^* also genau $n - 1$ Kanten. Da G aus G^* durch Hinzufügen der Kante k^* entsteht, hat G genau eine Kante mehr als G^*. Also hat G genau $n - 1 + 1 = n$ Kanten.

Somit gilt die Aussage für $n + 1$. Nach dem Prinzip der vollständigen Induktion gilt die Aussage also allgemein. □

Wir können diesen Satz noch wesentlich verallgemeinern:

8.3.3 Satz

Sei G ein Graph mit n Ecken und m Kanten. Wenn G zusammenhängend ist, gilt $m \geq n - 1$ mit Gleichheit genau dann, wenn G ein Baum ist.

Das bedeutet, dass die Bäume unter allen zusammenhängenden Graphen dieje-nigen mit kleinstmöglicher Kantenzahl sind.

Beweis Wir beweisen den Satz durch Induktion nach der Anzahl m der Kanten.

Sei zunächst $m = 0$. Dann besteht G nur aus einer Ecke, und die Behauptung gilt.

Sei nun $m \geq 0$, und sei die Aussage richtig für alle Graphen mit m Kanten. Sei G ein zusammenhängender Graph mit $m + 1$ Kanten und n Ecken. Wir müssen zeigen, dass $m + 1 \geq n - 1$ ist mit Gleichheit genau dann, wenn G ein Baum ist.

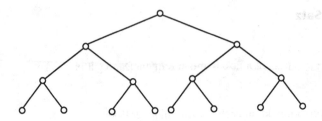

Abb. 8.13 Ein binärer Baum

Dazu unterscheiden wir zwei Fälle:

1. Fall: G ist ein Baum. Dann gilt nach Satz 8.3.2 sogar $m + 1 = n - 1$.

2. Fall: G ist kein Baum. Wir müssen zeigen, dass $m + 1 > n - 1$ gilt.

Da G kein Baum ist, besitzt G einen Kreis. Wir entfernen eine Kante k^* aus diesem Kreis und erhalten einen Graphen G^*, der eine Kante weniger, aber gleich viele Ecken wie G hat. Dieser Graph G^* ist zusammenhängend (denn in jedem Weg kann k^* – wenn diese Kante überhaupt vorkommt – durch den Rest des Kreises ersetzt werden). Also gilt nach Induktion

$$m = \text{Anzahl der Kanten von } G^* \geq \text{Anzahl der Ecken von } G^* - 1 = n - 1.$$

Also gilt $m + 1 \geq n > n - 1$. Damit gilt die Aussage auch für $m + 1$. Nach dem Prinzip der vollständigen Induktion gilt die Aussage also allgemein.   □

Bäume sind in der Graphentheorie vor allem deswegen wichtig, weil sie die „minimalen zusammenhängenden" Graphen sind. Zum Beispiel gilt: Wenn man aus einem Baum eine Kante entfernt, entsteht ein nichtzusammenhängender Graph. Es gilt auch die Umkehrung, das heißt, diese Eigenschaft charakterisiert die Bäume.

Ein **binärer Baum** hat eine spezielle Ecke, die **Wurzel** des Baumes, von der höchstens zwei Kanten ausgehen, während jede andere Ecke entweder den Grad 3 oder den Grad 1 hat (siehe Abb. 8.13). Üblicherweise zeichnet man die Bäume so, dass die Wurzel oben ist. (Diese Mathematiker!)

Man nennt die Ecken vom Grad 1 die **Blätter** des Baumes. Die Länge eines längsten Weges, wobei die Wurzel eine Endecke ist, nennt man die **Höhe** des Baumes.

Der folgende Satz stellt einen Zusammenhang zwischen der Höhe und der Anzahl der Blätter eines binären Baumes her. Dabei steht ld für den Logarithmus zur Basis 2 („Logarithmus dualis"), und die **Gaußklammer** [x] gibt die kleinste ganze Zahl an, die größer als x ist. So ist beispielsweise [3,14] = 4.

8.3.4 Satz

(a) Sei G ein binärer Baum der Höhe h. Dann hat G höchstens 2^h Blätter.
(b) Ein binärer Baum mit b Blättern hat mindestens die Höhe $[\mathrm{ld}(b)]$.

Beweis (a) Induktion nach h. Ein binärer Baum der Höhe 0 besteht nur aus der Wurzel, hat also genau 1 $(= 2^0)$ Blatt.

Sei nun $h > 0$, und sei die Aussage richtig für $h - 1$. Sei G ein binärer Baum der Höhe h. Wir entfernen alle Blätter aus G und erhalten einen binären Baum G^* der Höhe $h - 1$. Nach Induktion hat dieser höchstens 2^{h-1} Blätter.

Beim Übergang zu G entstehen aus jedem Blatt von G^* ein oder zwei Blätter von G. Daher hat G höchstens doppelt so viele Blätter wie G^*, also höchstens $2^{h-1} \cdot 2 = 2^h$.

(b) Nach (a) gilt $b \le 2^h$, und das bedeutet $\mathrm{ld}(b) \le h$.   □

8.4 Planare Graphen

Wir nennen einen Graph **planar**, falls er „ohne Überschneidungen" in der Ebene gezeichnet ist, also so, dass sich zwei Kanten höchstens in einer Ecke schneiden.

Beispiele Die beiden Graphen aus Abb. 8.14 sind planar.

Bemerkung Den rechten Graphen in Abb. 8.14 können wir uns durch eine Projektion aus einem Würfel hervorgegangen denken. Allgemein können konvexe Polyeder

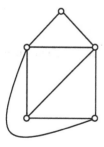
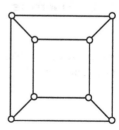

Abb. 8.14 Zwei planare Graphen

Abb. 8.15 Ein plättbarer
Graph

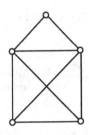

stets auf einen planaren Graphen projiziert werden. Diesem direkten Zusammenhang von konvexen Polyedern und planaren Graphen hat die „Eulersche Polyederformel", die wir als nächstes beweisen wollen, ihren Namen zu verdanken.

Ein wichtiger Begriff ist der des plättbaren Graphen. Ein Graph ist **plättbar**,
wenn er überschneidungsfrei in die Ebene gezeichnet werden *kann*.

Beispiel Das Haus vom Nikolaus (Abb. 8.15) ist plättbar, da man es zum Beispiel
wie in Abb. 8.14 links überschneidungsfrei zeichnen kann.

Wir beobachten, dass jeder planare Graph die Ebene in **Gebiete** zerlegt. Wir
bezeichnen die Anzahl der Gebiete mit g. Es gibt stets mindestens ein Gebiet, das
„äußere" Gebiet. Das heißt, es gilt stets $g \geq 1$.

Beispiele

(a) Ein in die Ebene eingebettetes Dreieck zerlegt die Ebene in 2 Gebiete.
(b) Für die in Abb. 8.14 dargestellten Graphen gilt $g = 5$ bzw. $g = 6$.
(c) Bäume haben nur ein Außengebiet, das heißt, für sie gilt $g = 1$.

8.4.1   Die Eulersche Polyederformel

Sei G ein zusammenhängender planarer Graph mit n Ecken, m Kanten und
g Gebieten. Dann gilt:
$$n - m + g = 2.$$

Beweis durch Induktion nach der Anzahl g der Gebiete.

Sei zunächst $g = 1$. Dann hat G keine Kreise, also ist G ein Baum. Nach Satz 8.3.3 gilt daher $n = m + 1$, das heißt

$$n - m + g = (m + 1) - m + 1 = 2.$$

Sei nun $g \geq 1$, und sei die Aussage richtig für g. Wir zeigen, dass sie auch für $g + 1$ gilt.

Sei G ein planarer zusammenhängender Graph mit $g + 1$ Gebieten. Da $g + 1 > 1$ ist, ist G kein Baum. Also gibt es einen Kreis in G.

Wir entfernen eine Kante k^* dieses Kreises. Da k^* an zwei Gebiete von G angrenzt, hat der neue Graph G^* ein Gebiet weniger (da zwei vereinigt wurden), also nur noch $g^* = g$ Gebiete. Also können wir auf G^* die Induktionsvoraussetzung anwenden. Da G^* genau $m - 1$ Kanten und n Ecken hat, folgt also

$$2 = n - (m - 1) + g = n - m + (g + 1).$$

Also gilt die Aussage für $g + 1$. Nach dem Prinzip der vollständigen Induktion gilt der Satz also allgemein. □

Euler hat die Polyederformel zum ersten Mal 1750 beschrieben und 1758 dazu veröffentlicht, er hatte aber keinen vollständigen, allgemeingültigen Beweis für seine Polyederformel. Der erste Beweis wurde von Adrien-Marie Legendre im Jahre 1794 geliefert. Aus der Eulerschen Polyederformel ergeben sich einige interessante Folgerungen, die wir in späteren Abschnitten anwenden werden.

8.4.2 Folgerung

Sei G ein zusammenhängender planarer Graph, in dem je zwei Ecken durch höchstens eine Kante verbunden sind. Dann gilt:

(a) Falls G mindestens drei Ecken hat, dann gilt $m \leq 3n - 6$. (Das heißt: Ein planarer Graph hat relativ wenige Kanten.)

(b) Es gibt mindestens eine Ecke vom Grad ≤ 5.

Beweis Wir machen einige trickreiche Abzählungen.

(a) Für ein Gebiet L (L wie „Land") sei $m(L)$ die Anzahl der Kanten dieses Landes. Da jedes Land mindestens drei Kanten hat, gilt

$$\sum_{L \text{ Gebiet}} m(L) \geq 3g.$$

Nun zählen wir die Paare (k, L), wobei k eine Kante, L ein Gebiet und k ein Teil der Grenze von L ist:

$$\sum_{L \text{ Gebiet}} m(L) \leq 2m.$$

Zusammen ergibt sich $2m \geq 3g$.
Schließlich setzen wir das in die Eulersche Polyederformel ein und erhalten

$$n - m + \frac{2}{3}m \geq n - m + g = 2,$$

also $m \leq 3n - 6$.

(b) Die Behauptung gilt natürlich, falls $n = 1$ oder $n = 2$ ist. Für $n \geq 3$ wenden wir (a) an und erhalten

$$\delta \cdot n \leq \sum_{e \text{ Ecke}} \text{Grad}(e) = 2m \leq 6n - 12,$$

wobei δ der kleinste Grad von G ist. Also muss $\delta \cdot n < 6n$, also $\delta < 6$ sein. $\qquad\square$

8.4.3 Folgerung

Der vollständige Graph K_5 ist nicht plättbar. Das heißt, dass er nicht überschneidungsfrei in die Ebene gezeichnet werden kann.

Beweis Wir nehmen an, dass K_5 plättbar wäre. Dann hätte er nach Satz 8.4.2 (a) höchstens $3n - 6 = 9$ Kanten. Aber K_5 hat genau $\binom{5}{2} = 10$ Kanten. Dieser Widerspruch zeigt die Behauptung. $\qquad\square$

Der folgende Satz wird oft als unterhaltungsmathematische Aufgabe verkleidet: Es gibt drei Häuser, die jeweils durch eine Leitung mit dem Gaswerk, Elektrizitätswerk und dem Wasserwerk verbunden werden müssen (siehe Abb. 8.16). Kann man dies so machen, dass sich die Leitungen nicht überkreuzen?

Abb. 8.16 Häuser und
Versorgungswerke

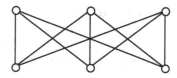

8.4.4 Folgerung

Der vollständig bipartite Graph $K_{3,3}$ ist nicht plättbar.

Beweis Angenommen, wir könnten den Graphen $K_{3,3}$ als planaren Graphen zeichnen. Dann hätte dieser $n = 6$ Ecken, $m = 9$ Kanten, und nach der Eulerschen Polyederformel könnten wir die Anzahl g der Länder ausrechnen:

$$2 = n - m + g = 6 - 9 + g,$$

also $g = 5$.

Wir brauchen noch ein anderes Argument, das wir aus dem Beweis von Satz 8.4.2 (a) entnehmen. Wir beobachten, dass jedes Gebiet des Graphen eine gerade Anzahl von Ecken haben muss, denn „Häuser" und „Versorgungswerke" wechseln sich ab. Daher hat jedes Gebiet mindestens 4 Ecken und also auch mindestens 4 Kanten. Daher gilt

$$\sum_{L \text{ Gebiet}} m(L) \geq 4g,$$

und daher $2m \geq 4g$.

In unserem Fall bedeutet dies $18 = 2m \geq 4g = 20$. Dieser Widerspruch zeigt, dass der Graph $K_{3,3}$ nicht plättbar ist. □

Bemerkung Die Graphen K_5 und $K_{3,3}$ sind nicht einfach „irgendwelche" nichtplättbaren Graphen – im Gegenteil! Man kann beweisen, dass jeder nichtplättbare Graph eine „Unterteilung" von K_5 oder $K_{3,3}$ enthalten muss. Das bedeutet, dass man jeden nichtplättbaren Graph daran erkennen kann, ob er K_5 oder $K_{3,3}$ enthält. Dies sagt der berühmte Satz von Kuratowski.

8.5 Färbungen

Ein wichtiges Gebiet der Graphentheorie sind die Färbungen. Der Ursprung ist das Vierfarbenproblem, das Mitte des 19. Jahrhunderts aufkam.

Das Vierfarbenproblem Kann man die Länder jeder beliebigen Landkarte so mit vier Farben färben, dass je zwei benachbarte Länder verschiedene Farbe haben?

Mit anderen Worten: Gegeben ist irgendeine Landkarte. Wir färben jedes Land mit irgendeiner Farbe, und zwar so, dass die Länder anhand ihrer Farbe unterscheidbar sind. Das bedeutet, dass zwei Länder, die ein Stück Grenze gemeinsam haben, verschiedene Farbe haben müssen. Länder, die sich nur in einem Punkt berühren, dürfen gleich gefärbt sein. Die Frage ist, mit wie vielen Farben man auskommt, und zwar nicht bei einer bestimmten Karte, sondern bei allen möglichen denkbaren Karten. Die *Vierfarbenvermutung* besagt, dass vier Farben in jedem Fall genügen!

Die Vierfarbenvermutung wurde zum ersten Mal von dem britischen Mathematikstudent Francis Guthrie (1831–1899) geäußert, als er eine Karte mit den zahlreichen Grafschaften von England mit vier Farben färbte. Sein Bruder Frederick Guthrie (1833–1886) erzählte es seinem Professor Augustus de Morgan (1806–1871). Am 23. Oktober 1852 schrieb dieser seinem berühmten Kollegen William Rowan Hamilton (1805–1865) in einem Brief das Folgende:

> A student of mine asked me to day to give him a reason for a fact which I did not know was a fact and do not yet. He says, that if a figure be any how divided and the compartments differently coloured so that figures with any portion of common boundary line are differently coloured – four colours may be wanted but not more.

Hamilton interessierte sich nicht sehr für dieses Problem, aber de Morgan sprach viel darüber.

Das nächste bemerkenswerte Ereignis war die Veröffentlichung der Arbeit „On the colouring of maps" von Arthur Cayley (1821–1895) in den *Proceedings of the Royal Geographical Society*. Schon im darauf folgenden Jahr wurde der Vierfarbensatz zum ersten Mal bewiesen: Im Jahre 1879 veröffentlichte Alfred Bray Kempe (1849–1922) seine Arbeit „On the geographical problem of the four colors" im *American Journal of Mathematics*. Die Sache wurde als erledigt angesehen ...

Bis etwa zehn Jahre später, 1890, Percy John Heawood (1861–1955) einen Fehler in Kempes Beweis entdeckte. Das war ihm (Heawood) außerordentlich peinlich, aber der Fehler war da. Heawood konnte immerhin noch zeigen, dass jedenfalls ein Fünffarbensatz gilt („fünf Farben reichen in jedem Fall"); siehe Satz 8.5.3.

So blieb das Problem offen zwischen vier oder fünf. Eine tragische Figur in dieser Geschichte ist der deutsche Mathematiker Heinrich Heesch (1909–1995). Er vertiefte sich jahrzehntelang in das Problem der Färbungen, er entwickelte die Methoden von Kempe subtil weiter und er kam zu dem Schluss, dass er das Problem so weit eingegrenzt hat, dass es mit Hilfe eines Rechners lösbar sein müsste. Er stellte also einen Antrag an die Deutsche Forschungsgemeinschaft – dieser wurde aber abschlägig beschieden.

Kurze Zeit später betraten die Amerikaner Kenneth Apel (geb. 1932) und Wolfgang Haken (geb. 1928) die Szene. Sie bauten auf den Arbeiten von Heesch auf, hatten Geld für einen Computer und konnten das Problem 1976 lösen. Die Phrase „four colors suffice" war eine Zeit lang auf jeden Briefumschlag der University of Illinois at Urbana gestempelt. Sie boten Heesch an, als Koautor mit aufzutreten, aber dazu war Heesch zu stolz. Jedenfalls war der Satz zum zweiten Mal bewiesen.

Der Beweis von Apel und Haken hat viel Aufsehen erregt, insbesondere weil hier zum ersten Mal beim Beweis eines Satzes der Computer essentiell eingesetzt wurde. Inzwischen ist der Satz aber nachgeprüft und akzeptiert. Dennoch hätten viele Mathematiker gerne einen schönen, kurzen Beweis, den man zum Beispiel in einer Vorlesung darstellen könnte.

Was hat dieser Satz mit Graphen zu tun? Wie beim Königsberger Brückenproblem übersetzen wir das Problem in die Sprache der Graphentheorie. Dies geschieht in zwei Schritten. Zunächst werden wir die Landkarte übersetzen, dann das Problem.

Übertragung einer Landkarte in einen Graphen Wir zeichnen in jedem Land der Landkarte einen Punkt („die Hauptstadt") aus; dies sind die *Ecken* des Graphen. Wir verbinden zwei solche Ecken durch eine *Kante*, wenn die entsprechenden Länder ein Stück Grenze gemeinsam haben.

So erhält man einen Graphen. Man kann sogar erreichen, dass dieser Graph *planar* ist: Man zeichnet die Kante direkt bis zur gemeinsamen Grenze und von da aus bis zur anderen Ecke. (Beachte, dass Kanten nicht unbedingt geradlinig sein müssen!)

Bemerkung Man spricht auch von *Modellierung*, wenn man eine außermathematische Situation durch eine mathematische Struktur beschreibt. An diesem Beispiel kann man sehr schön sehen, dass man nicht „irgendein" Modell wählt, sondern eines, das die konkrete Situation zwar abstrahiert, aber möglichst viel von der interessierenden Fragestellung „mitnimmt" (hier: die Tatsache, dass zwei Länder benachbart sind).

Übertragung des Problems Statt die Länder der Landkarte zu färben, müssen wir jetzt die Ecken der Landkarte färben. Die Länder werden so gefärbt, dass je zwei benachbarte Länder (solche, die ein Stück Grenze gemeinsam haben) verschiedene Farben haben; also müssen wir jetzt die Ecken so färben, dass je zwei benachbarte Ecken (solche, die durch eine Kante verbunden sind) verschiedene Farben haben. Und bei alledem interessieren wir uns für die kleinstmögliche Anzahl von Farben, mit der das möglich ist.

Diese Überlegungen werden in folgender Definition zusammengefasst.

Wir betrachten einen beliebigen Graphen G. Ob er planar ist oder nicht, ob er von einer Karte herkommt oder nicht, interessiert uns dabei zunächst nicht.

Eine (Ecken-)**Färbung** von G ist eine Zuordnung von „Farben" zu den Ecken, so dass keine zwei durch eine Kante verbundenen Ecken die gleiche Farbe haben. Als Farben wählen wir üblicherweise die Zahlen 1, 2, 3 ....

Die **chromatische Zahl** von G ist die kleinste natürliche Zahl n, so dass G mit n Farben gefärbt werden kann. Man bezeichnet die chromatische Zahl von G mit $\chi(G)$. (χ ist der griechische Buchstabe „chi", der Anfangsbuchstabe des Wortes „chroma", Farbe.).

Beispiele

(a) Kreise gerader Länge haben die chromatische Zahl $\chi = 2$; für Kreise ungerader Länge gilt $\chi = 3$.
(b) $\chi(K_n) = n$.

Man kann die Vierfarbenvermutung nun als Frage wie folgt formulieren: *Ist die chromatische Zahl eines jeden planaren Graphen höchstens 4?*

Zunächst wollen wir einen interessanten Satz formulieren, der für alle Graphen, also nicht nur für die planaren, gilt. Zur Abkürzung bezeichnen wir dabei den **maximalen Grad** von G mit $\Delta = \Delta(G)$. (Δ ist der griechischer Buchstabe „delta"; man nennt den maximalen Grad Δ in Anlehnung an das englische Wort „degree" für „Grad".)

8.5.1 Satz (Greedy-Algorithmus)

Jeder Graph G kann mit $\Delta(G) + 1$ Farben gefärbt werden. Mit anderen Worten: Es gilt $\chi(G) \le \Delta(G) + 1$.

Beweis Wir geben ein Verfahren an, mit dem man einen beliebigen Graphen G mit höchstens $\Delta(G) + 1$ Farben färben kann. Als Farben wählen wir die Zahlen 1, 2, 3, 4, ...

Wir färben eine Ecke nach der anderen; dazu nummerieren wir die Ecken durch: $e_1, e_2, e_3, e_4, \ldots$

Zunächst färben wir e_1 mit der Farbe 1. Wenn wir zu irgendeiner Ecke e_i kommen, färben wir sie mit der kleinsten Farbe, die nicht verboten ist. Wie viele Farben sind für e_i verboten?

Schlimmstenfalls ist e_i eine Ecke mit maximalem Grad $\Delta = \Delta(G)$ *und* alle Δ Nachbarecken von e_i sind bereits gefärbt *und* alle Δ Nachbarecken sind mit verschiedenen Farben gefärbt. In diesem schlimmsten Fall sind Δ Farben verboten. Dann gibt es aber immer noch eine, die wir wählen können. □

Bemerkungen

1. „Greedy" heißt „gefräßig". Das bedeutet, dass der Algorithmus immer das nächstbeste nimmt („frisst"), ohne einen globalen Plan für seine Nahrungsaufnahme zu haben.
2. Gleichheit gilt in obigem Satz nur für vollständige Graphen ($\chi = n$, $\Delta = n-1$) und Kreise ungerader Länge ($\chi = 3$, $\Delta = 2$). Dies ist der Inhalt des Satzes von Brooks (1941).

Obiger Satz gilt für alle Graphen; für planare Graphen gilt aber etwas viel besseres.

8.5.2 Vierfarbensatz (Apel und Haken, 1976)

Die chromatische Zahl eines planaren Graphen ist höchstens 4. Das bedeutet: In jeder ebenen Landkarte können die Länder so mit vier Farben gefärbt werden, dass je zwei Länder, die ein Stück gemeinsame Grenze haben, verschieden gefärbt sind.

Dieser Satz ist zwar richtig und bewiesen, der Beweis ist aber so schwierig, dass er in einer Vorlesung an einer Universität nicht dargestellt werden kann. Der nächste Satz ist fast so gut und kann vergleichsweise einfach bewiesen werden.

8.5.3 Fünffarbensatz (Heawood, 1890)

Die chromatische Zahl eines planaren Graphen ist höchstens 5. Das bedeutet: In jeder ebenen Landkarte können die Länder so mit fünf Farben gefärbt werden, dass je zwei Länder, die ein Stück gemeinsame Grenze haben, verschieden gefärbt sind.

Beweis Wir zeigen, dass die chromatische Zahl eines planaren Graphen höchstens 5 ist. Dies geschieht durch Induktion nach der Anzahl n seiner Ecken.

Für $n = 1, 2, 3, 4$ oder 5 ist die Aussage trivial, denn jeder Graph mit höchstens 5 Ecken kann natürlich mit 5 Farben gefärbt werden.

Sei nun $n \geq 5$, und sei die Aussage richtig für n. Wir betrachten einen planaren Graph G mit $n + 1$ Ecken. Es ist zu zeigen, dass dieser Graph mit 5 Farben gefärbt werden kann.

Der erste Trick besteht darin, sich zu erinnern, dass jeder planare Graph eine Ecke e^* vom Grad ≤ 5 enthält (siehe Satz 8.4.2 (b)). Diese Ecke müssen wir betrachten.

Wir entfernen e^* zusammen mit all den Kanten an e^* und erhalten einen Graphen G^*. Dies ist ein planarer Graph mit nur n Ecken. Also können wir diesen nach Induktionsannahme mit 5 Farben färben. Unsere Aufgabe ist, diese Färbung (oder eine leichte Variation davon) zu einer Färbung von G zu vervollständigen.

Dazu behandeln wir zunächst die ganz einfachen Fälle. Das sind die Fälle, in denen wir die Ecke e^* einfach durch eine der 5 Farben färben können und so eine Färbung von G erhalten. Das ist zum Beispiel der Fall, wenn e^* einen Grad ≤ 4 hat. (Denn dann verbrauchen die Nachbarecken von e^* höchstens vier Farben, und e^* kann mit der fünften zulässig gefärbt werden.) Auch wenn e^* den Grad 5 hat, aber seine Nachbarecken zufällig mit höchstens vier Farben gefärbt sind, können wir so vorgehen.

Das waren die einfachen Fälle. Der schwierige Fall, bei dem wir wirklich nachdenken müssen, ist der, dass e^* den Grad 5 hat, und dass die Nachbarecken von e^* in G^* alle verschieden gefärbt sind (siehe Abb. 8.17).

Wir nennen diese Nachbarecken e_1, e_2, e_3, e_4, e_5; sie seien gegen den Uhrzeigersinn angeordnet. Diese Ecken sollen die Farben 1, 2, 3, 4, 5 haben. In diesem Fall bleibt für e^* keine Farbe übrig. Das bedeutet: Wenn e^* mit einer dieser fünf Farben gefärbt werden können soll, muss zuvor G^* umgefärbt werden. Aber wie? Dazu lieferte A. B. Kempe (der mit dem falschen Beweis) die entscheidende Idee.

Wir betrachten die Ecken e_1 und e_3; diese sind mit den Farben 1 und 3 gefärbt.

Abb. 8.17 e^* mit Nachbar-ecken

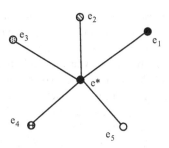

Wir schauen uns alle Ecken an, die wir von e_1 aus erreichen können, indem wir nur Ecken der Farben 1 und 3 verwenden. Wie weit dies auch führt, jedenfalls gibt es zwei Möglichkeiten, die es sich zu unterscheiden lohnt:

1. Fall („Glück gehabt") Auf diese Weise kommt man *nicht* von e_1 nach e_3.

Dann färben wir alle Ecken der Farben 1 und 3, die wir von e_1 erreichen können (und nur diese), um: Aus 1 wird 3, aus 3 wird 1.

Was erreichen wir dadurch? Zunächst: Erhalten wir wieder eine Färbung von G^*? Ja, denn je zwei Ecken, die vorher verschiedene Farbe hatten, haben auch jetzt verschiedene Farbe. Ferner hat jetzt e_1 die Farbe 3, und e_3 hat nach wie vor die Farbe 3. Also brauchen die Nachbarecken von e^* nur die vier Farben 2, 3, 4, 5 – und e^* kann mit der Farbe 1 gefärbt werden.

Uff! In diesem Fall haben wir's tatsächlich geschafft, den ganzen Graphen G zu färben. Aber es gibt ja auch noch den

2. Fall („Pech gehabt") Es gibt eine Möglichkeit, auf einem Weg, der nur die Farben 1 und 3 benutzt, von e_1 nach e_3 zu kommen.

In diesem Fall nützt Umfärben gar nichts, denn zwar erhält dabei e_1 die Farbe 3, aber auch e_3 die Farbe 1. In diesem Fall kann man nichts machen.

Daher fangen wir nochmals von vorne an. Statt der Farben 1 und 3 können wir auch die Farben 2 und 4 betrachten und dasselbe Spiel spielen. Das heißt: Wir betrachten alle Ecken der Farben 2 und 4, die wir von e_2 aus erreichen können. Wieder gibt es zwei Fälle:

1. Fall („Glück gehabt") Auf diese Weise kommt man *nicht* von e_2 nach e_4.

Dann färben wir alle Ecken der Farben 2 und 4, die wir von e_2 erreichen können (und nur diese), um: Aus 2 wird 4, aus 4 wird 2.

Wir erhalten eine Färbung, bei der e_2 und e_4 die Farbe 4 haben, und wir können e^* mit der Farbe 2 färben.

2. *Fall („Pech gehabt")* Es gibt eine Möglichkeit, auf einem Weg, der nur die Farben 2 und 4 benutzt, von e_2 nach e_4 zu kommen.

Aber, so fragen wir uns, kann man zweimal Pech haben? Im Leben vielleicht, aber hier nicht. Warum? Pech in der ersten Situation bedeutet, dass es einen Weg mit den Farben 1 und 3 von e_1 nach e_3 gibt. Pech in der zweiten Situation heißt, dass es einen Weg von e_2 nach e_4 geben müsste, der nur Ecken der Farben 2 und 4 hat.

Da e_2 innerhalb und e_4 außerhalb des ersten Weges ist, müssen sich diese Wege irgendwo treffen. Da G planar ist, können sie sich aber nur in einer Ecke treffen.

Welche Farbe hat diese Ecke? Da sie auf dem ersten Weg liegt, hat sie die Farbe 1 oder 3; da sie auf dem zweiten Weg liegt, hat sie die Farbe 2 oder 4. Dies ist ein offensichtlicher Widerspruch. Also kann dieser zweite Fall nicht eintreten, das heißt, wir können kein zweites Mal Pech haben.

Das bedeutet, dass wir in jedem Fall G mit 5 Farben färben können. Also gilt die Behauptung für $n + 1$. Nach dem Prinzip der vollständigen Induktion ist der Satz damit allgemein bewiesen. $\qquad\square$

8.6 Faktorisierungen

Nun studieren wir Kantenfärbungen; es wird sich zeigen, dass diese viel mit gewissen Zerlegungen von Graphen zu tun haben.

Sei G ein Graph mit Kantenmenge K. Eine **Kantenfärbung** ist eine Abbildung von K in eine Menge von „Farben", so dass je zwei adjazente Kanten (die also eine Ecke gemeinsam haben) verschiedene Farben tragen.

Der **chromatische Index** von G ist die kleinste Zahl von Farben, die man für eine Kantenfärbung von G benötigt. Man bezeichnet den chromatischen Index mit $\chi' = \chi'(G)$ (sprich: „chi").

Beispiele

(a) Ein Kreis gerader Länge hat den chromatischen Index 2, ein Kreis ungerader Länge hat den chromatischen Index 3.
(b) Im Allgemeinen gilt $\chi'(G) \geq \Delta(G)$, wobei $\Delta = \Delta(G)$ der maximale Grad von G ist. Denn an einer Ecke maximalen Grades kommen Δ adjazente Kanten zusammen, die alle verschieden gefärbt sein müssen. Also braucht man mindestens Δ Farben.

Bemerkung Man kann zeigen, dass stets $\chi' = \Delta$ oder $\chi' = \Delta + 1$ gilt (Satz von Vizing, 1964). Das bedeutet, dass man den chromatischen Index eines Graphen in gewissem Sinne viel besser kennt als seine chromatische Zahl. Wir beweisen in einem wichtigen Spezialfall eine Verschärfung dieses Satzes.

8.6.1 Satz von König (Denes König, 1884–1944)

Sei G ein bipartiter Graph. Dann gilt $\chi'(G) = \Delta$.

Beweis durch Induktion nach der Anzahl m der Kanten.

Für $m = 0$ ist die Behauptung klar.

Sei nun $m > 0$, und die Behauptung gelte für alle Graphen mit $m - 1$ Kanten. Sei G ein bipartiter Graph mit m Kanten.

Wir entfernen eine Kante k^* von G und erhalten einen Graphen G^*. Nach Induktionsvoraussetzung hat G^* eine Kantenfärbung mit $\Delta = \Delta(G)$ Farben. Seien e_1 und e_2 die Ecken von k^*. Da der Grad von e_1 und e_2 in G^* kleiner als Δ ist, gibt es eine Farbe f_1, die bei e_1 nicht auftritt, und eine Farbe f_2, die bei e_2 nicht vorkommt.

Wenn $f_1 = f_2$ ist, dann kann k^* mit dieser Farbe gefärbt werden und wir sind fertig.

Sei also $f_1 \neq f_2$. Wir betrachten alle Ecken, die wir von e_1 aus erreichen können, indem wir nur über Kanten der Farben f_2 und f_1 laufen.

Angenommen, auf diese Weise kommen wir bis zu e_2. Auf unserem Weg wechseln sich stets Kanten der Farben f_2 und f_1 ab. Da er mit f_2 beginnt und mit f_1 endet, muss er eine gerade Anzahl von Kanten haben. Mit der Kante k^* können wir unseren Weg schließen und erhalten einen Kreis ungerade Länge. Dies ist ein Widerspruch dazu, dass G bipartit ist. (Denn: Sei $\{E_1, E_2\}$ die Bipartition der Ecken von G. Da sich in jedem Kreis die Ecken aus E_1 und E_2 abwechseln müssen, kann G keinen Kreis ungerader Länge besitzen.)

Also kommt man auf diese Weise *nicht* von e_1 nach e_2. Wir färben alle Kanten um, die wir von e_1 aus erreichen können, wenn wir nur über Kanten der Farben f_2 und f_1 laufen. Und zwar wie folgt: Aus f_1 wird f_2, aus f_2 wird f_1.

Da jetzt die Farbe f_2 weder bei e_1 noch bei e_2 auftritt, können wir k^* mit f_2 färben und erhalten eine Kantenfärbung von G mit Δ Farben. □

Bemerkung Der Satz von König ist nicht umkehrbar. Dies kann man zum Beispiel am vollständigen Graphen K_4 sehen: Es gilt $\chi'(K_4) = 3 = \Delta(K_4)$, aber K_4 ist nicht bipartit.

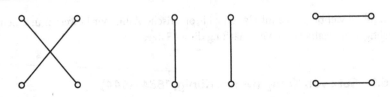

Abb. 8.18 Faktorisierung von K_4

Wir wollen nun gewisse Zerlegungen von Graphen studieren, die eng mit Kantenfärbungen zusammenhängen.

Sei G ein Graph. Ein **Faktor** von G ist eine Menge von Kanten von G, so dass jede Ecke auf genau einer dieser Kanten liegt. Das bedeutet also, dass ein Faktor aus einer Menge paarweise disjunkter Kanten besteht, welche die gesamte Eckenmenge überdeckt (eine Art „Parallelenschar").

Offenbar gilt: *Wenn der Graph einen Faktor besitzt, dann muss die Anzahl der Ecken gerade sein.*

Eine **Faktorisierung** von G ist eine Partition der Kantenmenge von G in Faktoren von G. Das heißt, eine Faktorisierung ist eine Menge von Faktoren, so dass jede Kante in genau einem Faktor enthalten ist.

Beispiele

(a) Der Graph K_4 besitzt eine Faktorisierung mit den drei Faktoren aus Abb. 8.18.
(b) K_5 hat keinen einzigen Faktor, da die Anzahl von Ecken ungerade ist.

Beobachtung Angenommen, G besitzt eine Faktorisierung. Wir färben die Kanten des ersten Faktors mit der Farbe 1, die des zweiten mit der Farbe 2 usw. Auf diese Weise erhalten wir eine Kantenfärbung. (An einer Ecke stoßen keine zwei Kanten derselben Farbe zusammen, denn das wären ja Kanten desselben Faktors.)

Wir nennen einen Graphen **regulär**, wenn alle Ecke denselben Grad haben.

Offenbar gilt: *Wenn ein Graph eine Faktorisierung besitzt, dann ist er regulär.* Dabei ist die Anzahl der Faktoren der Faktorisierung gleich dem gemeinsamen Grad der Ecken. Denn jede Ecke liegt auf genau einer Kante jedes Faktors.

Diese Aussage ist im Allgemeinen nicht umkehrbar. Zum *Beispiel* ist der in Abb. 8.19 dargestellte **Petersen-Graph** (nach J. P. C. Petersen, 1839–1910) zwar regulär und hat eine gerade Anzahl von Ecken, er besitzt jedoch weder eine Faktorisierung noch einen Faktor.

Eine teilweise Umkehrung ist folgendes Korollar.

Abb. 8.19 Der Petersen-
Graph

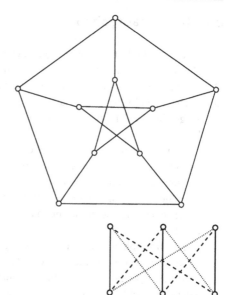

Abb. 8.20 Kantenfärbung
bzw. Faktorisierung von
$K_{3,3}$

8.6.2 Korollar

Sei G ein regulärer bipartiter Graph. Dann besitzt G eine Faktorisierung.

Beweis Da G regulär ist, hat jede Ecke den Grad Δ. Da G bipartit ist, besitzt G nach Satz 8.6.1 eine Kantenfärbung mit Δ Farben; diese Farben seien 1, 2, ..., Δ. Dann kommt jede Farbe genau einmal an jeder Ecke vor.

Sei F_i die Menge aller Kanten der Farbe i. Dann ist F_i ein Faktor, denn jede Ecke gehört zu genau einer Kante von F_i. Da jede Kante in genau einem Faktor F_i liegt, ist $\{F_1, F_2, \ldots, F_\Delta\}$ eine Faktorisierung. □

Beispiel Der vollständig bipartite Graph $K_{3,3}$ ist regulär und hat die Kantenfärbung, die in Abb. 8.20 dargestellt ist. Die Kanten einer Farbe bilden jeweils einen Faktor der Faktorisierung.

8.7 Übungsaufgaben

1. Zeichnen Sie alle Graphen mit genau vier Ecken. Überlegen Sie sich dabei, welche Graphen sie identifizieren wollen und welche nicht.
2. Wie viele Ecken und wie viele Kanten hat der vollständig bipartite Graph $K_{m,n}$?
3. Zeigen Sie: Ein Kreis ist genau dann bipartit, wenn er gerade Länge hat.
4. Zeigen Sie: Ein Graph ist genau dann bipartit, wenn er nur Kreise gerader Länge hat.
5. Zeigen Sie: Wenn in einem Graphen G jede Ecke mindestens den Grad 2 hat, dann besitzt G einen Kreis einer Länge > 0.
6. Können alle Ecken eines Graphen unterschiedlichen Grad haben? [*Tipp:* Erinnern Sie sich an ein verwandtes Problem aus Kap. 1.]
7. Beschreiben Sie alle zusammenhängenden Graphen, deren maximaler Grad $\Delta \leq 2$ ist.
8. In einem Graphen kann man wie folgt einen Weg konstruieren: Man startet bei einer beliebigen Ecke und geht von da aus über eine Kante weiter. Wenn sich an dieser Ecke noch eine nicht verbrauchte Kante befindet, nimmt man eine solche und geht darauf weiter. Usw. Zeigen Sie:
   (a) Wenn das Verfahren endet, endet es entweder in der Anfangsecke oder in einer Ecke ungeraden Grades.
   (b) Wenn man mit einer Ecke ungeraden Grades startet, endet man in einer anderen Ecke ungeraden Grades.
9. (a) Überlegen Sie sich das Bildungsgesetz der Graphen aus Abb. 8.21, und zeichnen Sie den nächsten Graphen dieser Folge.
   (b) Sind diese Graphen eulersch?
   (c) Beschreiben Sie ein Verfahren, wie man diese Figuren in einem Zug zeichnen kann.

 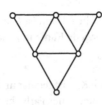 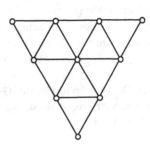

Abb. 8.21 Dreiecksgraphen

Abb. 8.22 Königsberg mit
Eisenbahnbrücke

10. Für welche Werte von m und n ist $K_{m,n}$ eulersch?

11. Beschreiben Sie ein Verfahren, wie man den vollständigen Graphen K_7 in einem Zug zeichnen kann.

12. Inzwischen gibt es in Königsberg eine Eisenbahnbrücke, die die beiden Ufer der Pregel so verbindet, wie in Abb. 8.22 dargestellt ist.
    Untersuchen Sie, ob das Königsberger Brückenproblem mit dieser zusätzlichen Brücke lösbar ist.
    (a) Zeichnen Sie den zugehörigen planaren Graphen.
    (b) Ist dieser Graph eulersch?
    (c) Besitzt dieser Graph eine offene eulersche Linie?

13. Zeigen Sie: Ein zusammenhängender Graph ist genau dann eulersch, wenn seine Kantenmenge in disjunkte Kreise zerlegt werden kann.

14. Bestimmen Sie alle Bäume mit genau sechs Ecken.

15. Zeigen Sie, dass jeder Baum bipartit ist.

16. Sei G ein zusammenhängender Graph mit der Eigenschaft, dass das Entfernen einer beliebigen Kante den Graph unzusammenhängend macht. Zeigen Sie: Dann ist G ein Baum. Das heißt: Bäume sind die *minimal zusammenhängenden* Graphen.

17. Zeigen Sie, dass ein Graph G genau dann ein Baum ist, wenn das Einfügen einer beliebigen Kante einen Kreis erzeugt. Das heißt: Bäume sind die *maximal kreislosen* Graphen.

18. Wie viele Kanten muss man aus K_5 mindestens entfernen, damit ein plättbarer Graph entsteht? Zeichnen Sie den entstehenden planaren Graphen.

19. Wie viele Kanten muss man aus $K_{3,3}$ mindestens entfernen, damit ein plättbarer Graph entsteht? Zeichnen Sie den entstehenden planaren Graphen.

20. Sei n die Anzahl der Ecken, m die Anzahl der Kanten und g die Anzahl der Gebiete eines planaren zusammenhängenden Graphen. Bestimmen Sie den fehlenden Parameter und geben Sie einen entsprechenden Graphen an.

n	m	g
10	9	
5		5
	11	4

21. Zeichnen Sie den Graphen der Projektion eines Tetraeders, und überprüfen Sie daran die Eulersche Polyederformel für das Tetraeder.

22. Gibt es einen planaren Graphen, der genau eine Ecke vom Grad ≤ 5 hat?

23. Sei G ein planarer Graph mit n Ecken und m Kanten. Zeigen Sie: Wenn G keine Dreiecke enthält, dann gilt $m \leq 2n - 4$.

24. Finden Sie einen möglichst einfachen planaren Graphen mit chromatischer Zahl 4.

25. In der Aprilscherzkolumne der Zeitschrift Scientific American von 1975 berichtete Martin Gardner von den „bedeutendsten" Entdeckungen des Jahres 1974 und stellt dort eine von einem gewissen William McGregor entdeckte Landkarte vor, die nicht mit vier Farben zu färben sei (siehe Abb. 8.23). Hat McGregor Recht?

26. Bestimmen Sie die chromatische Zahl des Hauses vom Nikolaus.

27. Zeigen Sie: Jeder Baum hat chromatische Zahl 1 oder 2.

28. Geben Sie ein Beispiel dafür an, dass der Greedy-Algorithmus Färbungen mit unterschiedlichen Anzahlen von Farben liefern kann, wenn die Ecken in unterschiedlicher Reihenfolge abgearbeitet werden.

29. Zeigen Sie: Es gilt $\chi(G) = 2$ genau dann, wenn G bipartit ist.

30. Finden Sie eine Faktorisierung von
    (a) K_6,
    (b) K_8.

31. Bestimmen Sie die Anzahl der Faktoren von K_{2n}.

32. Bestimmen Sie die Anzahl der Faktoren von $K_{n,n}$.

33. Zeigen Sie, dass der Petersen-Graph keinen Faktor hat.

▶ **Didaktische Anmerkungen** Graphentheorie ist sehr anschaulich, hat sowohl zahlreiche moderne Anwendungen als auch historische Bezüge und liefert verblüffende Ergebnisse, oft ohne große mathematische Voraussetzungen. Trotz dieser Motivationsfaktoren kommt sie im Lehrplan leider nicht vor.

Abb. 8.23 Die Karte von McGregor

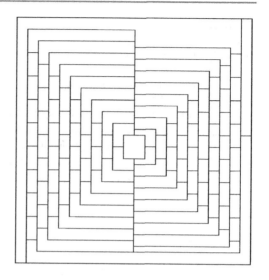

Der Inhalt dieses Kapitels eignet sich gut für eine Projektwoche. Diese kann, bei leichter Differenzierung, auch jahrgangsübergreifend durchgeführt werden. Für Schülerinnen und Schüler der Mittelstufe müsste man auf einige Beweise verzichten, ohne dass jedoch die mathematischen Ideen auf der Strecke bleiben müssen. Sogar im Informatikunterricht der Qualifikationsphase Q4 könnte Graphentheorie ein Wahlthema sein und vertiefend behandelt werden.

Dieses Kapitel stellt zunächst grundlegende Begriffe vor, um dann zu berühmten mathematischen Problemen überzugehen, die alle aktuelle Anwendungen besitzen: Königsberger Brückenproblem, Plättbarkeit, Vierfarbenproblem. Als Ergänzung finden sich unter www.matheprisma.de zwei passende Lernpfade zum Thema.

Da die Graphentheorie gespickt ist von interessanten Problemen, Modellierungen und Argumentationen, deckt sie mehrere mathematische Kompetenzbereiche auf einmal ab. Diese Kompetenzen lassen sich je nach Jahrgangsstufe auf unterschiedlichsten Niveaus aneignen.

Literatur

Aigner, M.: Graphentheorie. Eine Entwicklung aus dem 4-Farbenproblem. Teubner Verlag, Stuttgart (1984)

Biggs, N.L., Lloyd, E.K., Wilson, R.J.: Graph Theory 1736–1936. Clarendon Press, Oxford (1976)

Bondy, J.A., Murty, U.S.R.: Graph Theory with Applications. Macmillan Press, London (1978)

Fritsch, R., Fritsch, G.: Der Vierfarbensatz. Geschichte, topologische Grundlagen und Beweisidee. Spektrum Akademischer Verlag, Heidelberg (1994)

R. Halin: Graphentheorie I, II. Wissenschaftliche Buchgesellschaft, Darmstadt (1980, 1981)

Jungnickel, D.: Graphen, Netzwerke und Algorithmen. Spektrum Akademischer Verlag, Heidelberg (1994)

Netzwerke

9

Mit den ungerichteten Graphen, die wir im vorherigen Kapitel betrachtet haben, können nur symmetrische Beziehungen dargestellt werden. In vielen praktischen Anwendungen möchte man jedoch auch unsymmetrische, in eine Richtung zeigende Beziehungen modellieren, zum Beispiel Transportprozesse. Das mathematische Hilfsmittel hierzu sind gerichtete Graphen und Netzwerke.

9.1 Gerichtete Graphen

Ein **gerichteter Graph** besteht aus einer Menge von **Ecken** und einer Menge von **gerichteten Kanten**. Die gerichteten Kanten zeigen von einer Ecke zu einer anderen oder zur gleichen Ecke. Genauer gesagt: Zu jeder Kante k gibt es Ecken e_1 und e_2. Wir nennen e_1 die **Anfangsecke** und e_2 die **Endecke** von k und sagen, dass k **von e_1 nach e_2 zeigt** (siehe Abb. 9.1).

Meistens werden wir die Eckenmenge mit E und die Kantenmenge mit K bezeichnen. Für den gerichteten Graphen schreiben wir dann $\vec{G}(E, K)$ oder einfach $\vec{G}$.

Die Anzahl der gerichteten Kanten, deren Anfangsecke eine Ecke e ist, die also von e wegzeigen, heißt **Ausgangsgrad** von e und wird mit $\deg^+(e)$ bezeichnet. Entsprechend heißt die Anzahl der gerichteten Kanten mit Endecke e, die also zu e hinzeigen, **Eingangsgrad** von e und wird mit $\deg^-(e)$ bezeichnet.

Eine Ecke e heißt **Quelle**, wenn $\deg^-(e) = 0$ ist; sie heißt **Senke**, wenn $\deg^+(e) = 0$ ist. Aus einer Quelle zeigen also nur gerichtete Kanten heraus, während sie in eine Senke nur hineinzeigen.

Gerichtete Graphen sind ein wichtiges Hilfsmittel, um Transportprozesse jeglicher Art zu modellieren. Einige *Beispiele* sind die folgenden:

A. Beutelspacher und M.-A. Zschiegner, *Diskrete Mathematik für Einsteiger*, DOI 10.1007/978-3-658-05781-7_9, © Springer Fachmedien Wiesbaden 2014

Abb. 9.1 Ein gerichteter
Graph

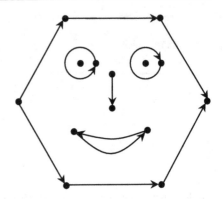

(a) *Wasserkreislauf*: Die Kanten stellen die Rohre dar, die Richtung der Kanten entspricht der Richtung des fließenden Wassers. Aus einer Quelle fließt nur Wasser heraus, in eine Senke nur hinein.

(b) *Stromkreislauf*: Die Kanten sind elektrische Verbindungen, die Ecken Verzweigungspunkte oder Verbraucher und die Stromrichtung wird durch die Richtung der Kanten markiert. Quelle und Senke sind in diesem Fall die beiden Pole einer Stromquelle.

(c) *Straßensysteme*: Die Ecken sind Kreuzungen, die Kanten die Straßen dazwischen. Mit Hilfe gerichteter Graphen können auch Einbahnstraßen dargestellt werden.

(d) *Handelswege*: Der Weg von Produkten, der vom Produzenten über einige Zwischenhändler hin zum Fachgeschäft führt, kann modelliert und optimiert werden. Der Produzent ist die Quelle, das Fachgeschäft die Senke.

(e) *Soziogramme*: Die Ecken sind die Personen einer Gruppe von Menschen. Jeder gibt die Personen an, die er kennt. Diese Beziehung wird durch eine gerichtete Kante dargestellt. Das ergibt ein charakteristisches Diagramm.

Bemerkungen Gerichtete Graphen werden auch als *Digraphen* bezeichnet. Diese Bezeichnung leitet sich aus dem Englischen von „directed graph" ab. Eine gerichtete Kante wird oft auch *Bogen* genannt.

Wir wollen uns im Folgenden auf **einfache** gerichtete Graphen beschränken. Das sind gerichtete Graphen, bei denen keine zwei Ecken durch mehrere gleichgerichtete Kanten verbunden sind, das heißt, bei denen es keine zwei verschiedenen Kanten gibt, die die gleiche Anfangs- und Endecke haben.

Während sich die Kanten von ungerichteten einfachen Graphen als zweielementige (ungeordnete) Teilmengen der Eckenmenge auffassen lassen, können wir gerichtete Kanten als geordnete *Paare* von Ecken beschreiben. Die gerichtete Kante, die von der Anfangsecke e_1 zur Endecke e_2 zeigt, schreiben wir als Paar (e_1, e_2). Dabei müssen e_1 und e_2 nicht unbedingt verschieden sein, auch das Paar (e, e) stellt eine gerichtete Kante dar.

Bei einem einfachen gerichteten Graph ist die Kantenmenge eine Teilmenge des kartesischen Produkts $E \times E$. Die Kanten bilden folglich eine *Relation* auf der Eckenmenge. Einfache gerichtete Graphen können also auch als eine graphische Veranschaulichung von Relationen angesehen werden.

Viele Begriffe für ungerichtete Graphen übertragen sich in offensichtlicher Weise auf gerichtete Graphen. Ein **gerichteter Kantenzug** eines gerichteten Graphen $\vec{G}$ ist eine Folge $k_1, k_2, \dots, k_s$ von gerichteten Kanten, zu denen es Ecken $e_0, e_1, e_2, \dots, e_s$ gibt, so dass

- k_1 von e_0 nach e_1 zeigt,
- k_2 von e_1 nach e_2 zeigt,
- $\dots$,
- k_s von e_{s-1} nach e_s zeigt.

Ein gerichteter Kantenzug heißt **geschlossen**, wenn $e_s = e_0$ ist. Ein gerichteter Kantenzug heißt **gerichteter Weg**, falls alle Kanten verschieden sind. Ein gerichteter Weg heißt **gerichteter Pfad**, falls die Ecken seiner gerichteten Kanten alle paarweise verschieden sind. Ein geschlossener gerichteter Pfad heißt **gerichteter Kreis**.

Zu jedem gerichteten Graphen $\vec{G}$ können wir einen ungerichteten Graphen G konstruieren: Wir ersetzen einfach jede gerichtete Kante von $\vec{G}$ durch eine ungerichtete Kante mit den gleichen Ecken. Dieser Graph G heißt **zugrunde liegender Graph** von $\vec{G}$. Wir können uns vorstellen, dass der zugrunde liegende Graph von $\vec{G}$ dadurch entsteht, dass die Pfeilspitzen von $\vec{G}$ entfallen.

Als Anwendung der bisherigen Begriffe betrachten wir ein Turnier, zum Beispiel ein Tennisturnier, welches die beiden folgenden Bedingungen erfüllt: Jeder Teilnehmer spielt gegen jeden anderen und bei jedem Spiel gibt es einen Gewinner, das heißt, es gibt kein „Unentschieden".

Die Ergebnisse eines solchen Spiels können wir wie folgt durch einen gerichteten Graph modellieren: Die Ecken symbolisieren die Spieler, eine Kante zeigt genau dann von einer Ecke x zu einer Ecke y, wenn der Spieler x gegen den Spieler y gewonnen hat. Dann gibt es zwischen je zwei Ecken x und y entweder eine Kante von x nach y oder eine Kante von y nach x. Das bedeutet, im zugrunde liegenden Graphen sind je zwei Ecken durch genau eine Kante verbunden; das heißt, der zugrunde liegende Graph ist ein vollständiger Graph. Einen gerichteten Graphen, dessen zugrunde liegender Graph vollständig ist, nennen wir **Turnier**.

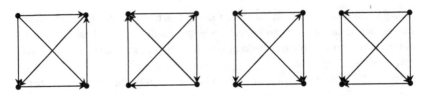

Abb. 9.2 Alle Turniere mit vier Teilnehmern

Abb. 9.3 Entweder (e^*, e_1)
ist eine Kante ...

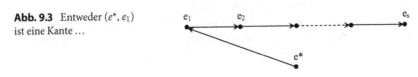

Beispiel Abbildung 9.2 zeigt alle Turniere mit vier Ecken bzw. vier Teilnehmern. Für Turniere gilt folgende erstaunliche Tatsache.

9.1.1 Satz

In jedem Turnier gibt es einen gerichteten Pfad, der alle Ecken enthält.

Beweis Wir können einen gerichteten Pfad durch alle Ecken wie folgt konstruieren. Wir wählen eine beliebige gerichtete Kante (e_1, e_2) des Turniers und beginnen mit dem gerichteten Pfad von e_1 nach e_2.

Angenommen, wir haben bereits einen gerichteten Pfad durch die Ecken $e_1, \ldots,$ e_s konstruiert und wollen eine weitere Ecke e^* einfügen. In einem Turnier gibt es für e^* nur zwei Möglichkeiten:

1. Es zeigt eine Kante von e^* zu e_1 (siehe Abb. 9.3). Dann können wir e^* vorne an unseren Pfad anhängen und erhalten den Pfad durch $e^*, e_1, \ldots, e_s$.
2. Es zeigt eine Kante von e_1 zu e^* (siehe Abb. 9.4). Dann zeigen eventuell auch noch Kanten von weiteren Ecken des Pfades zu e^*. Daher unterscheiden wir zwei weitere Fälle.

Wenn von *allen* Ecken $e_1, e_2, \ldots, e_s$ Kanten zu e^* zeigen, dann hängen wir e^* hinten an unseren Pfad an und erhalten den Pfad durch $e_1, \ldots, e_s, e^*$.

Abb. 9.4 ... oder (e_1, e^*) ist eine Kante

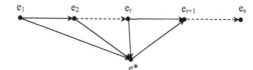

Abb. 9.5 Ein Turnier

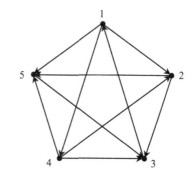

Wenn *nicht* von allen Ecken $e_1, e_2, \ldots, e_s$ Kanten zu e^* zeigen, dann gibt es einen Index r (mit $1 < r < s$), so dass von allen Ecken $e_1, \ldots, e_r$ Kanten zu e^* zeigen, von e_{r+1} jedoch nicht (siehe Abb. 9.4). Dann können wir e^* zwischen e_r und e_{r+1} einfügen und erhalten den Pfad durch $e_1, \ldots, e_r, e^*, e_{r+1}, \ldots, e_s$.

Wir können also einen beliebigen gerichteten Pfad, der noch nicht alle Ecken enthält, stets um eine Ecke erweitern. Dieses Verfahren führen wir solange durch, bis wir einen gerichteten Pfad erhalten haben, der jede Ecke enthält. □

Einen gerichteten Pfad, der alle Ecken enthält, nennt man auch **gerichteten hamiltonschen Pfad**.

Beispiel In dem Turnier aus Abb. 9.5 mit fünf Ecken bzw. fünf Teilnehmern können wir folgenden gerichteten hamiltonschen Pfad finden: 1–4–2–5–3.

Ein gerichteter hamiltonscher Pfad ist nicht ohne Weiteres geeignet, um den besten Spieler festzustellen bzw. um die Teilnehmer zu „ordnen". Das kann man bereits an obigem Beispiel erkennen: Obwohl Spieler 3 in der „Rangfolge" des obigen Pfades weit hinter Spieler 1 kommt, gewinnt er gegen diesen.

Außerdem gibt es in einem Turnier im Allgemeinen nicht nur einen sondern mehrere gerichtete hamiltonsche Pfade. So ist etwa in obigem Beispiel der Pfad durch die Ecken 4–3–1–2–5 ein weiterer gerichteter hamiltonscher Pfad.

Abb. 9.6 Ein transitiver
Graph

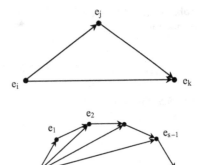

Abb. 9.7 Die Kanten (e_0,
e_i)

Für gewisse Turniere gelingt es jedoch, eine eindeutige Rangfolge der Spieler
anzugeben. Ein einfacher gerichteter Graph heißt **transitiv**, wenn für alle Ecken e_i,
e_j und e_k gilt: Wenn (e_i, e_j) und (e_j, e_k) Kanten sind, dann ist auch (e_i, e_k) eine Kante
(siehe Abb. 9.6).

Einfache gerichtete Graphen sind also genau dann transitiv, wenn die zugehörige
Relation auf der Eckenmenge transitiv ist.

9.1.2 Korollar

> Ein transitives Turnier enthält keinen gerichteten Kreis.

Beweis Sei (e_0, e_1), (e_1, e_2), ..., (e_{s-1}, e_s) ein gerichteter Pfad in einem transitiven
Turnier $\vec{G}$ (siehe Abb. 9.7). Da $\vec{G}$ transitiv ist, ist

- mit (e_0, e_1) und (e_1, e_2) auch (e_0, e_2) eine gerichtete Kante,
- mit (e_0, e_2) und (e_2, e_3) auch (e_0, e_3),
- ...,
- mit (e_0, e_{s-1}) und (e_{s-1}, e_s) auch (e_0, e_s).

Da $\vec{G}$ ein Turnier ist, ist der zugrunde liegende Graph einfach. Daher ist (e_s, e_0)
keine Kante. Also ist der gerichtete Pfad nicht zu einem gerichteten Kreis erweiterbar.   □

Abb. 9.8 Es ergibt sich ein
Kreis

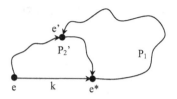

Bei Turnieren, deren Graphen transitiv sind, gelingt es immer, die „Spieler" in eine eindeutige Rangfolge zu bringen, da es nur einen einzigen hamiltonschen Pfad gibt. Dies ist der Inhalt des folgenden Satzes.

9.1.3 Satz

Ein transitives Turnier enthält genau einen gerichteten hamiltonschen Pfad.

Beweis Angenommen, es gibt zwei verschiedene hamiltonsche Pfade P_1 und P_2. Dann gibt es eine gerichtete Kante k, die in P_1 aber nicht in P_2 enthalten ist. Diese Kante k zeige von der Ecke e zur Ecke e^*. Da auch P_2 die Ecken e und e^* enthält, muss P_2 einen Teilpfad P_2' enthalten, der e und e^* verbindet aber k nicht enthält. Würde der Pfad P_2' von e^* nach e führen, so könnte man ihn mit k zu einem gerichteten Kreis ergänzen. Dies wäre ein Widerspruch zu Korollar 9.1.2.

Also muss P_2' von e nach e^* führen (vgl. Abb. 9.8). Da Turniere einfache Graphen sind, enthält P_2' mindestens zwei Kanten, durchquert also mindestens eine weitere Ecke e'. Diese Ecke e' wird auch von P_1 durchlaufen: Entweder führt ein Pfad von e' zu e oder einer von e^* zu e' (siehe Abb. 9.8).

In beiden Fällen ergibt sich ein gerichteter Kreis: Im ersten Fall von e' über P_1 zu e und dann über P_2' wieder zu e'; im zweiten Fall von e' über P_2' zu e^* und dann über P_1 wieder zu e'. Da gerichtete Turniere nach Korollar 9.1.2 jedoch keinen gerichteten Kreis enthalten, ergibt sich ein Widerspruch.   □

Bemerkung Einen Ausweg aus dem Problem, die Spieler eines beliebigen, auch nichttransitiven Turniers in eine eindeutige Rangfolge zu ordnen, stellt die Methode des *Scoring* dar (siehe Bondy und Murty, Abschn. 9.7).

9.2   Netzwerke und Flüsse

In vielen praktischen Anwendungen ist es hilfreich, die Kanten eines gerichteten Graphen mit einer „Kapazität" zu belegen. Diese Kapazitäten können je nach Situation Produktzahlen, Kosten, Zeiten, Entfernungen usw. repräsentieren.

Im Allgemeinen sind diese Zahlen nach oben begrenzt. Zum Beispiel kann durch eine Wasserleitung nur eine gewisse Menge Wasser fließen, Straßen haben nur eine gewisse Fahrzeugkapazität, oder es können auf einem bestimmten Handelsweg nur eine gewisse Anzahl Produkte transportiert werden.

Mathematisch können wir derartige Anwendungen durch ein *Netzwerk* modellieren. Ein **Netzwerk** besteht aus

- einem einfachen gerichteten Graphen $\vec{G}(E, K)$,
- einer Quelle und einer Senke,
- einer **Kapazitätsfunktion** $c\colon K \to \mathbb{N}$.

Die Kapazitätsfunktion ordnet jeder Kante eine natürliche Zahl zu, die wir **Kapazität** dieser Kante nennen.

Jede Ecke des Graphen, die weder die Quelle noch die Senke ist, heißt **innere Ecke.**

Beispiel Im Netzwerk aus Abb. 9.9 ist die Ecke q die Quelle und s die Senke. Die gerichteten Kanten sind mit ihren jeweiligen Kapazitäten beschriftet.

Als Anwendungsszenario eines solchen Netzwerks können wir uns die Quelle als Produzenten, die inneren Ecken als Zwischenhändler und die Senke als Fachgeschäft vorstellen. Die Kapazitäten geben an, wie viele Produkte auf einem Transportweg maximal transportiert werden können.

Es ist klar, dass nicht auf jedem Weg tatsächlich die Kapazität voll ausgenutzt werden kann, denn die Zwischenhändler können weder Waren selbst produzieren noch sollen Waren bei ihnen liegen bleiben. Das Ziel dieses Abschnitts ist es daher, den tatsächlichen Transport zu optimieren. Wir stellen uns also die Frage: Wie kann

Abb. 9.9   Ein Netzwerk

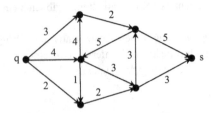

man die Kapazitäten optimal ausnutzen, um möglichst viele Waren zu transportieren?

Wir beginnen damit, den tatsächlichen „Transport von Waren" mathematisch zu modellieren. Dies geschieht mit dem Begriff des *Flusses*.

Zuvor benötigen wir aber noch einige Schreibweisen. Sei N stets ein Netzwerk mit gerichtetem Graphen $\vec{G}(E, K)$, Quelle q, Senke s und Kapazitätsfunktion c.

Sind X_1 und X_2 Teilmengen der Eckenmenge E, so bezeichnen wir mit (X_1, X_2) die **Menge aller Kanten**, die von X_1 nach X_2 zeigen; das heißt

$$(X_1, X_2) := \{(e_1, e_2) \in K | e_1 \in X_1, e_2 \in X_2\}.$$

Beispiel Für eine einzelne Ecke e ist (e, E) die Menge aller von e ausgehenden Kanten und (E, e) die Menge aller in e hineinlaufenden Kanten.

Für eine Eckenmenge X besteht das **Komplement** $\bar{X}$ von X aus allen Ecken des Graphen, die nicht in X liegen; das heißt $\bar{X} := E \setminus X$.

Daher ist $(X, \bar{X})$ die Menge aller Kanten, die aus X herauszeigen, die also von einer Ecke in X zu einer Ecke außerhalb von X zeigen. Für eine solche Kantenmenge $(X, \bar{X})$ und eine beliebige Funktion $f: K \to \mathbb{N}$ setzen wir zur Abkürzung

$$f(X, \bar{X}) := \sum_{k \in (X, \bar{X})} f(k).$$

Das heißt, die Funktion f wird über der Kantenmenge $(X, \bar{X})$ gebildet, indem die Funktionswerte aller Kanten von $(X, \bar{X})$ aufsummiert werden. Außerdem schreiben wir

$$f^+(X) := f(X, \bar{X}),$$
$$f^-(X) := f(\bar{X}, X).$$

Dabei können wir uns unter $f^+(X)$ und $f^-(X)$ die Summe der Werte von f, die aus X „herausfließen" bzw. in X „hineinfließen" vorstellen. Daher werden wir $f^+(X)$ auch als **Ausfluss** aus X und $f^-(X)$ auch als **Einfluss** in X bezeichnen.

Nun sind wir bereit, den Begriff des Flusses zu präzisieren. Sei N ein Netzwerk mit gerichtetem Graphen $\vec{G}(E, K)$ und Kapazitätsfunktion c.

Ein **Fluss** in N ist eine Funktion $f: K \to \mathbb{N}$, die die beiden folgenden Bedingungen erfüllt:

- **Kapazitätsbeschränkung**: Für alle Kanten $k \in K$ gilt

$$f(k) \le c(k);$$

das heißt, der Fluss durch jede Kante kann nie größer als deren Kapazität werden.

Abb. 9.10 Ein Fluss in
einem Netzwerk

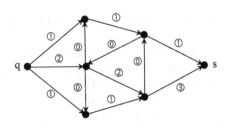

- **Flusserhaltung der inneren Ecken**: Für alle inneren Ecken $e \in E$ gilt

$$f^-(e) = f^+(e);$$

das bedeutet, in jede innere Ecke fließt genauso viel hinein wie aus ihr heraus.

Beispiele

(a) In jedem Netzwerk ist der **Nullfluss**, der jeder Kante k den Wert $f(k) = 0$ zuordnet, ein (trivialer) Fluss.

(b) Für das Netzwerk aus Abb. 9.9 stellt Abb. 9.10 einen Fluss dar. Der Übersicht halber ist die Kapazitätsfunktion nicht dargestellt.

Die Flusserhaltung wird nur für die *inneren* Ecken und nicht für die Quelle und die Senke gefordert. Dies liegt daran, dass die Quelle nur einen Ausfluss und die Senke nur einen Einfluss hat. Wir werden zeigen, dass diese beiden Werte gleich sind. Das heißt, aus der Quelle fließt genauso viel heraus wie in die Senke hinein. Diesen gemeinsamen Wert

$$w_f := f^+(q) = f^-(s)$$

nennen wir den **Wert** des Flusses f.

9.2.1 Satz

Sei f ein Fluss in einem Netzwerk. Dann ist der Ausfluss $f^+(q)$ aus der Quelle gleich dem Einfluss $f^-(s)$ in die Senke.

Beweis Wir summieren die Ausflüsse $f^+(e)$ über alle Ecken e. Dabei wird der Wert $f(k)$ jeder Kante $k \in K$ genau einmal gezählt, denn jede Kante hat genau eine Anfangsecke. Das bedeutet

$$\sum_{e \in E} f^+(e) = \sum_{k \in K} f(k).$$

Da jede Kante auch genau eine Endecke hat, wird auch bei Summation der Einflüsse $f^-(e)$ über alle Ecken e der Wert jeder Kante genau einmal gezählt:

$$\sum_{e \in E} f^-(e) = \sum_{k \in K} f(k).$$

Insgesamt folgt, dass die Summe der Ausflüsse gleich der Summe der Einflüsse ist. Daher ergibt sich

$$0 = \sum_{e \in E} f^+(e) - \sum_{e \in E} f^-(e) = \sum_{e \in E} (f^+(e) - f^-(e)).$$

Diese Summe teilen wir wie folgt nach Quelle, inneren Ecken und Senke auf:

$$0 = f^+(q) - f^-(q) + \sum_{e \in E \setminus \{q,s\}} (f^+(e) - f^-(e)) + f^+(s) - f^-(s).$$

Da für die Quelle $f^-(q) = 0$, für die Senke $f^+(s) = 0$ und für alle inneren Ecken $f^+(e) = f^-(e)$ gilt, vereinfacht sich diese Summe zu

$$0 = f^+(q) - f^-(s).$$

Daraus folgt die Behauptung $f^+(q) = f^-(s)$. □

Der nächste wichtige Begriff, den wir benötigen, ist der eines *Schnitts*. Salopp gesprochen versteht man darunter eine Kantenmenge, die Quelle und Senke trennt („durchschneidet"). Diese Vorstellung wollen wir nun präzisieren.

Sei X eine Menge von Ecken. Dann heißt die Menge $(X, \bar{X})$ ein **Schnitt**, wenn die Quelle in X und die Senke in $\bar{X}$ enthalten ist.

Beispiel In folgendem Netzwerk (Abb. 9.11) markieren die dicken Kanten einen Schnitt. Die ausgefüllten Kreise sind die Ecken der zugehörigen Eckenmenge X, die nichtausgefüllten die Ecken des Komplements $\bar{X}$.

Abb. 9.11 Ein Schnitt in
einem Netzwerk

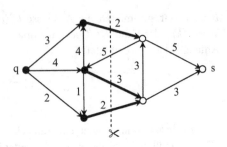

Ein solcher Schnitt hat eine ganz praktische Bedeutung: Jeder Schnitt begrenzt
den Transport der Waren, denn jede Ware muss über mindestens eine „Brücke" des
Schnitts transportiert werden. Entfernt man alle Kanten eines Schnitts, so ist kein
Transport mehr von der Quelle zur Senke möglich.

Die Tatsache, dass ein Schnitt den Transport begrenzt, können wir noch präziser
ausdrücken. Über jede Kante eines Schnitts können nur so viele Waren transportiert
werden, wie es die Kapazität dieser Kante zulässt. Insgesamt kann daher die Anzahl
der transportierten Waren nur so groß werden, wie die Summe der Kapazitäten der
Kanten eines Schnitts. Für unsere weiteren Überlegungen bietet sich daher folgende
Definition an.

Unter der **Kapazität** $c(X, \bar{X})$ **eines Schnitts** $(X, \bar{X})$ verstehen wir die Summe der
Kapazitäten aller Kanten des Schnitts:

$$c(X, \bar{X}) = \sum_{k \in (X, \bar{X})} c(k).$$

Beispiel Der Schnitt im vorherigen Beispiel hat die Kapazität $c(X, \bar{X}) = 2 + 3 + 2 = 7$.

Einen ersten Zusammenhang zwischen Flüssen und Schnitten stellt der folgende
Hilfssatz her. Er besagt, dass der Wert eines Flusses nicht nur gleich dem Ausfluss aus der Quelle und dem Einfluss in die Senke ist sondern auch gleich dem
Nettofluss $f^+(X) - f^-(X)$ („Ausfluss minus Einfluss") aus einer beliebigen Eckenmenge X, die die Quelle aber nicht die Senke enthält.

9.2.2 Hilfssatz

Sei f ein Fluss und $(X, \bar{X})$ ein Schnitt in einem Netzwerk. Dann ist

$$w_f = f^+(X) - f^-(X).$$

Beweis Da $(X, \bar{X})$ ein Schnitt ist, enthält die Eckenmenge X außer der Quelle nur innere Ecken, jedoch nicht die Senke. Mit der Flusserhaltung der inneren Ecken können wir daher folgern

$$\sum_{e \in X} (f^+(e) - f^-(e)) = f^+(q) - f^-(q) + \sum_{e \in X \setminus \{q\}} (f^+(e) - f^-(e)) =$$

$$f^+(q) + 0 = w_f.$$

Den Ausfluss $f^+(e) = f(e, \bar{e})$ aus der Ecke e können wir aufteilen in einen Ausfluss $f(e, X)$ nach X und einen Ausfluss $f(e, \bar{X})$ nach $\bar{X}$. Genauso gilt $f^-(e) = f(X, e) + f(\bar{X}, e)$. Damit folgt

$$w_f = \sum_{e \in X} f^+(e) - \sum_{e \in X} f^-(e)$$

$$= \sum_{e \in X} f(e, X) + \sum_{e \in X} f(e, \bar{X}) - \sum_{e \in X} f(X, e) - \sum_{e \in X} f(\bar{X}, e)$$

$$= f(X, X) + f(X, \bar{X}) - f(X, X) - f(\bar{X}, X)$$

$$= f(X, \bar{X}) - f(\bar{X}, X)$$

$$= f^+(X) - f^-(X).$$

Damit ist die Behauptung bewiesen. □

Zwischen Flüssen und Schnitten besteht noch ein engerer Zusammenhang. Bereits bei der Definition eines Schnittes haben wir uns anschaulich überlegt, dass die Kapazität jedes Schnittes die „Anzahl der transportierten Waren" in einem Netzwerk begrenzt, da der Transport über mindestens eine Kante des Schnittes erfolgen muss. Mit dem Begriff des Wertes eines Flusses können wir diesen Zusammenhang nun präzisieren und beweisen.

9.2.3 Satz

Sei f ein Fluss. Dann gilt für jeden Schnitt $(X, \bar{X})$:

$$w_f \leq c(X, \bar{X}).$$

Dabei gilt Gleichheit genau dann, wenn für alle Kanten k aus dem Schnitt $(X, \bar{X})$ gilt

$$f(k) = c(k)$$

und wenn für alle Kanten k aus dem komplementären Schnitt $(\bar{X}, X)$ gilt

$$f(k) = 0.$$

Beweis Aufgrund der Kapazitätsbeschränkung gilt für alle Kanten k, dass $f(k) \leq c(k)$ ist. Diese Ungleichung muss insbesondere auch für alle Kanten aus dem Schnitt gelten, also folgt $f(X, \bar{X}) \leq c(X, \bar{X})$. Nach Hilfssatz 9.2.2 erhalten wir daher die folgende Ungleichungskette („Wert ≤ Ausfluss ≤ Kapazität"):

$$w_f = f^+(X) - f^-(X) \leq f^+(X) = f(X, \bar{X}) \leq c(X, \bar{X}).$$

Gleichheit gilt in dieser Kette offensichtlich genau dann, wenn sowohl $f^-(X) = 0$ als auch $f(X, \bar{X}) = c(X, \bar{X})$ ist. Die erste Beziehung $f^-(X) = f(\bar{X}, X) = 0$ bedeutet, dass nichts nach X hinein fließt; anders ausgedrückt, dass für alle Kanten k aus dem komplementären Schnitt $(\bar{X}, X)$ gilt $f(k) = 0$. Die zweite Bedingung $f(X, \bar{X}) = c(X, \bar{X})$ ist gleichbedeutend mit

$$\sum_{k \in (X, \bar{X})} f(k) = \sum_{k \in (X, \bar{X})} c(k).$$

Da $f(k) \leq c(k)$ für alle Summanden gilt, können diese beiden Summen nur dann gleich sein, wenn ihre Summanden gliedweise übereinstimmen; das heißt, wenn für alle Kanten k des Schnitts $(X, \bar{X})$ gilt $f(k) = c(k)$.

Damit ist alles bewiesen.   □

Der Wert eines jeden Flusses ist also durch die Kapazität eines beliebigen Schnittes begrenzt. Dann muss der Wert jedes Flusses auch kleiner oder gleich der Kapazität eines Schnittes mit minimaler Kapazität sein:

$$w_f \le \min\{c(X, \bar{X}) | (X, \bar{X}) \text{ ist Schnitt}\}.$$

Einen solchen Schnitt mit minimaler Kapazität bezeichnen wir als **minimalen Schnitt**.

Da der Wert eines Flusses nur natürliche Zahlen annehmen kann, folgt aus dieser Begrenzung nach oben, dass er nur endlich viele verschiedene Werte haben kann. Daher muss es in jedem Netzwerk einen Fluss mit maximalem Wert geben. Einen solchen Fluss mit maximalem Wert nennen wir **maximalen Fluss**. Obige Ungleichung muss für alle Flüsse f gelten, also auch für den maximalen Fluss:

$$\max\{w_f | f \text{ ist Fluss}\} \le \min\{c(X, \bar{X}) | (X, \bar{X}) \text{ ist Schnitt}\}.$$

Aus diesem Überlegungen erhalten wir folgende zwei Korollare.

9.2.4 Korollar

In jedem Netzwerk ist der Wert eines maximalen Flusses kleiner oder gleich der Kapazität eines minimalen Schnittes. □

9.2.5 Korollar

Sei f ein Fluss und $(X, \bar{X})$ ein Schnitt. Wenn $w_f = c(X, \bar{X})$ ist, dann ist f ein maximaler Fluss und $(X, \bar{X})$ ein minimaler Schnitt.

Beweis Nach Korollar 9.2.4 gilt für jeden Fluss f und jeden Schnitt $(X, \bar{X})$ die Ungleichungskette

$$w_f \le \max\{w_f | f \text{ ist Fluss}\} \le \min\{c(X, \bar{X}) | (X, \bar{X}) \text{ ist Schnitt}\} \le c(X, \bar{X}).$$

Abb. 9.12 Vorwärts- und
Rückwärtskanten

Wenn $w_f = c(X, \bar{X})$ ist, dann gilt in dieser Ungleichungskette überall Gleichheit. Also ist dann f ein maximaler Fluss und $(X, \bar{X})$ ein minimaler Schnitt. $\square$

Noch haben wir nicht gezeigt, dass es immer einen maximalen Fluss gibt, dessen Wert *gleich* der Kapazität eines minimalen Schnittes ist. Das Hauptziel dieses Abschnittes ist es, diese Existenz zu beweisen. Wir werden zeigen, dass in Korollar 9.2.4 sogar Gleichheit gilt bzw. dass in Korollar 9.2.5 auch die Umkehrung gilt: *Der Wert eines maximalen Flusses ist stets gleich der Kapazität eines minimalen Schnitts.*

Diese wichtige Erkenntnis wird sich im Folgenden als „Nebenprodukt" ergeben, wenn wir einen maximalen Fluss konstruieren wollen.

Wir gehen von einem beliebigen Netzwerk aus, in dem wir einen maximalen Fluss finden wollen. Dazu führen wir einige Begriffe ein.

Zunächst betrachten wir einen ungerichteten Pfad P, der von einer Ecke e_0 über die Ecken $e_1, e_2, \dots$ zu einer Ecke e_s führt. Dann sind die zugehörigen gerichteten Kanten entweder von der Form (e_i, e_{i+1}) oder von der Form (e_{i+1}, e_i). Erstere zeigen in Richtung des Pfades und heißen **Vorwärtskanten** von P, letztere zeigen entgegen der Pfadrichtung und heißen **Rückwärtskanten** von P (siehe Abb. 9.12).

Unser Ziel ist es, einen Fluss f Schritt für Schritt zu vergrößern, bis er maximal ist. Dazu suchen wir in jedem Schritt einen Pfad von der Quelle zur Senke, mit dessen Kanten der Fluss vergrößert werden kann. Diese Vergrößerung ist möglich, falls

1. keine der Vorwärtskanten ihre volle Kapazität ausnutzt (dann können wir dort den Fluss vergrößern) und
2. alle Rückwärtskanten einen positiven Fluss haben (dann können wir dort den „Rückfluss" verkleinern).

Ein Pfad heißt f-**ungesättigt**, wenn für jede Vorwärtskante k gilt $f(k) < c(k)$ und wenn für jede Rückwärtskante k gilt $f(k) > 0$. Andernfalls heißt er f-**gesättigt**.

Um den Fluss f zu erhöhen, müssen wir einen f-ungesättigten Pfad von der Quelle zur Senke finden.

Wenn wir einen solchen Pfad P gefunden haben, stellt sich gleich die nächste Frage: *Um welchen Betrag können wir den Fluss auf P erhöhen?* Die Antwort darauf ist nicht schwierig. Wir müssen dabei nur die Kapazitätsbeschränkungen der Kanten beachten. Bei jeder Vorwärtskante k dürfen wir höchstens $c(k) - f(k)$ dazuaddieren, bei jeder Rückwärtskante k höchstens $f(k)$ abziehen. Daher bestimmen wir für alle Kanten k des Pfades die Zahlen

$$c(k) - f(k), \text{ falls } k \text{ eine Vorwärtskante ist,}$$

$$f(k), \text{ falls } k \text{ eine Rückwärtskante ist.}$$

Da der Pfad f-ungesättigt ist, sind alle diese Zahlen positiv. Die *kleinste* dieser Zahlen heißt **Inkrement** i_P des Pfades P. Sie gibt an, um welchen Betrag wir den Fluss auf *allen* Kanten des Pfades verbessern dürfen. Wenn wir den Fluss um diesen Betrag auf den Vorwärtskanten erhöhen und auf den Rückwärtskanten erniedrigen, erhalten wir den **revidierten Fluss**

$$f'(k) := \begin{cases} f(k) + i_P, & \text{falls } k \text{ Vorwärtskante in } P \text{ ist,} \\ f(k) - i_P, & \text{falls } k \text{ Rückwärtskante in } P \text{ ist,} \\ f(k), & \text{sonst.} \end{cases}$$

Dass f' tatsächlich ein Fluss ist, wird in Übungsaufgabe 7 gezeigt. Dort wird außerdem bewiesen, dass der Wert des revidierten Flusses um i_P größer ist als der Wert des ursprünglichen Flusses:

$$w_{f'} = w_f + i_P.$$

Wir halten fest: Wenn wir einen f-ungesättigten Pfad von der Quelle zur Senke finden, dann können wir den Fluss im Netzwerk vergrößern.

Was ist aber, wenn kein derartiger Pfad existiert? Die Antwort ist verblüffend einfach: Dann ist der Fluss bereits maximal! Um das nachzuweisen, benötigen wir vorab einen Hilfssatz.

9.2.6 Hilfssatz

Sei f ein Fluss. Wenn kein f-ungesättigter Pfad von der Quelle zur Senke existiert, dann gibt es einen Schnitt $(X, \bar{X})$, für den gilt:

(a) Für jede Kante k aus dem Schnitt $(X, \bar{X})$ gilt $f(k) = c(k)$.

(b) Für jede Kante k aus dem komplementären Schnitt $(\bar{X}, X)$ gilt $f(k) = 0$.

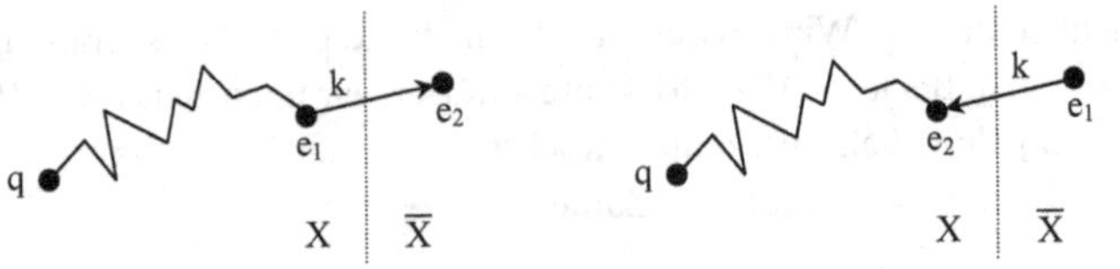

Abb. 9.13 Die Lage der Kante k in (a) und in (b)

Beweis Wir betrachten die Eckenmenge X, die aus der Quelle und all denjenigen Ecken besteht, die mit der Quelle durch einen f-ungesättigten Pfad verbunden sind:

$$X := \{q\} \cup \{e \in E | \text{ es gibt einen } f\text{-ungesättigten Pfad von } q \text{ nach } e\}.$$

Da kein f-ungesättigter Pfad von der Quelle zur Senke existiert, ist die Senke nicht in X enthalten. Also ist $(X, \bar{X})$ ein Schnitt.

Wir beweisen zunächst (a). Sei $k = (e_1, e_2)$ eine Kante aus $(X, \bar{X})$, das heißt, k zeigt von X nach $\bar{X}$. Dann liegt die Anfangsecke e_1 in X und die Endecke e_2 in $\bar{X}$. Nach der Konstruktion von X gibt es dann einen f-ungesättigten Pfad von q nach e_1 (siehe Abb. 9.13). Angenommen, es gälte $f(k) < c(k)$. Dann könnten wir den f-ungesättigten Pfad nach e_1 zu einem f-ungesättigten Pfad nach e_2 verlängern. Damit läge auch e_2 in X, im Widerspruch zu $e_2 \in \bar{X}$.

Nun zu (b). Sei $k = (e_1, e_2)$ eine Kante aus $(\bar{X}, X)$, das heißt, e_1 liegt in $\bar{X}$ und e_2 in X. Dann gibt es einen f-ungesättigten Pfad von der Quelle nach e_2. Angenommen, es wäre $f(k) > 0$. Dann könnten wir den f-ungesättigten Pfad nach e_2 mit k als Rückwärtskante zu einem f-ungesättigten Pfad nach e_1 verlängern. Dann läge e_1 in X, im Widerspruch zu $e_1 \in \bar{X}$.   □

9.2.7 Korollar

> Sei f ein Fluss. Wenn kein f-ungesättigter Pfad von der Quelle zur Senke existiert, dann ist f ein maximaler Fluss.

Beweis Nach Satz 9.2.3 gilt $w_f = c(X, \bar{X})$ und aus Korollar 9.2.5 folgt, dass f maximal ist.   □

Nach diesen Vorarbeiten ist es kein großes Problem mehr, das Hauptergebnis dieses Kapitels zu zeigen.

9.2.8 Maximum-Fluss-Minimum-Schnitt-Satz (Ford und Fulkerson, 1956)

In jedem Netzwerk ist der Wert eines maximalen Flusses gleich der Kapazität eines minimalen Schnittes.

Der *Beweis* besteht darin, einen maximalen Fluss zu konstruieren und von diesem zu zeigen, dass er die behauptete Eigenschaft besitzt.

Sei f ein beliebiger Fluss. Wenn es einen f-ungesättigten Pfad P von der Quelle zur Senke gibt, dann bestimmen wir das Inkrement i_P dieses Pfades und bilden den revidierten Fluss f', dessen Wert um i_P größer ist als der von f.

Mit dem neuen Fluss f' können wir das gleiche Spiel spielen: Wir suchen einen f'-ungesättigten Pfad P' von der Quelle zur Senke. Falls ein solcher existiert, bilden wir einen weiteren revidierten Fluss f'', dessen Wert wiederum größer ist als der von f'. Usw. Auf diese Weise können wir den Wert des Flusses sukzessive erhöhen.

Da der Wert des Flusses nur natürliche Zahlen annehmen kann und nach oben durch die Kapazität eines minimalen Schnitts begrenzt ist, muss diese Prozedur irgendwann abbrechen. Das heißt, irgendwann erreichen wir einen Fluss f^*, so dass es keinen f^*-ungesättigten Pfad von der Quelle zur Senke gibt. Nach Hilfssatz 9.2.6 gibt es dann einen Schnitt $(X, \bar{X})$ mit den Eigenschaften:

(a) Für jede Kante k aus dem Schnitt $(X, \bar{X})$ gilt $f^*(k) = c(k)$.
(b) Für jede Kante k aus dem komplementären Schnitt $(\bar{X}, X)$ gilt $f^*(k) = 0$.

Dann sagt Satz 9.2.3, dass

$$w_{f^*} = c(X, \bar{X})$$

ist. Mit Korollar 9.2.5 ergibt sich dann, dass f^* ein maximaler Fluss und $(X, \bar{X})$ ein minimaler Schnitt ist. □

Die Beweise der Sätze 9.2.6 und 9.2.8 sind konstruktiv. Aus ihnen lässt sich folgendes Verfahren zur Konstruktion eines maximalen Flusses in einem beliebigen Netzwerk ablesen.

9.2.9   Algorithmus zum Finden eines maximalen Flusses

In einem beliebigen Netzwerk kann man einen maximalen Fluss wie folgt
konstruieren:

1. Schritt: Man beginnt mit einem beliebigen Fluss, zum Beispiel dem Nullfluss.
2. Schritt: Man sucht einen f-ungesättigten Pfad von der Quelle zur Senke.
   * Falls ein solcher Pfad existiert, bildet man den revidierten Fluss und
     wendet auf diesen wieder den 2. Schritt an.
   * Falls kein solcher Pfad existiert, hat man einen maximalen Fluss ge-
     funden.

Bemerkung Bei der Suche nach dem f-ungesättigten Pfad von der Quelle zur Senke
kann man systematisch vorgehen, indem man einen f-*ungesättigten Baum* wachsen
lässt:

1. Man startet mit der Quelle als Wurzel.
2. Man lässt einen Baum nach folgenden Regeln wachsen:
   * Vorwärtskanten k werden hinzugefügt, wenn $f(k) < c(k)$ ist.
   * Rückwärtskanten k werden hinzugefügt, wenn $f(k) > 0$ ist.
   Dann ist innerhalb des Baumes jeder von der Quelle ausgehende Pfad f-unge-
   sättigt.
3. Wenn dieser Baum die Senke erreicht, so ist der (eindeutige) Pfad von der Quelle
   zur Senke ein f-ungesättigter Pfad.
   Wenn der Baum nicht mehr weiter wachsen kann und die Senke nicht erreichen
   kann, dann ist der Fluss maximal.

Wie können wir zu einem maximalen Fluss einen zugehörigen minimalen
Schnitt finden? Ganz einfach: Wir bezeichnen die Ecken des Baumes mit X. Dann
besteht X aus der Quelle und allen Ecken, die mit der Quelle über einen f-unge-
sättigten Pfad verbunden sind. Genau wie im Beweis von Hilfssatz 9.2.6 folgt, dass
$(X, \bar{X})$ ein minimaler Schnitt ist. Das bedeutet, dass der minimale Schnitt aus allen
Kanten, die von Blättern des Baumes wegzeigen, besteht.
Wir verdeutlichen unsere Überlegungen durch ein Beispiel, indem wir für ein
konkretes Netzwerk einen maximalen Fluss (und einen minimalen Schnitt) konstruieren.

Abb. 9.14 Der Nullfluss als Startfluss

Abb. 9.15 Ein f-ungesättigter Baum

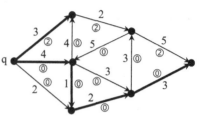

Abb. 9.16 Der nächste Schritt

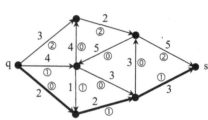

Beispiel Für das Beispielnetzwerk aus Abb. 9.9 soll ein maximaler Fluss konstruiert werden. Dazu beginnen wir mit dem Nullfluss. Wir stellen den Fluss jeder Kante als eingekreiste Zahl dar, um ihn von der Kapazität der Kante zu unterscheiden. Nun suchen wir einen f-ungesättigten Pfad von der Quelle zur Senke. Ein solcher Pfad ist in Abb. 9.14 fett gedruckt dargestellt.

Das Inkrement dieses Pfades ist 2. Daher können wir auf allen (Vorwärts-)Kanten dieses Pfades den Fluss um 2 erhöhen.

Anschließend suchen wir einen f-ungesättigten Pfad von der Quelle zur Senke, indem wir von der Quelle aus einen f-ungesättigten Baum wachsen lassen. Einen solchen Baum zeigt Abb. 9.15.

Dieser Baum enthält einen f-ungesättigten Pfad von der Quelle zur Senke mit dem Inkrement 1. Auf diesem Pfad erhöhen wir daher den Fluss um 1 und suchen einen neuen f-ungesättigten Pfad. Ein mögliches Ergebnis ist in Abb. 9.16 dargestellt.

Auch dieser Pfad hat das Inkrement 1. Wir erhöhen auf ihm also den Fluss um 1 und suchen einen f-ungesättigten Pfad von q nach s. Ein möglicher Pfad ist in Abb. 9.17 zu sehen.

Abb. 9.17 Ein Pfad mit
Rückwärtskante

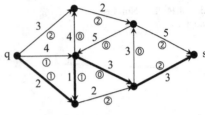

Abb. 9.18 Ein weiterer
Schritt

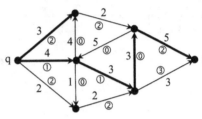

Abb. 9.19 Ein maximaler
Fluss und ein minimaler
Schnitt

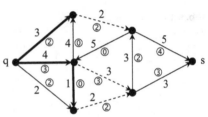

Dieser Pfad enthält eine Rückwärtskante. Von ihr müssen wir das Inkrement 1 abziehen, um den Gesamtfluss zu erhöhen. Den neuen Fluss und einen nächsten f-ungesättigten Baum zeigt die Abb. 9.18.

Das Inkrement des Pfades von der Quelle zur Senke beträgt 2. Der um 2 erhöhte Fluss und ein weiterer f-ungesättigter Baum ergeben sich wie in Abb. 9.19.

Dieser f-ungesättigte Baum kann nicht weiterwachsen, insbesondere kann er die Senke nicht erreichen. Das bedeutet, dass es keinen f-ungesättigten Pfad von der Quelle zur Senke gibt. Das heißt, wir sind am Ziel! Der abgebildete Fluss ist maximal. Er hat den Wert $w_f = 2 + 3 + 2 = 7$.

Der zugehörige minimale Schnitt besteht aus allen Kanten, die von Blättern des Baumes wegzeigen. Die Kanten dieses minimalen Schnitts sind in Abb. 9.19 gestrichelt eingezeichnet. Für die Kapazität dieses Schnitts ergibt sich $2 + 3 + 2 = 7$. Die Kapazität des minimalen Schnitts stimmt also mit dem Wert des maximalen Flusses überein – wie es der Maximum-Fluss-Minimum-Schnitt-Satz vorhersagt.

9.3 Trennende Mengen

In einem Graphen gibt es im Allgemeinen viele verschiedene Wege, die von einer bestimmten Ecke zu einer anderen führen. In diesem Abschnitt werden wir mit Hilfe der Anzahl der Wege zwischen zwei Ecken ausdrücken, wie „zusammenhängend" der Graph ist. Dabei wird der Maximum-Fluss-Minimum-Schnitt-Satz aus dem vorangehenden Abschnitt zur Anwendung kommen.

Sei $\vec{G}$ ein gerichteter Graph. Für eine Teilmenge T der Kantenmenge von $\vec{G}$ bezeichnen wir mit $\vec{G} \setminus T$ den Teilgraphen, der aus $\vec{G}$ entsteht, wenn man alle Kanten aus T entfernt.

Seien e und e^* zwei Ecken von $\vec{G}$. Wir sagen, dass eine Kantenmenge T die Ecken e und e^* **trennt**, wenn der Teilgraph $\vec{G} \setminus T$ keinen gerichteten Weg von e nach e^* enthält. Die Menge T heißt dann auch e und e^* **trennende Kantenmenge**.

Beispiel Wenn man im Graphen aus Abb. 9.20 die gestrichelt eingezeichneten Kanten k_1 und k_2 entfernt, so gibt es keinen Weg mehr von e nach e^*. Daher bildet $\{k_1, k_2\}$ eine e und e^* trennende Kantenmenge.

Es ist klar, dass man zu zwei Ecken e und e^* immer eine trennende Kantenmenge finden kann: Die Menge *aller* Kanten des Graphen trennt in jedem Fall e und e^*, denn wenn man alle Kanten entfernt, gibt es überhaupt keinen Weg mehr, also erst recht keinen von e nach e^*. Das ist keine Kunst. Interessanter ist die Frage: Wie viele Kanten muss man *mindestens* entfernen, damit kein Weg mehr von e nach e^* existiert? Mit anderen Worten: Wie viele Elemente hat eine *minimale* Kantenmenge, die e und e^* trennt?

Bevor wir dieser Frage nachgehen, führen wir einen weiteren Begriff ein, der, wie wir sehen werden, eng damit zusammenhängt.

Seien e und e^* zwei Ecken eines gerichteten Graphen. Ein **Wegesystem** von e nach e^* ist eine Menge von paarweise disjunkten gerichteten Wegen von e nach e^*. Dabei bedeutet **disjunkt**, dass die Wege keine Kanten gemeinsam haben.

Abb. 9.20 Eine e und e^* trennende Kantenmenge

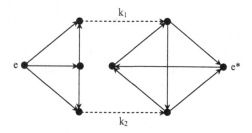

Abb. 9.21 Ein Wegesystem
von e nach e^*.

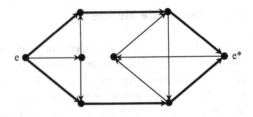

Beispiel In Graphen aus Abb. 9.21 bilden die beiden dick eingezeichneten gerichteten Wege ein Wegesystem von e nach e^*.

Durch wie viele disjunkte Wege sind zwei Ecken eines Graphen höchstens verbunden? Anders ausgedrückt: Wie viele Elemente enthält ein *maximales* Wegesystem? Eine erste Antwort gibt der folgende Hilfssatz, der einen Zusammenhang zwischen minimalen trennenden Mengen und maximalen Wegesystemen herstellt.

9.3.1 Hilfssatz

Sei N ein Netzwerk mit Quelle q, Senke s und der folgendermaßen definierten Kapazitätsfunktion c: $c(k) = 1$ für alle Kanten k. Sei $W_{\max}$ ein maximales Wegesystem von q nach s und $T_{\min}$ eine minimale q und s trennende Kantenmenge. Dann gilt

$$w_f \leq |W_{\max}| \leq |T_{\min}| \leq c(X, \tilde{X})$$

für alle Flüsse f und alle Schnitte $(X, \tilde{X})$ in N.

Beweis Wir zeigen zunächst, dass $w_f \leq |W_{\max}|$ ist. Auf allen $|W_{\max}|$ disjunkten Wegen von $W_{\max}$ kann auf Grund der Kapazität höchstens der Fluss 1 transportiert werden (siehe Abb. 9.22 rechts). Der Wert des Flusses ist also höchstens $|W_{\max}| \cdot 1 = |W_{\max}|$.

Nun zeigen wir $|W_{\max}| \leq |T_{\min}|$: Jeder Weg aus $W_{\max}$ enthält eine Kante aus $T_{\min}$. Denn gäbe es einen Weg von q nach s, der keine Kante aus $T_{\min}$ enthält, dann wäre $T_{\min}$ keine trennende Menge. Da die Wege aus $W_{\max}$ paarweise disjunkt sind, kann insbesondere keine Kante aus $T_{\min}$ mehrfach vorkommen. Insgesamt enthält

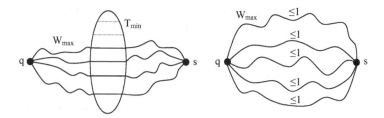

Abb. 9.22 Veranschaulichung des Beweises

also $T_{\min}$ mindestens so viele Kanten wie $W_{\max}$ Wege enthält (siehe Abb. 9.22 links), das heißt $|T_{\min}| \geq |W_{\max}|$.

Es bleibt noch zu zeigen, dass $|T_{\min}| \leq c(X, \bar{X})$ ist. Jeder Schnitt $(X, \bar{X})$ ist auch eine q und s trennende Kantenmenge; denn jeder Weg von $q \in X$ nach $s \in \bar{X}$ muss eine Kante aus $(X, \bar{X})$ enthalten. Die Mächtigkeit einer *minimalen* trennenden Menge ist kleiner oder gleich der Mächtigkeit jeder trennenden Menge. Das gilt insbesondere für die trennenden Menge $(X, \bar{X})$. Das heißt $|T_{\min}| \leq |(X, \bar{X})|$.

Da alle Kanten die Kapazität 1 haben, gilt

$$c(X, \bar{X}) = \sum_{k \in (X, \bar{X})} c(k) = \sum_{k \in (X, \bar{X})} 1 = |(X, \bar{X})|.$$

Zusammen folgt $|T_{\min}| \leq c(X, \bar{X})$.
Damit ist alles bewiesen.   □

Wir werden nun sogar zeigen, dass in jedem gerichteten Graphen minimale trennende Mengen und maximale Wegesysteme gleichmächtig sind.

9.3.2 Satz von Menger (K. Menger, 1902–1985)

Seien e und e^* Ecken eines gerichteten Graphen. Dann ist die Mächtigkeit eines maximalen Wegesystems von e nach e^* gleich der Mächtigkeit einer minimalen e und e^* trennenden Kantenmenge.

Beweis Wir machen aus dem gerichteten Graphen ein Netzwerk, indem wir e als Quelle und e^* als Senke wählen und allen Kanten die Kapazität 1 zuordnen. Sei f

ein maximaler Fluss und $(X, \bar{X})$ ein minimaler Schnitt in diesem Netzwerk. Nach Hilfssatz 9.3.1 gilt dann für jedes maximale Wegesystem $W_{\max}$ von e nach e^* und jede minimale e und e^* trennende Kantenmenge $T_{\min}$:

$$w_f \le |W_{\max}| \le |T_{\min}| \le c(X, \bar{X}).$$

Da f maximal und $(X, \bar{X})$ minimal ist, gilt nach dem Maximum-Fluss-Minimum-Schnitt-Satz $w_f = c(X, \bar{X})$. Daher gilt in obiger Ungleichungskette überall Gleichheit:

$$w_f = |W_{\max}| = |T_{\min}| = c(X, \bar{X}).$$

Insbesondere sind das maximale Wegesystem und die minimale trennende Menge gleichmächtig.   □

Wenn man Wegesysteme und trennende Mengen über *ungerichtete* Wege definiert, dann gilt der Satz von Menger auch für *ungerichtete* Graphen. Davon können Sie sich in Übungsaufgabe 15 überzeugen. Die folgenden Überlegungen beschränken sich daher nicht mehr auf gerichtete Graphen.

Wir definieren die **Kantenzusammenhangszahl** κ_K eines (ungerichteten) Graphen als die Mindestanzahl von Kanten, die man entfernen muss, um einen nichtzusammenhängenden Graphen zu erhalten. Wir nennen einen Graphen k-**fach kantenzusammenhängend**, wenn $k \le \kappa_K$ ist.

Beispiele

(a) Bäume haben die Kantenzusammenhangszahl $\kappa_K = 1$.
(b) Für Kreise gilt $\kappa_K = 2$.

9.3.3   Korollar

> Ein Graph ist genau dann k-fach kantenzusammenhängend, wenn es für je zwei Ecken e und e^* mindestens k disjunkte Wege von e nach e^* gibt.

Beweis Der Graph sei zunächst k-fach kantenzusammenhängend, das heißt $k \le \kappa_K$. Da man mindestens κ_K Kanten entfernen muss, um einen nichtzusammenhängenden Graphen zu erhalten, muss jede zwei Ecken trennende Menge mindestens κ_K

Kanten enthalten. Das gilt auch für jede *minimale* trennende Menge. Nach dem
Satz von Menger muss dann auch jedes maximale Wegesystem zwischen zwei Ecken
mindestens κ_K Elemente enthalten. Das bedeutet: Für jeweils zwei Ecken e und e^*
gibt es ein Wegesystem von e nach e^*, das mindestens κ_K disjunkte Wege von e nach
e^* enthält. Da $\kappa_K \geq k$ ist, gibt es erst recht mindestens k solcher Wege.

Umgekehrt gelte nun für jeweils zwei Ecken e und e^*, dass es mindestens k
disjunkte Wege von e nach e^* gibt. Das bedeutet, dass das maximale Wegesystem
von e nach e^* mindestens k Elemente hat. Da dies für beliebige Ecken gilt, hat *jedes*
maximale Wegesystem des Graphen mindestens k Elemente. Nach dem Satz von
Menger hat dann auch jede minimale trennende Menge mindestens k Elemente.
Das heißt, man muss mindestens k Kanten entfernen, um einen nichtzusammenhängenden Graphen zu erhalten. Also gilt $\kappa_K \geq k$.   □

Man kann den Satz von Menger auch in einer *Eckenversion* formulieren und beweisen. Dazu übertragen wir zunächst die Begriffe „trennende Menge" und „Wegesystem" auf Ecken.

Sei $\vec{G}$ ein gerichteter Graph. Für eine Teilmenge T der Eckenmenge von $\vec{G}$ sei
$\vec{G} \setminus T$ der Teilgraph, der aus $\vec{G}$ entsteht, wenn man alle Ecken aus T und alle Kanten,
die an Ecken aus T angrenzen, entfernt.

Seien e und e^* zwei Ecken von $\vec{G}$. Eine Menge T von Ecken heißt e und e^* **trennende Eckenmenge**, wenn der Teilgraph $\vec{G} \setminus T$ keinen gerichteten Weg von e nach
e^* enthält.

Ein **innerlich disjunktes Wegesystem** von e nach e^* ist Wegesystem von e nach
e^* mit der Eigenschaft, dass je zwei Wege bis auf e und e^* keine Ecken gemeinsam
haben.

9.3.4 Satz von Menger (Eckenversion)

Seien e und e^* nichtbenachbarte Ecken eines gerichteten Graphen $\vec{G}$. Dann
ist die Mächtigkeit eines maximalen innerlich disjunkten Wegesystems von e
nach e^* gleich der Mächtigkeit einer minimalen e und e^* trennenden Eckenmenge.

Beweis Wir führen die Eckenversion des Satzes von Menger auf die Kantenversion
zurück. Die Idee dabei ist, aus den Ecken von $\vec{G}$ Kanten zu machen. Dazu kon-

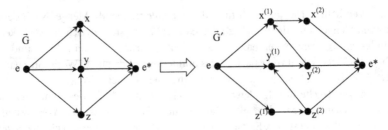

Abb. 9.23 „Aus Ecken werden Kanten"

struieren wir aus $\vec{G}$ einen gerichteten Graphen $\vec{G}'$ nach den folgenden Regeln (vgl. Abb. 9.23):

- Aus jeder Ecke $x \neq e, e^*$ werden zwei Ecken $x^{(1)}$ und $x^{(2)}$ und eine gerichtete Kante $(x^{(1)}, x^{(2)})$ dazwischen.
- Jede gerichtete Kante nach x wird durch eine gerichtete Kante nach $x^{(1)}$ ersetzt.
- Jede gerichtete Kante von x wird durch eine gerichtete Kante von $x^{(2)}$ ersetzt.

Dann entspricht jeder gerichtete Weg von e nach e^* in $\vec{G}'$ genau einem gerichteten Weg von e nach e^* in $\vec{G}$. Ferner sind zwei Wege in $\vec{G}'$ genau dann (kanten-) disjunkt, wenn die entsprechenden Wege in $\vec{G}$ innerlich disjunkt sind. Folglich ist die maximale Anzahl disjunkter Wege in $\vec{G}'$ gleich der maximalen Anzahl innerlich disjunkter Wege in $\vec{G}$. Daher ist die Mächtigkeit eines maximalen Wegesystems $W'_{\max}$ von e nach e^* in $\vec{G}'$ gleich der Mächtigkeit eines maximalen innerlich disjunkten Wegesystems $W_{\max}$ von e nach e^* in $\vec{G}$.

Ähnlich kann man sich überlegen, dass die Mächtigkeiten einer minimalen e und e^* trennenden Kantenmenge $T'_{\min}$ in $\vec{G}'$ und einer minimalen e und e^* trennenden Eckenmenge $T_{\min}$ in $\vec{G}$ übereinstimmen (Übungsaufgabe 16).

Nach der Kantenversion des Satzes von Menger gilt $| T'_{\min} | = | W'_{\max} |$. Insgesamt folgt

$$|W_{\max}| = |W'_{\max}| = |T'_{\min}| = |T_{\min}|.$$

Damit ist der Satz bewiesen.   □

Die Eckenversion des Satzes von Menger gilt auch für ungerichtete Graphen (siehe Übungsaufgabe 15). Daher können wir auch aus ihr Aussagen über ungerichtete Graphen ableiten.

Abb. 9.24 Ein Straßensystem

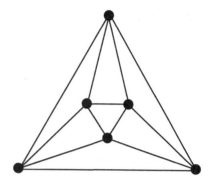

Die **Eckenzusammenhangszahl** κ_E eines Graphen ist die Mindestanzahl von Ecken, die man entfernen muss, um einen nichtzusammenhängenden Graphen zu erhalten. Ein Graph heißt **k-fach eckenzusammenhängend**, wenn $k \leq \kappa_E$ ist.

9.3.5 Korollar

Ein Graph ist genau dann k-fach eckenzusammenhängend, wenn es für jeweils zwei Ecken e und e^* mindestens k innerlich disjunkte Wege von e nach e^* gibt.

Der *Beweis* kann völlig analog zum Beweis von Korollar 9.3.3 geführt werden. □

9.4 Übungsaufgaben

1. Verwandeln Sie das Straßensystem aus Abb. 9.24 in ein System von Einbahnstraßen. Machen Sie dazu aus allen Kanten des Graphen gerichtete Kanten, so dass jede Ecke von jeder anderen aus erreichbar ist.
2. Zeigen Sie: In einem gerichteten Graphen, der keinen gerichteten Kreis enthält, gibt es eine Ecke mit Eingangsgrad 0.
3. Zeigen Sie, dass für gerichtete Graphen gilt

$$\sum_{e \in E} \deg^+(e) = \sum_{e \in E} \deg^-(e).$$

Abb. 9.25 Ein Netzwerk
mit Fluss

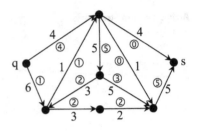

4. Zeigen Sie, dass für Turniere gilt

$$\sum_{e \in E} \left(\deg^+(e) \right)^2 = \sum_{e \in E} \left(\deg^-(e) \right)^2.$$

5. In der folgenden Tabelle sind die Ausgänge eines Spiels vorgeben. Ein „+" in der
   i-ten Zeile und der j-ten Spalte bedeutet, dass Spieler i gegen Spieler j gewonnen
   hat, ein „−", dass j gegen i gewonnen hat.

$i \backslash j$	2	3	4	5	6
1	+	−	−	+	−
2		+	−	+	−
3			+	+	−
4				−	+
5					+

   Zeichnen Sie den Graphen dieses Turniers und finden Sie einen gerichteten
   hamiltonschen Pfad.

6. Ein **gerichteter eulerscher Kreis** ist ein gerichteter Weg, der jede gerichtete
   Kante genau einmal durchläuft und wieder an der Startecke endet. Zeigen Sie:
   Ein zusammenhängender gerichteter Graph enthält genau dann einen gerich-
   teten eulerschen Kreis, wenn für alle Ecken e gilt $\deg^+(e) = \deg^-(e)$.

7. Zeigen Sie, dass der revidierte Fluss tatsächlich ein Fluss ist, und dass sein Wert
   genau um das Inkrement größer ist als der des ursprünglichen Flusses.

8. Bestimmen Sie einen maximalen Fluss und einen minimalen Schnitt im Netzwerk aus Abb. 9.25. Starten Sie mit dem angegebenen Fluss.

9. Bestimmen Sie einen maximalen Fluss und einen minimalen Schnitt im Netzwerk aus Abb. 9.26. Starten Sie mit dem Nullfluss.

10. Finden Sie ein Beispiel für ein Netzwerk, das mehrere maximale Flüsse und
    mehrere minimale Schnitte besitzt.

Abb. 9.26 Ein Netzwerk

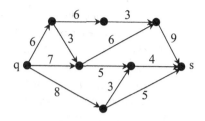

11. Sei $(X, \bar{X})$ ein Schnitt. Zeigen Sie: Wenn f_1 und f_2 maximale Flüsse sind, dann gilt $f_1(k) = f_2(k)$ für alle Kanten k des Schnitts $(X, \bar{X})$. Gilt auch die Umkehrung?

12. Zeigen Sie: Wenn $(X_1, \bar{X}_1)$ und $(X_2, \bar{X}_2)$ minimale Schnitte sind, dann sind auch $(X_1 \cap X_2, \overline{X_1 \cap X_2})$ und $(X_1 \cup X_2, \overline{X_1 \cup X_2})$ minimale Schnitte.

13. Man kann auch Netzwerke mit mehrere Quellen $q_1, \ldots, q_s$ und mehreren Senken $s_1, \ldots, s_t$ betrachten. Überlegen Sie sich, wie man diesen Fall auf den Fall nur einer Quelle und Senke zurückführen kann. [*Hinweis:* Führen Sie ein neue Quelle q und eine neue Senke s ein, die mit $q_1, \ldots, \dot{q}_s$ bzw. mit $s_1, \ldots, s_t$ über Kanten mit unendlich großer Kapazität verbunden werden.]

14. Den **assoziierten gerichteten Graphen** eines Graphen erhält man, indem man jede ungerichtete Kante $\{e_1, e_2\}$ durch zwei gerichtete Kanten (e_1, e_2) und (e_2, e_1) ersetzt (siehe Abb. 9.27). Zeigen Sie: Jeder gerichtete Pfad im assoziierten gerichteten Graph entspricht genau einem Pfad im ursprünglichen ungerichteten Graph und umgekehrt.

15. Zeigen Sie, dass der Satz von Menger (in der Kanten- und der Eckenversion) auch für ungerichtete Graphen G gilt. Definieren Sie dazu Wegesysteme und trennende Mengen über ungerichtete Wege und wenden Sie Satz 9.3.2 bzw. Satz 9.3.4 auf den assoziierten gerichteten Graphen von G an.

16. Vervollständigen Sie den Beweis des Satzes von Menger in der Eckenversion, indem Sie $|T'_{\min}| = |T_{\min}|$ zeigen.

▶ **Didaktische Anmerkungen** Dieses Kapitel ist als Ergänzung des vorherigen zu sehen. Insofern könnte es eine Projektwoche zum Thema Graphentheorie ergänzen. In der Mittelstufe müsste man auf größeren

Abb. 9.27 Übergang zum assoziierten gerichteten Graphen

Formalismus und einige Beweise verzichten, der zentrale Algorithmus zum Finden eines maximalen Flusses sollte im Vordergrund stehen. Für die Klassen 6–10 ist das Schülerarbeitsheft „Mathe-Welt: U-Bahnpläne und kurze Wege" der Zeitschrift „Mathematik lehren" Nr. 129 (2005) des Friedrich Verlags gut geeignet. Ein zum Thema passender Jugendroman ist „Das Geheimnis des kürzesten Weges" von Gritzmann und Brandenberg (Verlag Springer).

Auch im Informatikunterricht der Qualifikationsphase Q4 könnte „Graphen und Netzwerke" als Wahlthema unter einem algorithmischen Schwerpunkt vertiefend behandelt werden. Unter www.matheprisma. de gibt es einen passenden Lernpfad zum Thema „Wege auf Graphen". Als Ergänzung ist außerdem das Buch „Abenteuer Informatik" von Jens Gallenbacher (Verlag Springer Spektrum) zu empfehlen.

Literatur

Aigner, M.: Diskrete Mathematik, 6. Aufl. Verlag Vieweg, Braunschweig und Wiesbaden (2006)

Biggs, N.L.: Discrete Mathematics. Oxford University Press, Oxford (1996)

Bondy, J.A., Murty, U.S.R.: Graph Theory with Applications. Macmillan Press, London (1978)

Clark, J., Holton, D.A.: Graphentheorie. Spektrum Akademischer Verlag, Heidelberg (1994)

Jungnickel, D.: Graphen, Netzwerke und Algorithmen. Spektrum Akademischer Verlag, Heidelberg (1994)

van Lint, J.H., Wilson, R.M.: A Course In Combinatorics, 2. Aufl. Cambridge University Press, Cambridge (2001)

Boolesche Algebra

10

Die Boolesche Algebra stellt die Grundlage für den Entwurf von elektronischen Schaltungen bis hin zu Computern dar. Sie ist nach George Boole (1815–1864) benannt, der als erster eine „Algebra der Logik" entwickelt hat. Diese kennt nur die beiden Zustände „wahr" und „falsch", die in einem Schaltkreis den grundlegenden Zuständen „Strom fließt" und „Strom fließt nicht" entsprechen. Diese beiden Zustände werden im Folgenden durch die Zahlen 1 und 0 modelliert.

10.1 Grundlegende Operationen und Gesetze

Die Boolesche Algebra geht von der Menge $\{0, 1\}$ aus. Auf dieser Menge sind folgende drei Operationen definiert.

1. Die **Konjunktion** $\wedge$ (**Und**-Verknüpfung) ist eine binäre Verknüpfung, hängt also von zwei Argumenten ab. Sie ist genau dann 1, wenn das erste *und* das zweite Argument 1 ist, und in jedem anderen Fall 0. Der Ausdruck $a \wedge b$ wird „a und b" gelesen.
2. Auch die **Disjunktion** $\vee$ (**Oder**-Verknüpfung) ist eine binäre Verknüpfung. Sie ist genau dann 1, wenn das erste *oder* das zweite Argument 1 ist, und sonst 0. Der Ausdruck $a \vee b$ wird „a oder b" gelesen. „Oder" ist dabei als einschließendes Oder zu verstehen, das heißt nicht im Sinne von „entweder oder".
3. Die **Negation** $\neg$ verlangt nur ein Argument. Sie ist 0, wenn das Argument 1 ist, und 1, wenn das Argument 0 ist. Die Negation heißt auch **Nicht**-Operator, und man liest $\neg a$ als „nicht a".

Diese drei Verknüpfungen kann man durch die Verknüpfungstafeln in Abb. 10.1 darstellen.

A. Beutelspacher und M.-A. Zschiegner, *Diskrete Mathematik für Einsteiger,* DOI 10.1007/978-3-658-05781-7_10, © Springer Fachmedien Wiesbaden 2014

Abb. 10.1 Verknüpfungstafeln der drei booleschen
Operatoren

∧	0	1
0	0	0
1	0	1

∨	0	1
0	0	1
1	1	1

x	¬x
0	1
1	0

Um komplexere boolesche Ausdrücke zu erhalten, können diese drei Operationen mehrfach hintereinander ausgeführt werden. Dabei ist zu beachten, dass die Operationen unterschiedliche Priorität haben: ¬ kommt vor ∧, und ∧ kommt vor ∨. Möchte man andere Prioritäten setzen, so muss man die entsprechenden Teilausdrücke in Klammern setzen.

Beispiel Es gilt $\neg 0 \vee 1 \wedge 0 = (\neg 0) \vee (1 \wedge 0) = 1 \vee 0 = 1$.

Für die Operationen ∧, ∨ und ¬ gelten eine Reihe Rechengesetze. Sie sind uns vom Umgang mit den rationalen und reellen Zahlen her vertraut, wenn wir an Addition und Multiplikation denken.

10.1.1 Satz

Für alle $x, y, z \in \{0, 1\}$ gelten die folgenden Gesetze:

(a) *Kommutativgesetze:*

$$x \wedge y = y \wedge x \quad \text{und} \quad x \vee y = y \vee x.$$

(b) *Assoziativgesetze:*

$$x \wedge (y \wedge z) = (x \wedge y) \wedge z \quad \text{und} \quad x \vee (y \vee z) = (x \vee y) \vee z.$$

(c) *Distributivgesetze:*

$$x \vee (y \wedge z) = (x \vee y) \wedge (x \vee z) \quad \text{und} \quad x \wedge (y \vee z) = (x \wedge y) \vee (x \wedge z).$$

(d) *Existenz neutraler Elemente:*

$$1 \wedge x = x \quad \text{und} \quad 0 \vee x = x.$$

(e) *Existenz des Komplements:*

$$x \wedge \neg x = 0 \quad \text{und} \quad x \vee \neg x = 1.$$

x	y	z	$y \wedge z$	$x \vee (y \wedge z)$	$x \vee y$	$x \vee z$	$(x \vee y) \wedge (x \vee z)$
0	0	0	0	0	0	0	0
0	0	1	0	0	0	1	0
0	1	0	0	0	1	0	0
0	1	1	1	1	1	1	1
1	0	0	0	1	1	1	1
1	0	1	0	1	1	1	1
1	1	0	0	1	1	1	1
1	1	1	1	1	1	1	1

Abb. 10.2 Beweis des ersten Distributivgesetzes

Beweis Exemplarisch beweisen wir das erste Distributivgesetz. Dazu zeigen wir einfach, dass sich für alle möglichen Werte von x, y und z auf der linken Seite stets das Gleiche ergibt wie auf der rechten. Dies kann man am übersichtlichsten mit einer Wertetabelle darstellen (siehe Abb. 10.2).

Wir sehen, dass die beiden dick umrandeten Spalten in allen Fällen übereinstimmen. Damit ist das erste Distributivgesetz bewiesen. Sie sind in Übungsaufgabe 1 eingeladen, die anderen Gesetze auf eine ähnliche Weise nachzuweisen.   □

Bemerkung Oft wird der Begriff Boolesche Algebra weiter gefasst, als wir es hier tun. Man kann die Gesetze aus Satz 10.1.1 auch als *Axiome* fordern und sagen: „Eine Menge mit den Operationen $\wedge$, $\vee$ und $\neg$ heißt **Boolesche Algebra**, wenn die folgenden Gesetze gelten ...".

Dann folgt nach Satz 10.1.1, dass die von uns betrachtete Menge $\{0, 1\}$ zusammen mit der Und-, Oder- und Nicht-Operation eine Boolesche Algebra ist.

Allerdings ist sie dann nicht mehr die einzige. Zum Beispiel bildet dann auch die Menge aller Teilmengen einer Menge eine Boolesche Algebra, wenn man als Operationen die Mengenoperationen Durchschnitt, Vereinigung und Komplement nimmt.

Es fällt auf, dass die Gesetze aus Satz 10.1.1 jeweils aus zwei Teilen bestehen, die auseinander hervorgehen, wenn man $\wedge$ und $\vee$, sowie 1 und 0 vertauscht. Aus dieser Symmetrie folgt, dass wir auch in jeder Folgerung aus diesen Gesetzen diese Vertauschungen durchführen können. Diese Eigenschaft der Booleschen Algebra heißt **Dualität**. Ein Satz, der durch Vertauschen von $\wedge$ und $\vee$ und von 1 und 0 aus einem anderen Satz hervorgeht, heißt zu diesem **dual**.

10.1.2   Korollar (Dualität)

Jede Aussage, die aus Satz 10.1.1 folgt, bleibt gültig, wenn die Operationen $\wedge$ und $\vee$ sowie die Elemente 1 und 0 überall gleichzeitig vertauscht werden. $\square$

Eine erste Anwendung findet die Dualität beim Beweis des folgenden Satzes, der weitere Gesetze der Booleschen Algebra beschreibt.

10.1.3   Satz

Für alle $x, y \in \{0, 1\}$ gelten die folgenden Gesetze:

(a) *Absorptionsgesetze:*

$$x \wedge (x \vee y) = x \quad \text{und} \quad x \vee (x \wedge y) = x.$$

(b) *Idempotenzgesetze:*

$$x \vee x = x \quad \text{und} \quad x \wedge x = x.$$

(c) *Involutionsgesetz:*
$$\neg(\neg x) = x.$$

(d) *Gesetze von de Morgan* (*Augustus de Morgan*, 1806–1871):

$$\neg(x \wedge y) = \neg x \vee \neg y \quad \text{und} \quad \neg(x \vee y) = \neg x \wedge \neg y.$$

Beweis Eine Möglichkeit, diese Gesetze zu beweisen, ist sicherlich, wieder alle möglichen Werte für x und y einzusetzen und zu überprüfen, ob die linke und rechte Seite übereinstimmen. Diese Möglichkeit bietet sich für den Nachweis von (c) und (d) an.

Eine andere Möglichkeit ist, die bereits bewiesenen Gesetze aus Satz 10.1.1 anzuwenden. Dies wollen wir am Beispiel von (a) und (b) verdeutlichen. Es gilt

$$x \wedge (x \vee y) = (x \vee 0) \wedge (x \vee y) = x \vee (0 \wedge y) = x \vee 0 = x.$$

Dies ist das erste Absorptionsgesetz. Auf Grund der Dualität können wir in jedem dieser Schritte, also auch im Endergebnis, $\wedge$ und $\vee$ sowie 1 und 0 vertauschen und erhalten daraus das zweite Absorptionsgesetz: $x \vee (x \wedge y) = x$.

Ferner gilt

$$x \vee x = (x \vee x) \wedge 1 = (x \vee x) \wedge (x \vee \neg x) = x \vee (x \wedge \neg x) = x \vee 0 = x;$$

damit haben wir das erste Idempotenzgesetz gezeigt. Das zweite Idempotenzgesetz folgt wiederum aus der Dualität.

Machen Sie sich klar, welche Gesetze aus Satz 10.1.1 an welcher Stelle angewendet wurden. Sie können beide Beweismöglichkeiten einüben, indem Sie die restlichen Gesetze nachweisen (siehe Übungsaufgaben 5 und 7). □

10.2 Boolesche Funktionen und ihre Normalformen

Eine boolesche Funktion ist eine Abbildung, die jeweils n Bits auf ein einziges Bit abbildet. Formal können wir das wie folgt ausdrücken: Eine n-**stellige boolesche Funktion** ist eine Abbildung

$$f : \{0,1\}^n \to \{0,1\}.$$

Das bedeutet, dass jedem n-Tupel $(x_1, x_2, \ldots, x_n)$ mit $x_i \in \{0, 1\}$ eindeutig eine Zahl

$$f(x_1, x_2, \ldots, x_n) \in \{0,1\}$$

zugeordnet wird.

In der Schaltungstechnik können wir uns eine boolesche Funktion als Schaltung vorstellen, die aus mehreren Eingabebits ein einziges Ausgabebit (zum Beispiel die Summe der Eingabebits modulo 2) berechnet.

x	y	f_1	f_2	f_3	f_4	f_5	f_6	f_7	f_8	f_9	f_{10}	f_{11}	f_{12}	f_{13}	f_{14}	f_{15}	f_{16}
0	0	0	0	0	0	0	0	0	0	1	1	1	1	1	1	1	1
0	1	0	0	0	0	1	1	1	1	0	0	0	0	1	1	1	1
1	0	0	0	1	1	0	0	1	1	0	0	1	1	0	0	1	1
1	1	0	1	0	1	0	1	0	1	0	1	0	1	0	1	0	1

Abb. 10.3 Alle 2-stelligen booleschen Funktionen

10.2.1 Satz

Es gibt $2^{(2^n)}$ verschiedene n-stellige boolesche Funktionen.

Beweis Die Menge $\{0, 1\}^n$ besteht aus 2^n Elementen. Um eine boolesche Funktion festzulegen, muss man für jedes dieser 2^n Elemente das Bild festlegen. Für jedes Element gibt es dabei genau zwei Möglichkeiten: 0 oder 1. Insgesamt gibt es also

$$\underbrace{2 \cdot 2 \cdot \ldots \cdot 2}_{2^n \text{ Faktoren}} = 2^{(2^n)}$$

Möglichkeiten, die boolesche Funktion festzulegen. $\square$

Beispiel Die vier 1-stelligen booleschen Funktionen sind die Nullfunktion $f(x) := 0$, die Identität $f(x) := x$, die Negation $f(x) := \neg x$ und die Einsfunktion $f(x) := 1$.

Wir wollen im Folgenden die 2-stelligen booleschen Funktionen genauer untersuchen. All diese Funktionen sind in Abb. 10.3 aufgelistet.

Einige dieser 2-stelligen booleschen Funktionen sind uns schon bekannt. So erkennen wir etwa in f_2 die Konjunktion (Und-Verknüpfung) wieder, denn an der Wertetabelle (Abb. 10.3) können wir ablesen

$$f_2(x, y) = x \wedge y.$$

Die Funktion f_8 ist die Disjunktion (Oder-Verknüpfung):

$$f_8(x, y) = x \vee y.$$

Aber auch andere 2-stellige boolesche Funktionen sind von besonderer Bedeutung. Ihre Bedeutung wird klarer, wenn wir sie als boolesche Ausdrücke schreiben, also als Verknüpfungen von $\wedge$, $\vee$ und $\neg$.

Die Funktion f_9 lässt sich als

$$f_9(x,y) = \neg(x \vee y)$$

schreiben. Es handelt sich dabei also um eine negierte Oder-Verknüpfung. Daher wird sie auch als **NOR**-Verknüpfung (vom englischen „not or") bezeichnet.

Genauso gibt es auch eine **NAND**-Verknüpfung (von „not and"). In der Tabelle finden wir sie als

$$f_{15}(x,y) = \neg(x \wedge y).$$

Die Funktion f_7 ergibt genau dann 1, wenn ihre beiden Argumente unterschiedlich sind, das heißt, wenn *entweder x oder y* gleich 1 ist. Daher können wir sie als

$$f_7(x,y) = (x \vee y) \wedge \neg(x \wedge y)$$

schreiben. Vom englischen „exclusive or" für „ausschließendes Oder" leitet sich ihr Name ab: **XOR**-Verknüpfung.

Durch Negation der XOR-Verknüpfung erhalten wir die Funktion

$$f_{10}(x,y) = (x \wedge y) \vee \neg(x \vee y)$$

Sie ist genau dann gleich 1, wenn ihre beiden Argumente gleich („äquivalent") sind. Daher heißt sie **Äquivalenzfunktion**.

Die Funktion f_{14} ergibt stets 1, außer wenn $x = 1$ und $y = 0$ ist. Sie heißt **Implikation** und lässt sich wie folgt als boolescher Ausdruck schreiben:

$$f_{14}(x,y) = \neg x \vee y.$$

Bei einigen der bisher betrachteten booleschen Funktionen war es ganz einfach, von der Wertetabelle auf einen booleschen Ausdruck zu kommen. Bei anderen haben wir eine ganze Menge Intuition gebraucht. Daher stellt sich die Frage, wie man systematisch von der Wertetabelle einer Funktion auf einen booleschen Ausdruck schließen kann.

Es ist klar, dass ein solcher boolescher Ausdruck nicht eindeutig sein kann, denn boolesche Ausdrücke können mittels der Gesetze aus Abschn. 10.1 umgeformt werden. So beschreiben beispielsweise die beiden Ausdrücke $x \wedge (y \vee z)$ und

$(x \wedge y) \vee (x \wedge z)$ die gleiche Funktion, da sie auf Grund des Distributivgesetzes ineinander umgeformt werden können.

Damit können wir unser Ziel klar formulieren: Gesucht ist ein möglichst einfacher Ausdruck, den man möglichst einfach aus der Wertetabelle erhalten kann.

Dieses Ziel erreichen wir in zwei Schritten: Zunächst werden wir die *Normalformen* kennen lernen. Dabei handelt es sich spezielle Formen von booleschen Ausdrücken, die man aus der Wertetabelle „ablesen" kann. Da diese Normalformen oft eine komplizierte Gestalt haben, werden wir danach untersuchen, wie man boolesche Ausdrücke vereinfachen kann.

Ein boolescher Ausdruck besteht im Allgemeinen aus mehreren (eventuell negierten) Variablen, die durch $\wedge$ und $\vee$ verknüpft sind. Wir werden uns im Folgenden überlegen, wie man jeden Ausdruck so umformen kann, dass diese beiden Operationen „getrennt" werden. Dazu gibt es zwei Möglichkeiten: Entweder werden die Variablen zunächst durch $\wedge$ verknüpft (innere Verknüpfung) und die daraus entstehenden Terme anschließend durch $\vee$ verbunden (äußere Verknüpfung) oder umgekehrt. Je nachdem, welche Operation dabei als äußere durchgeführt wird, erhält man auf diese Weise eine *disjunktive* bzw. eine *konjunktive Normalform* des booleschen Ausdrucks.

Wir wollen uns zunächst mit der ersten Möglichkeit beschäftigen. Eine **Vollkonjunktion** ist ein boolescher Ausdruck, in dem alle Variablen genau einmal vorkommen und durch $\wedge$ (konjunktiv) verbunden sind. Dabei dürfen die Variablen auch negiert auftreten.

Ein Ausdruck liegt in der **disjunktiven Normalform** vor, wenn er aus Vollkonjunktionen besteht, die durch $\vee$ (disjunktiv) verknüpft sind.

Beispiel Der boolesche Ausdruck

$$(x \wedge \neg y \wedge \neg z) \vee (\neg x \wedge y \wedge \neg z) \vee (x \wedge \neg y \wedge z)$$

ist aus drei Vollkonjunktionen aufgebaut, die durch $\vee$ verknüpft sind. Er liegt also in der disjunktiven Normalform vor.

Wir wollen nun ein Verfahren beschreiben, wie man von der Wertetabelle einer booleschen Funktion zu ihrem Ausdruck in disjunktiver Normalform gelangen kann.

Als Beispiel betrachten wir die 3-stellige boolesche Funktion f, die durch die Wertetabelle in Abb. 10.4 gegeben ist.

Um die disjunktive Normalform aufzustellen, müssen wir Vollkonjunktionen finden, die, wenn man sie mit $\vee$ verknüpft, die Funktion f darstellen. Dazu gehen wir schrittweise vor.

Abb. 10.4 Wertetabelle
einer booleschen Funktion

Zeile	x	y	z	f(x, y, z)
1	0	0	0	0
2	0	0	1	0
3	0	1	0	1
4	0	1	1	1
5	1	0	0	0
6	1	0	1	0
7	1	1	0	0
8	1	1	1	1

1. Schritt: *Wir suchen die Zeilen, die den Funktionswert 1 liefern.* Hier sind dies die Zeilen 3, 4 und 8.

2. Schritt: *Für jede dieser Zeilen stellen wir die Vollkonjunktion auf, die für die Variablenwerte dieser Zeilen den Wert 1 liefert.* Dazu verknüpfen wir alle Variablen durch $\wedge$, wobei genau diejenigen negiert werden, deren Wert in der entsprechenden Zeile gleich 0 ist. Auf diese Weise erhalten wir für
Zeile 3: $\neg x \wedge y \wedge \neg z$,
Zeile 4: $\neg x \wedge y \wedge z$,
Zeile 8: $x \wedge y \wedge z$.

3. Schritt: *Diese Vollkonjunktionen werden durch $\vee$ verknüpft.* Durch die Verknüpfung mit $\vee$ ist der resultierende Ausdruck genau dann gleich 1, wenn eine dieser Vollkonjunktionen gleich 1 ist, das heißt für die Variablenwerte der Zeilen 3, 4 und 5. Der resultierende Ausdruck hat daher die gleiche Wertetabelle wie die Funktion f, stellt also die gleiche Funktion dar. Damit haben wir die disjunktive Normalform von f gefunden. In unserem Fall lautet sie

$$f(x, y, z) = (\neg x \wedge y \wedge \neg z) \vee (\neg x \wedge y \wedge z) \vee (x \wedge y \wedge z).$$

Offensichtlich enthält die disjunktive Normalform genau so viele Vollkonjunktionen, wie in der Wertetabelle der Funktionswert 1 vorkommt. Daher bietet es sich an, die disjunktive Normalform aufzustellen, wenn der Funktionswert 1 relativ selten vorkommt.

Treten in der Wertetabelle viele Einsen auf, so ist es günstiger, die *konjunktive* Normalform zu verwenden. Diese ist wie folgt definiert.

Abb. 10.5 Wertetabelle
einer booleschen Funktion

Zeile	x	y	z	f(x, y, z)
1	0	0	0	1
2	0	0	1	0
3	0	1	0	0
4	0	1	1	1
5	1	0	0	1
6	1	0	1	1
7	1	1	0	0
8	1	1	1	1

Eine **Volldisjunktion** ist ein boolescher Ausdruck, in dem alle Variablen genau einmal vorkommen und $\vee$ (disjunktiv) verbunden sind. Dabei dürfen die Variablen auch negiert auftreten.

Ein Ausdruck liegt in der **konjunktiven Normalform** vor, wenn er aus Volldisjunktionen besteht, die durch $\wedge$ (konjunktiv) verknüpft sind.

Beispiel Der boolesche Ausdruck

$$(\neg x \vee y \vee \neg z) \wedge (\neg x \vee \neg y \vee z) \wedge (x \vee \neg y \vee z)$$

liegt in der konjunktiven Normalform vor, da er aus drei Volldisjunktionen aufgebaut ist, die durch $\wedge$ verknüpft sind.

Das Verfahren, mit dem man von der Wertetabelle einer booleschen Funktion zu ihrem Ausdruck in konjunktiver Normalform gelangt, funktioniert ähnlich wie das Verfahren für die disjunktive Normalform. Genau genommen ist es „dual" zum vorherigen Verfahren. Das heißt, die beiden Verfahren gehen auseinander hervor, wenn man $\wedge$ durch $\vee$ und 1 durch 0 ersetzt.

Als Beispiel wollen wir die konjunktive Normalform der 3-stelligen Funktion aufstellen, die durch die Wertetabelle aus Abb. 10.5 gegeben ist.

Wieder gehen wir schrittweise vor.

1. Schritt: *Wir suchen die Zeilen, die den Funktionswert 0 liefern.* Hier sind dies die Zeilen 2, 3 und 7.

2. Schritt: *Für jede dieser Zeilen stellen wir die Volldisjunktion auf, die für die Variablenwerte dieser Zeilen den Wert 0 liefert.* Dazu verknüpfen wir alle Variablen durch $\vee$, wobei genau diejenigen negiert werden, deren Wert in der entsprechenden Zeile gleich 1 ist. Auf diese Weise erhalten wir für

Zeile 2: $x \vee y \vee \neg z$,

Zeile 3: $x \vee \neg y \vee z$,

Zeile 7: $\neg x \vee \neg y \vee z$.

3. Schritt: *Diese Volldisjunktionen werden durch* $\wedge$ *verknüpft.* Durch die Verknüpfung mit $\wedge$ ist der resultierende Ausdruck genau dann gleich 0, wenn eine dieser Volldisjunktionen gleich 0 ist, das heißt für die Variablenwerte der Zeilen 2, 3 und 7. Der resultierende Ausdruck hat daher die gleiche Wertetabelle wie die Funktion f, stellt also die gleiche Funktion dar. Damit haben wir die konjunktive Normalform von f gefunden. Sie lautet

$$f(x, y, z) = (x \vee y \vee \neg z) \wedge (x \vee \neg y \vee z) \wedge (\neg x \vee \neg y \vee z).$$

Mit den beiden beschriebenen Verfahren kann man zu jeder booleschen Funktion, die durch eine Wertetabelle gegeben ist, einen booleschen Ausdruck finden. Je nach Gestalt der Wertetabelle bietet sich dabei eher die disjunktive oder die konjunktive Normalform an. Auch zu einem gegebenen Ausdruck kann man eine Normalform finden, indem man zunächst die Wertetabelle aufstellt.

10.3 Vereinfachen von booleschen Ausdrücken

Wir haben gesehen, dass man die disjunktive und die konjunktive Normalform einer booleschen Funktion direkt aus ihrer Wertetabelle ablesen kann. Allerdings sehen die entstehenden Terme oft sehr unübersichtlich aus. Daher wollen wir uns in diesem Abschnitt damit beschäftigen, wie man boolesche Ausdrücke vereinfachen kann.

Prinzipiell kann man zur Vereinfachung eines booleschen Ausdrucks alle Gesetze aus Abschn. 10.1 anwenden. Um ein Verfahren zu finden, das man für beliebige Ausdrücke benutzen kann, ist es allerdings unumgänglich, systematisch vorzugehen. Wir wollen im Folgenden das Verfahren von Karnaugh und Veitch vorstellen. Dabei handelt es sich um ein graphisches Verfahren, das sich für Funktionen mit bis zu vier Variablen einfach durchführen lässt. Möchte man Funktionen mit mehr als vier Variablen vereinfachen, so muss man in Kauf nehmen, dass die benötigten Diagramme recht unübersichtlich werden (siehe Beuth 1991). Alternativ kann man auf das Verfahren von Quine und McCluskey zurückgreifen, das allerdings auf eine graphische Darstellung verzichtet (siehe etwa Blieberger u. a. 1996).

Das **Verfahren von Karnaugh und Veitch** geht von der disjunktiven Normalform aus. Die Grundidee des Verfahrens ist, den Ausdruck systematisch so umzuformen, dass Terme der Form $x \vee \neg x$ entstehen. Nach Satz 10.1.1 (e) haben diese Terme stets den Wert 1 und können in einer Konjunktion weggelassen werden.

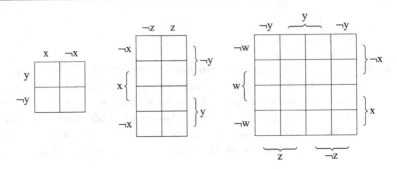

Abb. 10.6 KV-Diagramme für 2-, 3- und 4-stellige Funktionen

Um dies zu erreichen, geht man wie folgt vor. Der in disjunktiver Normalform vorliegende Ausdruck wird in einem Karnaugh-Veitch-Diagramm (kurz: **KV-Diagramm**) dargestellt. Dabei handelt es sich um ein rechteckiges Schema, in dem jedes Feld genau einer möglichen Vollkonjunktion entspricht. Je nach Anzahl der Variablen sieht dieses Diagramm unterschiedlich aus. Die KV-Diagramme für 2-, 3- und 4-stellige Funktionen sind in Abb. 10.6 dargestellt.

Beispielsweise entsprechen in diesen drei KV-Diagrammen die Felder links unten den Vollkonjunktionen

$$x \wedge \neg y, \neg x \wedge y \wedge \neg z \quad \text{bzw.} \quad \neg w \wedge x \wedge \neg y \wedge z.$$

Um einen kompletten Ausdruck, der in disjunktiver Normalform vorliegt, einzutragen, schreiben wir für jede Vollkonjunktion, die in dem Ausdruck vorkommt, eine 1 in das entsprechende Feld des KV-Diagramms. Zum Beispiel wird die 4-stellige boolesche Funktion

$$f(w, x, y, z) = (w \wedge x \wedge \neg y \wedge z) \vee (w \wedge x \wedge y \wedge z) \vee (\neg w \wedge x \wedge \neg y \wedge z)$$
$$\vee (\neg w \wedge x \wedge y \wedge z) \vee (\neg w \wedge \neg x \wedge \neg y \wedge z) \vee (\neg w \wedge \neg x \wedge \neg y \wedge \neg z)$$
$$\vee (w \wedge \neg x \wedge y \wedge \neg z) \vee (w \wedge \neg x \wedge \neg y \wedge \neg z)$$

durch das KV-Diagramm in Abb. 10.7 dargestellt.

Wie können wir solche KV-Diagramme benutzen, um einen Ausdruck zu vereinfachen? Dazu nutzen wir eine besondere Eigenschaft dieser Diagramme aus: *Benachbarte Felder unterscheiden sich genau um eine Variable.* Das bedeutet, benachbarte Felder repräsentieren fast den gleichen Ausdruck; die beiden Ausdrücke unterscheiden sich lediglich dadurch, dass genau eine Variable einmal negiert und

Abb. 10.7 KV-Diagramm der Funktion f

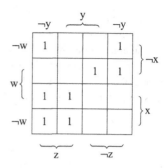

einmal nicht negiert auftritt. So lauten beispielsweise die beiden Ausdrücke, die zu den ersten beiden Feldern der untersten Zeile von Abb. 10.7 gehören

$$\neg w \wedge x \wedge \neg y \wedge z \quad \text{und} \quad \neg w \wedge x \wedge y \wedge z.$$

Diese beiden benachbarten Ausdrücke unterscheiden sich nur durch die Variable y, sie kommt einmal negiert und einmal nicht negiert vor.

Wenn in zwei benachbarten Feldern Einsen eingetragen sind, bedeutet das, dass die dargestellte Funktion die beiden entsprechenden Konjunktionen enthält. Die beiden Einsen in der untersten Zeile von Abb. 10.7 zeigen zum Beispiel, dass die Funktion f folgende Gestalt hat:

$$f(w, x, y, z) = \dots \vee (\neg w \wedge x \wedge \neg y \wedge z) \vee (\neg w \wedge x \wedge y \wedge z) \vee \dots$$

Da die beiden Ausdrücke sich nur in einer Variablen (hier in y) unterscheiden, können wir die restlichen Variablen nach dem Distributivgesetz ausklammern:

$$(\neg w \wedge x \wedge \neg y \wedge z) \vee (\neg w \wedge x \wedge y \wedge z) = (\neg w \wedge x \wedge z) \wedge (\neg y \vee y).$$

Nach Satz 10.1.1 (e) gilt $\neg y \vee y = 1$. Nach Satz 10.1.1 (d) können wir diese durch $\wedge$ verknüpfte 1 weglassen, und es ergibt sich der vereinfachte Ausdruck

$$(\neg w \wedge x \wedge \neg y \wedge z) \vee (\neg w \wedge x \wedge y \wedge z) = \neg w \wedge x \wedge z.$$

Mit Hilfe dieser Umformungsschritte haben wir uns klargemacht, wie man eine boolesche Funktion vereinfachen kann. In der Praxis werden wir diese Schritte nicht einzeln durchführen sondern nach folgendem Schema vorgehen: *Wir suchen nach benachbarten Einsen im KV-Diagramm. Die zugehörigen beiden Terme können dann zusammengefasst werden, indem diejenige Variable gestrichen wird, die einmal negiert und einmal nicht negiert vorkommt.*

Dabei ist zu beachten, dass auch gegenüberliegende Randfelder als benachbart gelten sollen. In diesem Sinne sind in Abb. 10.7 etwa die beiden Felder links und rechts oben benachbart; auch sie unterscheiden sich in genau einer Variablen, in diesem Fall in z. Die zugehörige Vereinfachung lautet

$$(\neg w \wedge \neg x \wedge \neg y \wedge z) \vee (\neg w \wedge \neg x \wedge \neg y \wedge \neg z) = \neg w \wedge \neg x \wedge \neg y.$$

Es kann vorkommen, dass man mehr als zwei benachbarte Einsen zusammenfassen kann. So zeigt Abb. 10.7 links unten beispielsweise einen *Viererblock* von Einsen. Dieser entspricht dem Ausdruck

$$(w \wedge x \wedge \neg y \wedge z) \vee (w \wedge x \wedge y \wedge z) \vee (\neg w \wedge x \wedge \neg y \wedge z) \vee (\neg w \wedge x \wedge y \wedge z).$$

In diesem Fall können wir zunächst $\neg y \vee y = 1$ und dann $\neg w \vee w = 1$ ausklammern und wegstreichen:

$$(w \wedge x \wedge \neg y \wedge z) \vee (w \wedge x \wedge y \wedge z) \vee (\neg w \wedge x \wedge \neg y \wedge z)$$
$$\vee (\neg w \wedge x \wedge y \wedge z)$$
$$= (w \wedge x \wedge z) \wedge (\neg y \vee y) \vee (\neg w \wedge x \wedge z) \wedge (\neg y \vee y)$$
$$= (w \wedge x \wedge z) \vee (\neg w \wedge x \wedge z)$$
$$= (x \wedge z) \wedge (\neg w \vee w)$$
$$= x \wedge z.$$

Bei einem solchen Viererblock können also zwei Variablen gestrichen werden, nämlich die beiden, die sowohl negiert als auch nicht negiert auftreten. Dementsprechend können bei einem *Achterblock* sogar drei Variablen gestrichen werden. Zu beachten ist dabei stets, dass ein Einserfeld auch für mehrere Blöcke verwendet werden kann.

Insgesamt können wir also unsere durch Abb. 10.7 dargestellte Funktion f wie folgt vereinfachen:

$$f(w, x, y, z) = (\neg w \wedge \neg x \wedge \neg y) \vee (x \wedge z) \vee (w \wedge \neg x \wedge \neg z).$$

Das Praktische an dem Verfahren von Karnaugh und Veitch ist, dass man keinerlei Umformungen per Hand durchführen muss. Sämtliche Vereinfachungen kann man durch bloßes Zusammenfassen von Einserblöcken am KV-Diagramm ablesen. Oft ist es möglich, verschiedene Einteilungen in Einserblöcke zu finden. Dann erfordert es ein wenig Geschick, die einfachste Form des Ausdrucks herauszufinden.

10.4 Logische Schaltungen

Eine wichtige Anwendung der Booleschen Algebra ist der Entwurf von logischen Schaltungen. Eine solche logische Schaltung ist nichts weiter als eine physikalische Realisierung einer booleschen Funktion. Letztendlich ist jeder Computer aus logischen Schaltungen aufgebaut.

Die beiden Zustände 0 und 1 der Booleschen Algebra werden durch unterschiedliche elektrische Spannungen realisiert. Meist entspricht der Zustand 0 der Spannung 0 (oder einer minimalen Spannung U_{min}) und der Zustand 1 einer maximalen Spannung U_{max}. Dabei sind gewisse Toleranzbereiche um diese Spannungen erlaubt.

Die grundlegenden booleschen Operationen ∧, ∨ und ¬ werden durch elektronische Bauteile umgesetzt, die man **Gatter** nennt. Solche Gatter kann man prinzipiell mit einfachen Schaltern und Relais verwirklichen, heute werden allerdings aus Platz- und Performancegründen Halbleiterbauelemente verwendet.

In Schaltplänen werden Gatter durch ihre jeweiligen Schaltsymbole dargestellt. Die Schaltsymbole der drei Grundgatter AND, OR und NOT, die die booleschen Grundoperationen ∧, ∨ bzw. ¬ realisieren, sind in Abb. 10.8 dargestellt.

Diese drei Grundgatter können geeignet hintereinander geschaltet werden. Zur Vereinfachung werden dabei vor- oder nachgeschaltete NOT-Gatter am Eingang bzw. am Ausgang einfach als Kreis symbolisiert. Auf diese Weise ergeben sich die beiden Gatter zur Realisierung der NAND- und der NOR-Funktion (siehe Abschn. 10.2) wie in Abb. 10.9.

Die besondere Bedeutung dieser beiden Gatter besteht darin, dass man mit jedem von ihnen alle drei Grundoperationen ∧, ∨ und ¬ aufbauen kann. Für die Praxis bedeutet das: Es genügt eine einzige Sorte von Bauteilen, nämlich NAND- oder NOR-Gatter, um jede beliebige boolesche Funktion zu verwirklichen.

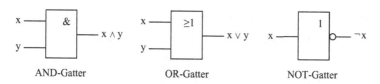

AND-Gatter   OR-Gatter   NOT-Gatter

Abb. 10.8 Die drei Grundgatter

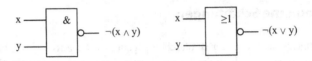

Abb. 10.9 Das NAND- und das NOR-Gatter

10.4.1 Satz (NAND- und NOR-Technik)

Die drei booleschen Grundoperationen Konjunktion, Disjunktion und Negation können als Hintereinanderausführung von ausschließlich NAND-Funktionen oder ausschließlich NOR-Funktionen geschrieben werden.

Beweis Der Übersichtlichkeit wegen schreiben wir

$$\text{NAND}(x, y) := \neg(x \wedge y),$$
$$\text{NOR}(x, y) := \neg(x \vee y).$$

Im Beweis kommen im Wesentlichen die Gesetze von de Morgan (Satz 10.1.3) zur Anwendung. In NAND-Technik können wir die Operationen $\wedge$, $\vee$ und $\neg$ wie folgt ausdrücken:

$$x \wedge y = (x \wedge y) \vee 0 = \neg(\neg(x \wedge y) \wedge 1) = \text{NAND}(\text{NAND}(x, y), 1),$$
$$x \vee y = (x \wedge 1) \vee (y \wedge 1) = \neg(\neg(x \wedge 1) \wedge \neg(y \wedge 1))$$
$$= \text{NAND}(\text{NAND}(x, 1), \text{NAND}(y, 1)),$$
$$\neg x = \neg(x \wedge 1) = \text{NAND}(x, 1).$$

In NOR-Technik können wir schreiben:

$$x \wedge y = (x \vee 0) \wedge (y \vee 0) = \neg(\neg(x \vee 0) \vee \neg(y \vee 0))$$
$$= \text{NOR}(\text{NOR}(x, 0), \text{NOR}(y, 0)),$$
$$x \vee y = (x \vee y) \wedge 1 = \neg(\neg(x \vee y) \vee 0)$$
$$= \text{NOR}(\text{NOR}(x, y), 0),$$
$$\neg x = \neg(x \vee 0) = \text{NOR}(x, 0).$$

Damit haben wir alles bewiesen.   □

Abb. 10.10 Wertetabelle
der 2-aus-3-Schaltung

x	y	z	f(x, y, z)
0	0	0	0
0	0	1	0
0	1	0	0
0	1	1	1
1	0	0	0
1	0	1	1
1	1	0	1
1	1	1	1

Durch geeignete Hintereinanderschaltung der drei Grundgatter (bzw. von NAND- oder von NOR-Gattern) lassen sich beliebige boolesche Funktionen realisieren. Dabei kann man nach folgendem Schema vorgehen:

1. Im Allgemeinen ist zunächst die Wertetabelle der zu realisierenden Funktion aufzustellen.
2. Aus der Wertetabelle kann man die disjunktive Normalform der Funktion ablesen und erhält so einen (evtl. komplizierten) booleschen Ausdruck.
3. Da man in der Praxis die Funktion mit so wenig Bauteilen wie möglich realisieren möchte, ist es sinnvoll, den booleschen Ausdruck zu vereinfachen. Dies geschieht am besten mit einem KV-Diagramm.
4. Der vereinfachte Ausdruck wird mit einer Gatterschaltung realisiert.

Wir wollen dieses Vorgehen an zwei Beispielen illustrieren.

1. Beispiel: 2-aus-3-Schaltung Wir wollen eine Schaltung mit drei Eingängen konstruieren, an deren Ausgang genau dann der Zustand 1 auftritt, wenn an mindestens zwei Eingängen 1 anliegt. Ein mögliches Anwendungsbeispiel einer solchen Schaltung ist eine Tresortür, die sich nur öffnet, wenn mindestens zwei von drei Schlössern geöffnet werden.

Zunächst stellen wir die Wertetabelle der gesuchten Funktion f auf (siehe Abb. 10.10).

Aus der Tabelle können wir die disjunktive Normalform ablesen:

$$f(x, y, z) = (\neg x \wedge y \wedge z) \vee (x \wedge \neg y \wedge z) \vee (x \wedge y \wedge \neg z) \vee (x \wedge y \wedge z).$$

Zur Vereinfachung tragen wir diese Funktion in ein KV-Diagramm ein (siehe Abb. 10.11).

Abb. 10.11 Das KV-Diagramm

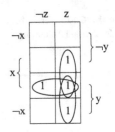

Es können drei Zweierblöcke gebildet werden, so dass der vereinfachte Ausdruck
die Form

$$f(x, y, z) = (y \wedge z) \vee (x \wedge z) \vee (x \wedge y)$$

hat. Die zugehörige Gatterschaltung ist in Abb. 10.12 dargestellt.

Logische Schaltungen können auch mehr als einen Ausgang haben. Ist dies der
Fall, so muss für jeden Ausgang eine eigene boolesche Funktion aufgestellt werden.
Wir wollen uns auch dies an einem Beispiel betrachten.

2. Beispiel: Halbaddierer Wir wollen die einfachste Form einer Rechenschaltung
realisieren. Sie soll zwei einstellige Binärzahlen addieren. Dabei können sich zweistellige Binärzahlen ergeben, denn falls beide Bits gleich 1 sind, entsteht ein Übertrag in die nächsthöhere Binärstelle:

$$0 + 0 = 0, \quad 0 + 1 = 1, \quad 1 + 0 = 1, \quad 1 + 1 = 10.$$

Für jede der beiden Binärstellen benötigt die Schaltung einen Ausgang. Wir bezeichnen diese beiden Ausgänge mit s (für Summe) und $ü$ (für Übertrag). Die Wertetabelle ist in Abb. 10.13 zu sehen.

Abb. 10.12 Die fertige 2-
aus-3-Schaltung

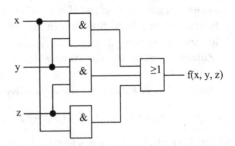

Abb. 10.13 Wertetabelle
des Halbaddierers

x	y	ü	s
0	0	0	0
0	1	0	1
1	0	0	1
1	1	1	0

Für beide Ausgänge lesen wir die disjunktive Normalform aus der Tabelle ab:

$$ü = x \wedge y,$$
$$s = (\neg x \wedge y) \vee (x \wedge \neg y).$$

Diese beiden Ausdrücke können mit KV-Diagrammen nicht weiter vereinfacht werden. Daher können wir direkt die Schaltung wie in Abb. 10.14 angeben.

Um mehrstellige Binärzahlen zu addieren, reichen Halbaddierer nicht mehr aus. Denn zur Summe zweier Bits muss dann im Allgemeinen noch der Übertrag aus der vorherigen Stelle addiert werden. Insgesamt müssen also an jeder Stelle drei Bits addiert werden. Die Schaltung, die drei Bits addiert, heißt *Volladdierer*. In Übungsaufgabe 24 können Sie sich überlegen, wie man aus zwei Halbaddierern und einem OR-Gatter einen Volladdierer zusammensetzen kann (daher kommt die Bezeichnung „Halbaddierer"). Durch Zusammenschalten von $n-1$ Volladdierern und einem Halbaddierer kann man zwei n-stellige Binärzahlen addieren (siehe Übungsaufgabe 25). Derartige *Addierwerke* bilden die Grundlage der heutigen Computertechnik.

Abb. 10.14 Schaltung eines
Halbaddierers

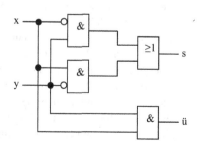

10.5 Übungsaufgaben

1. Weisen Sie die restlichen Gesetze aus Satz 10.1.1 mit Hilfe von Wertetabellen nach.

2. Dualisieren Sie den Satz

$$(x \vee (x \wedge y)) \wedge (y \vee 0) = ((x \vee (x \wedge y)) \wedge y) \vee ((x \vee (x \wedge y)) \wedge 0).$$

3. Beweisen Sie die Gültigkeit des Satzes aus Aufgabe 2 mit
   (a) Wahrheitstabellen,
   (b) Umformungen mit Hilfe der Gesetze aus den Sätzen 10.1.1 und 10.1.3.

4. Sei $B(e_1, e_2, \ldots, e_n)$ ein boolescher Ausdruck über den Variablen $e_1, e_2, \ldots, e_n$. Sei $B^D(e_1, e_2, \ldots, e_n)$ der zu $B(e_1, e_2, \ldots, e_n)$ duale Ausdruck. Zeigen Sie

$$B^D(e_1, e_2, \ldots, e_n) = \neg B(\neg e_1, \neg e_2, \ldots, \neg e_n).$$

5. Beweisen Sie das zweite Absorptions- und das zweite Idempotenzgesetz aus Satz 10.1.3, indem Sie die Gesetze aus Satz 10.1.1 anwenden.

6. Zeigen Sie: Wenn $x \wedge y = 0$ und $x \vee y = 1$ gilt, dann ist $y = \neg x$.

7. Beweisen Sie das Involutionsgesetz und die Gesetze von de Morgan mit Hilfe von Wertetabellen.

8. Beweisen Sie mit vollständiger Induktion folgende Verallgemeinerung der Gesetze von de Morgan: Für $x_1, x_2, \ldots, x_n \in \{0, 1\}$ gilt

$$\neg(x_1 \wedge x_2 \wedge \ldots \wedge x_n) = \neg x_1 \vee \neg x_2 \vee \ldots \vee \neg x_n$$

und

$$\neg(x_1 \vee x_2 \vee \ldots \vee x_n) = \neg x_1 \wedge \neg x_2 \wedge \ldots \wedge \neg x_n.$$

9. „Wenn ich nach Paris reise, nur dann fahre ich auch nach Versailles. Wenn ich nicht nach Wien fahre, dann fahre ich auch nicht nach Versailles. Ich weiß bestimmt, dass ich nicht nach Wien und Paris verreise, aber ich fahre nach Paris oder nach Wien." Wohin geht die Reise?

10. Frau Müller kündigt an: „Für heute Abend habe ich Familie Meier zu uns eingeladen." Herr Müller fragt bestürzt: „Kommt etwa die ganze Familie, also Herr und Frau Meier mit ihren Söhnen Andreas, Bernd und Christian?" Frau Müller möchte ihren Mann zum logischen Denken anreizen und antwortet: „Wenn Herr Meier kommt, dann bringt er auch seine Frau mit. Es kommt mindestens einer der Söhne Bernd und Christian. Entweder kommt Frau Meier oder Andreas. Andreas und Christian kommen entweder beide oder aber beide nicht.

Und wenn Bernd kommt, dann kommen auch Christian und Herr Meier. – Alles klar?" Wer kommt abends zu Besuch?

11. Stellen Sie die 2-stelligen booleschen Funktionen als möglichst einfache boolesche Ausdrücke dar.

12. Stellen Sie die konjunktive Normalform der in Abb. 10.4 dargestellten booleschen Funktion auf.

13. Stellen Sie die disjunktive Normalform der in Abb. 10.5 dargestellten booleschen Funktion auf.

14. Vereinfachen Sie den folgenden booleschen Ausdruck mit dem Verfahren von Karnaugh und Veitch:

$$(a \wedge b \wedge c \wedge \neg d) \vee (a \wedge b \wedge \neg c \wedge d) \vee (a \wedge b \wedge \neg c \wedge \neg d)$$
$$\vee (a \wedge \neg b \wedge c \wedge \neg d) \vee (a \wedge \neg b \wedge \neg c \wedge \neg d) \vee (\neg a \wedge \neg b \wedge c \wedge d)$$
$$\vee (\neg a \wedge \neg b \wedge c \wedge \neg d).$$

15. Wie könnte ein KV-Diagramm für fünf Variablen aussehen?

16. Gibt es eine dreistellige boolesche Funktion f mit der Eigenschaft

$$f(\neg x, y, z) = f(x, \neg y, z) = f(x, y, \neg z) = \neg f(x, y, z)?$$

17. Stellen Sie die XOR-Funktion, die Äquivalenzfunktion und die Implikation mit Schaltungen aus den drei Grundgattern AND, OR und NOT dar.

18. Angenommen, Sie haben nur NAND-Bausteine zur Verfügung. Wie können Sie damit die 2-aus-3-Schaltung realisieren?

19. Entwerfen Sie einen Halbaddierer in NOR-Technik, das heißt unter ausschließlicher Verwendung von NOR-Gattern.

20. Drei Schalter kontrollieren eine Lampe. Die Lampe brennt genau dann, wenn eine gerade Anzahl von Schaltern geschlossen ist.
    (a) Geben Sie die Wertetabelle für die zugehörige boolesche Funktion an.
    (b) Stellen Sie die disjunktive Normalform auf.
    (c) Zeichnen Sie die zugehörige Schaltung.

21. Entwerfen Sie eine 3-aus-4-Schaltung. Gehen Sie dazu wie folgt vor:
    (a) Stellen Sie die Wertetabelle auf.
    (b) Lesen Sie die disjunktive Normalform ab.
    (c) Vereinfachen Sie den gefundenen Ausdruck mit einem KV-Diagramm.
    (d) Zeichnen Sie die Gatterschaltung.

22. Entwerfen Sie eine Vergleichsschaltung (Komparator). Diese soll zwei Eingänge x und y und drei Ausgänge haben. Diese Ausgänge sollen genau dann 1 anzeigen, wenn $x = y$, $x < y$ bzw. $x > y$ ist.

r
262   10 Boolesche Algebra

23. Konstruieren Sie einen Volladdierer. Das ist eine Schaltung, die drei einstellige Binärzahlen addieren kann. Gehen Sie analog zur Konstruktion des Halbaddierers vor.
24. Zeigen Sie, dass man einen Volladdierer mit zwei Halbaddierern und einem OR-Gatter realisieren kann.
25. Konstruieren Sie aus drei Volladdierern und einem Halbaddierer ein Addierwerk, mit dem man zwei vierstellige Binärzahlen addieren kann.

▶ **Didaktische Anmerkungen** Die Boolesche Algebra ist die Grundlage für den Entwurf von elektronischen Schaltungen, auf denen die Funktion jedes Computers beruht. Daher ist dieses Kapitel speziell für den Informatikunterricht geeignet. Es kann als Basis für ein Wahlpflichtfach „Digitaltechnik" in der Mittelstufe dienen oder in der Qualifikationsphase Q4 als Einstieg in das Wahlthema „Technische Informatik".

Die Schülerinnen und Schüler lernen, wie man eine Schaltung mit Hilfe einer Wertetabelle entwirft, die zugehörige Funktion mit einem KV-Diagramm vereinfacht, um sie dann aus bestimmten Bauteilen konstruieren zu können. Die Schaltungen, zum Beispiel Addierwerke, können entweder mit Digitalelektronik-Experimentiersets realisiert werden oder am Computer simuliert werden, zum Beispiel mit den Programmen „DigitalSimulator", „Logic Simulator" oder „Locad".

Durch seine Anwendungsnähe und Handlungsorientierung ist diese Arbeit sehr motivierend für die Schülerinnen und Schüler. Der Entstehungsprozess der konkreten Schaltung schult sowohl die Modellierungskompetenz als auch den Umgang mit symbolischen, formalen und technischen Elementen der Mathematik.

Literatur

Arzt, K., Goller, W.: Lambacher-Schweizer: Aussagenlogik und Schaltalgebra. Ernst Klett Verlag, Stuttgart (1973)

Beuth, K.: Digitaltechnik. Vogel Verlag, Würzburg (1991)

Blieberger, J., Klasek, J., Redlein, A., Schildt, G.-H.: Informatik, 3. Aufl. Springer-Verlag, Wien (1996)

Braunss, G., Zubrod, H.-J.: Einführung in die Booleschen Algebren. Akademische Verlagsgesellschaft, Frankfurt am Main (1974)

Lösungen der Übungsaufgaben $\textbf{11}$

11.1 Kapitel 1

1. Wir teilen die Socken in drei Kategorien ein: graue, braune und schwarze.
   (a) Wenn der Professor vier Socken aus seiner Kiste nimmt, so sind nach dem Schubfachprinzip mindestens zwei aus derselben Kategorie.
   (b) Wenn er zwei graue Socken bekommen will, so muss er im schlimmsten Fall 22 Socken ziehen, denn die ersten 20 könnten alle braun oder schwarz sein.
2. Ein Quadrat der Seitenlänge 3 kann man in 9 kleine Quadrate der Seitenlänge 1 unterteilen. Teilt man 10 Punkte (Objekte) auf diese 9 Teilquadrate (Kategorien) auf, so gibt es nach dem Schubfachprinzip ein Teilquadrat, das mindestens zwei Punkte enthält. Den größten Abstand, den zwei Punkte in einem Quadrat der Seitenlänge 1 haben können, ist die Länge der Diagonale, also nach dem Satz des Pythagoras $\sqrt{2}$.
3. Einen Würfel der Kantenlänge 2 kann man in $2 \cdot 2 \cdot 2 = 8$ kleine Würfel der Kantenlänge 1 unterteilen. Teilt man 9 Punkte auf diese 8 Würfel auf, so gibt es nach dem Schubfachprinzip einen Würfel, der mindestens 2 Punkte enthält. Der Abstand dieser zwei Punkte kann höchstens so groß sein wie die Raumdiagonale, also $\sqrt{1^2 + 1^2 + 1^2} = \sqrt{3}$.
4. *hmhm* = 28. Teilt man 28 Punkte auf $3 \cdot 3 \cdot 3 = 27$ kleine Würfel auf, so enthält mindestens einer davon zwei Punkte, die höchstens den Abstand der Raumdiagonale haben.
5. Wir unterteilen das Dreieck in vier gleichseitige Dreiecke der Seitenlänge 1/2. Verteilen wir fünf Punkte auf diese 4 kleinen Dreiecke, so enthält ein Dreieck mindestens zwei Punkte. Diese beiden Punkte können höchstens den Abstand 1/2 haben.

A. Beutelspacher und M.-A. Zschiegner, *Diskrete Mathematik für Einsteiger*, DOI 10.1007/978-3-658-05781-7_11, © Springer Fachmedien Wiesbaden 2014

6. $hmhm = 1/4$. Man unterteilt das Dreieck in 16 gleichseitige Dreiecke der Seitenlänge $1/4$.

7. Siehe 1.1 „Gleiche Anzahl von Bekannten". Man muss lediglich die Relation „ist bekannt mit" durch die Relation „stößt an mit" ersetzen.

8. 32. Da jeder Springer beim Ziehen auf ein Feld der anderen Farbe wechselt, kann man 32 Springer zum Beispiel auf die weißen Felder stellen.

9. Mehr als die Hälfte muss auf Feldern gleicher Farbe stehen, also …

10. Wir teilen die elf natürlichen Zahlen in folgende fünf Kategorien $K_0, K_1, \ldots, K_4$ ein:

    - In K_0 kommen diejenigen Zahlen, die Vielfache von 5 sind,
    - in K_1 kommen diejenigen Zahlen, die bei Division durch 5 den Rest 1 ergeben,
    - in K_2 kommen diejenigen Zahlen, die bei Division durch 5 den Rest 2 ergeben,
    - in K_3 kommen diejenigen Zahlen, die bei Division durch 5 den Rest 3 ergeben,
    - in K_4 kommen diejenigen Zahlen, die bei Division durch 5 den Rest 4 ergeben.

    Das *verallgemeinerte* Schubfachprinzip sagt jetzt (da $11 > 2 \cdot 5$ ist), dass es eine Kategorie mit *drei* Objekten gibt. Es gibt also drei Zahlen, die bei Division durch 5 denselben Rest ergeben. Wenn wir die Differenz je zweier dieser Zahlen bilden, „hebt sich der Rest weg", die Differenz ist daher durch 5 teilbar.

11. Wir verteilen die Türme der Reihe nach. Erste Spalte: 8 Möglichkeiten, zweite Spalte: nur noch 7 Möglichkeiten, dritte Spalte: noch 6 Möglichkeiten, … achte Spalte: nur noch eine Möglichkeit. Das ergibt insgesamt $8 \cdot 7 \cdot 6 \cdot 5 \cdot 4 \cdot 3 \cdot 2 \cdot 1 = 8! = 40.320$ Möglichkeiten.

12. Betrachten wir die x- und die y-Koordinaten der Punkte. Es gibt vier Kategorien:

    - x gerade, y gerade;
    - x gerade, y ungerade;
    - x ungerade, y gerade;
    - x ungerade, y ungerade;

    Es gibt fünf Objekte (Punkte). Nach dem Schubfachprinzip gibt es daher mindestens eine Kategorie, in der mindestens zwei Objekte liegen. Die Summe zweier gerader Zahlen ist gerade, die Summe zweier ungerader Zahlen ist ebenfalls gerade. Der Mittelpunkt zwischen zwei Punkten (x_1, y_1) und (x_2, y_2) ist

$$\left(\frac{x_1 + x_2}{2}, \frac{y_1 + y_2}{2} \right)$$

Da beide Zähler gerade sind, wenn beide Punkte in der gleichen Kategorie liegen, sind sie durch zwei teilbar und die Koordinaten des Mittelpunktes sind ganzzahlig.

13. $hmhm = 9$. Denn die neun Punkte kann man je nach ihren x-, y- und z-Koordinaten in acht Kategorien aufteilen: nämlich die vier Kategorien aus Aufgabe 12, jeweils mit „z gerade" und „z ungerade". Der Rest folgt analog zu Aufgabe 12.

14. Bei einer ganzzahligen Division durch 3 können sowohl die x- als auch die y-Koordinate den Rest 0, 1 oder 2 haben. Dies ergibt die neun Kategorien (3 Möglichkeiten für x mal 3 Möglichkeiten für y), auf die wir die 10 Punkte aufteilen. Nach dem Schubfachprinzip enthält eine Kategorie mindestens zwei Punkte. Die x-Koordinaten dieser Punkte ergeben bei Division durch 3 also den gleichen Rest. Die Zahl $x_1 + 2x_2$ ist dann ohne Rest durch 3 teilbar. Dasselbe gibt für die y-Koordinaten bzw. die Zahl $y_1 + 2y_2$. Dann sind die Koordinaten des Punktes

$$\left(\frac{x_1 + 2x_2}{3}, \frac{y_1 + 2y_2}{3} \right),$$

der die Strecke im Verhältnis $2:1$ teilt, ganzzahlig.

15. Schubfachprinzip: Die Objekte sind die 9 natürlichen Zahlen. Diese werden in 8 Kategorien $K_0, K_1, \ldots, K_8$ eingeteilt:
    - K_0 enthält diejenigen Zahlen, die Vielfache von 9 sind,
    - K_1 enthält die Zahlen, die bei Division durch 9 den Rest 1 ergeben,
    - K_2 enthält die Zahlen, die bei Division durch 9 den Rest 2 ergeben,
    - $\ldots$
    - K_8 enthält die Zahlen, die bei Division durch 9 den Rest 8 ergeben.

    Dann ist jede Zahl in mindestens einer dieser 8 Kategorie enthalten. Nach dem Schubfachprinzip gibt es eine Kategorie mit zwei Objekten. Das bedeutet: Es gibt zwei Zahlen, die bei Division durch 9 denselben Rest ergeben. Wenn wir die Differenz dieser Zahlen bilden, „hebt sich der Rest weg". D.h.: Wenn man die Differenz dieser Zahlen durch 9 teilt, geht diese ohne Rest auf. Mit anderen Worten: Die Differenz ist durch 9 teilbar.

16. Wir haben 1000 Objekte (natürliche Zahlen) und 8 Kategorien (Reste von 0 bis 7). Da es mehr Objekte als Kategorien sind, gibt es wieder mindestens eine Kategorie mit mindestens zwei Objekten. D.h. es gibt zwei Zahlen, die den gleichen Rest haben. Die Differenz dieser beiden Zahlen ist dann ohne Rest durch 8 teilbar.

17. Unter je $n + 1$ natürlichen Zahlen gibt es mindestens zwei, deren Differenz durch n teilbar ist.

18. Gegenbeispiel: In der Menge $\{1, 2, 6, 7, 11, 12\}$ gibt es keine zwei Zahlen, deren Summe durch 5 teilbar ist.

11.2   Kapitel 2

1. Wenn es eine Überdeckung geben sollte, dann muss jedes Eckfeld überdeckt
   sein. Insbesondere muss das Feld links unten überdeckt sein; o. B. d. A. liegt der
   entsprechende Dominostein waagrecht. Dann müssen die beiden Felder rechts
   neben diesem Stein durch zwei senkrecht stehende Steine abgedeckt sein. Notwendigerweise müssen dann über diesen zwei senkrechten Steinen zwei waag-
   rechte Steine liegen. Links neben diesen beiden Dominosteinen müssen zwei
   senkrechte Steine liegen. Insgesamt ergibt sich zwangsläufig folgende Teilabde-
   ckung, die in der Mitte ein 2×2-Quadrat frei lässt, das nicht überdeckt werden
   kann (siehe Abb. 11.1).
2. Wenn m oder n durch 4 teilbar ist, so kann man das Schachbrett nach Satz 2.2.1
   komplett mit 4×1-Dominosteinen überdecken. Seien m und n durch 2 aber
   nicht durch 4 teilbar. Dann gibt es natürliche Zahlen a und b, so dass $m = a \cdot 4 + 2$
   und $n = b \cdot 4 + 2$ gilt. Nach Satz 2.2.1 kann man die ersten $4b$ Spalten komplett mit
   4×1-Dominosteinen überdecken. Ebenso können von den restlichen 2 Spalten
   die obersten $4a$ Zeilen mit 4×1-Dominosteinen überdeckt werden. Übrig bleibt
   ein 2×2-Feld, das mit dem 2×2-Stein überdeckt werden kann.
3. Ein Springer springt abwechselnd von einem schwarzen Feld zu einem weißen
   Feld und umgekehrt, erreicht also jeweils nach 2 Sprüngen wieder ein Feld der
   gleichen Farbe. Um wieder auf sein Ausgangsfeld zurückzukehren, muss er folglich eine gerade Anzahl von Zügen durchführen.
4. Ein Turm wechselt bei jeder Bewegung ständig die Farbe des Feldes. Um jedes
   Feld genau einmal zu erreichen, muss er am Ende auf einem Feld stehen, das
   eine andere Farbe als das Startfeld hat. Er kann daher nicht von einem Eckfeld
   in die gegenüberliegende Ecke gelangen, da diese beiden Felder die gleiche Farbe
   besitzen.

Abb. 11.1 Partielle Überdeckung eines 6×6-Quadrats

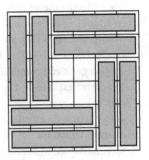

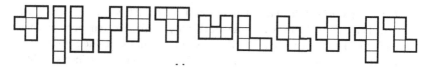

Abb. 11.2 Die zwölf Pentominos

5. Für zwei Quadrate gibt es nur eine Möglichkeit zusammenzuhängen. Ein drittes Quadrat kann auf zwei Arten angehängt werden (entweder alle in einer Reihe oder mit Knick). Für vier Quadrate gibt es dann die dargestellten Möglichkeiten.
6. Die zwölf Pentominos sind in Abb. 11.2 zu sehen. Sechs dieser 12 Pentominos sind nicht spiegelsymmetrisch (welche?), so dass man – wenn man die Steine nicht umdrehen darf – auf 18 Pentominos kommt.
7. Die Strategie des ersten Spielers besteht darin, dass er sein zweites Kreuz diagonal neben sein erstes Kreuz setzt (und zwar auf die entgegen gesetzte Seite, wo der zweite Spieler – eventuell – sein erstes Kreuz gemacht hat). Dann bleiben ihm sowohl für das dritte als auch für das vierte Kreuz jeweils zwei Möglichkeiten, von denen der Gegner immer nur eine verhindern kann. Auf diese Weise hat der erste Spieler nach vier Zügen gewonnen.
8. Wir betrachten einen Ausschnitt von 4 Reihen und 82 Spalten aus dem Gitter. Jede Spalte dieses Ausschnitts hat vier Gitterpunkte. Vier Punkte können auf genau $3^4 = 81$ verschiedene Arten gefärbt werden (für jeden Punkt hat man drei Farben zur Verfügung). Da es 82 Spalten gibt, gibt es mindestens zwei Spalten mit derselben Farbanordnung. In jeder Farbanordnung gibt es aber zwei Punkte, die gleich gefärbt sind. Man nehme diese Punkte in den beiden Spalten. Diese bilden ein Rechteck mit gleichfarbigen Ecken.

11.3   Kapitel 3

1. $(n+1)^2$.
2. $1 + 2 + 3 + \ldots + (n+1) = (n+1)(n+2)/2$.
3. $6n$ Punkte auf dem Rand.
4. *Induktionsverankerung:* Die Aussage gilt für $n = 1$ Scheibe, denn um eine Scheibe umzuschichten, benötigt man $2^1 - 1 = 2 - 1 = 1$ Zug.
   Induktionsannahme: Es gibt ein $n \geq 1$, so dass ein Turm mit n Scheiben in $2^n - 1$ Zügen umgeschichtet werden kann.
   Induktionsbehauptung: Dann gilt die Aussage auch für $n + 1$, d. h. für einen Turm mit $n + 1$ Scheiben gibt es eine Lösung mit $2^{n+1} - 1$ Zügen.

Induktionsschritt: Wir betrachten zunächst die oberen n Scheiben des $n+1$ Scheiben hohen Turms. Um diese n Scheiben umzuschichten, benötigt man nach Induktionsannahme $2^n - 1$ Züge. Nun hat man die größte Scheibe freigelegt. Diese Scheibe kann man in einem Zug umsetzen. Schließlich schichtet man noch den Turm der kleineren n Scheiben auf die umgesetzte $(n+1)$-te Scheibe. Wieder nach Induktionsannahme benötigt man dafür $2^n - 1$ Züge. Das bedeutet, dass wir insgesamt

$$(2^n - 1) + 1 + (2^n - 1) = 2 \cdot 2^n - 1 = 2^{n+1} - 1$$

Züge benötigt haben.

5. Sie brauchen $2^{64} - 1 = 18.446.744.073.709.551.615$ Sekunden.
    Das sind $584.942.417.355$ Jahre!

6. *Induktionsbasis:* Sei $n = 1$. Durch Aufteilung mit nur einem Kreis entstehen nur zwei Länder, die man mit schwarz und weiß verschiedenen färben kann.
    Induktionsschritt: Die Behauptung gelte für n Kreise. Wir müssen zeigen, dass sie dann auch für $n+1$ Kreise gilt.
    Dazu betrachten wir eine beliebige Landkarte, die durch Zeichnen von $n+1$ Kreisen $k_1, k_2, \ldots, k_{n+1}$ entstanden ist. Lassen wir die Gerade k_{n+1} außer Betracht, so haben wir eine Landkarte, die nur durch die n Kreise $k_1, \ldots, k_n$ entstanden ist. Nach Induktionsvoraussetzung ist diese Landkarte mit den Farben schwarz und weiß zulässig färbbar. Jetzt fügen wir den $(n+1)$-ten Kreis wieder ein. Dabei entstehen neue Länder, und wir müssen einen Teil der Länder umfärben. Wir färben das Innere des $(n+1)$-ten Kreises um: Jedes Land, das innerhalb von k_{n+1} liegt, wechselt die Farbe. Dadurch entsteht eine zulässige Färbung.

7. *Induktionsbasis:* Sei $n = 3$. Natürlich kann man die Ecken eines Dreiecks mit drei verschiedenen Farben färben.
    Induktionsschritt: Die Behauptung gelte für ein beliebiges n-Eck. Wir müssen zeigen, dass sie dann auch für ein $(n+1)$-Eck gilt.
    Dazu betrachten wir ein beliebiges trianguliertes $(n+1)$-Eck. Sei d eine Diagonale aus dem Inneren der Triangulierung. Dann zerlegt d das $(n+1)$-Eck in zwei triangulierte Vielecke L und R mit jeweils weniger als n Ecken. Nach Induktionsvoraussetzung sind beide Vielecke L und R mit drei Farben färbbar. Die beiden Ecken von d gehören sowohl zu L als auch zu R. Falls diese Ecken bei den Färbungen von L und R verschiedene Farben erhalten haben, müssen die Farben von L entsprechend vertauscht werden.

8. Wir wenden den Trick von Gauß auf die ersten n ungeraden Zahlen an:

$$
\begin{array}{cccccccccc}
 & 1 & + & 3 & + & 5 & + & \ldots & + & 2n-1 \\
+ & 2n-1 & + & 2n-3 & + & 2n-5 & + & \ldots & + & 1 \\
\hline
= & 2n & + & 2n & + & 2n & + & \ldots & + & 2n \\
= & n \cdot 2n & & & & & & & &
\end{array}
$$

Aus $2 \cdot (1+3+5+\ldots+(2n-1)) = n \cdot 2n$ folgt die Behauptung.

9. Der Trick besteht darin, dass wir von der Summe $S = 1 + q + q^2 + \ldots + q^n$ ihr q-faches abziehen, also $S - q \cdot S$ bilden:

$$
\begin{array}{cccccccccc}
 & 1 & + & q & + & q^2 & + & \ldots & + & q^n \\
-(& & & q & + & q^2 & + & \ldots & + & q^n & + & q^{n+1}) \\
\hline
= & 1 & + & 0 & + & 0 & + & \ldots & + & 0 & - & q^{n+1} \\
= & 1-q^{n+1} & & & & & & & &
\end{array}
$$

Aus $S - q \cdot S = (1-q) \cdot S = 1 - q^{n+1}$ folgt: $S = \frac{1-q^{n+1}}{1-q}$. Durch Multiplikation mit a folgt die gesuchte Summenformel.

10. *Induktionsbasis:* Die Formel gilt für $n = 1$, denn $1 + 2 = 2^2 - 1$.
Induktionsschritt: Für ein $n \geq 1$ gelte $1 + 2 + 4 + \ldots + 2^n = 2^{n+1} - 1$. Dann gilt

$$
1 + 2 + 4 + \ldots + 2^n + 2^{n+1} = 2^{n+1} - 1 + 2^{n+1} = 2^{n+2} - 1.
$$

11. *Induktionsbasis:* Die Formel gilt für $n = 1$, denn $1 \cdot 2 = (1-1) \cdot 2^{1+1} + 2$.
Induktionsschritt: Für ein $n \geq 1$ gelte $1 \cdot 2 + 2 \cdot 2^2 + 3 \cdot 2^3 + 4 \cdot 2^4 + \ldots + n \cdot 2^n = (n-1) \cdot 2^{n+1} + 2$. Dann gilt

$$
1 \cdot 2 + 2 \cdot 2^2 + 3 \cdot 2^3 + 4 \cdot 2^4 + \ldots + n \cdot 2^n + (n+1) \cdot 2^{n+1}
$$
$$
= (n-1) \cdot 2^{n+1} + 2 + (n+1) \cdot 2^{n+1} = 2n \cdot 2^{n+1} + 2 = n \cdot 2^{n+2} + 2.
$$

12. *Induktionsbasis:* Die Formel gilt für $n = 1$, denn $1^2 = \frac{1}{6} \cdot 1 \cdot (1+1) \cdot (2 \cdot 1 + 1)$.
Induktionsschritt: Für ein $n \geq 1$ gelte $1^2 + 2^2 + 3^2 + \ldots + n^2 = \frac{1}{6} n \cdot (n+1) \cdot (2n+1)$.
Dann gilt

$$
1^2 + 2^2 + 3^2 + \ldots + n^2 + (n+1)^2 = \frac{1}{6} n \cdot (n+1) \cdot (2n+1) + (n+1)^2
$$
$$
= \frac{1}{6}(n+1) \cdot [2n^2 + n + 6(n+1)] = \frac{1}{6}(n+1) \cdot [2n^2 + 7n + 6]
$$
$$
= \frac{1}{6}(n+1) \cdot (n+2) \cdot (2n+3) = \frac{1}{6}(n+1) \cdot (n+2) \cdot (2 \cdot (n+1) + 1).
$$

13. *Induktionsbasis:* Die Ungleichung gilt für $n = 5$, denn $2^5 = 32 > 25 = 5^2$.
    Induktionsschritt: Für ein $n \geq 5$ gelte $2^n > n^2$. Dann gilt

$$2^{n+1} = 2 \cdot 2^n > 2 \cdot n^2 = n^2 + n^2 > n^2 + 4n \quad (\text{denn } n > 4)$$
$$= n^2 + 2n + 2n > n^2 + 2n + 1 = (n+1)^2$$

14. Die Aussage gilt ab $n = 7$, es ist $7! = 5040 > 2187 = 3^7$. Siehe Satz 3.2.6.
15. *Induktionsbasis:* Die Behauptung gilt für $n = 1$, denn $7^1 - 1 = 6$.
    Induktionsschritt: Für ein $n \geq 1$ sei $7^n - 1 = 6 \cdot k$ mit einer natürlichen Zahl k.
    Dann ist

$$7^{n+1} - 1 = 7 \cdot 7^n - 1 = 7 \cdot (6k + 1) - 1 = 42k + 6 = (7k + 1) \cdot 6$$

    ebenfalls durch 6 teilbar.
16. Nein ($144 + 233 \neq 322$), nein, nein, nein (die Simpson-Identität gilt jeweils
    nicht). Die ersten 40 Fibonacci-Zahlen lauten:
    1, 1, 2, 3, 5, 8, 13, 21, 34, 55, 89, 144, 233, 377, 610, 987, 1597, 2584, 4181, 6765,
    10.946, 17.711, 28.657, 46.368, 75.025, 121.393, 196.418, 317.811, 514.229,
    832.040, 1.346.269, 2.178.309, 3.524.578, 5.702.887, 9.227.465, 14.930.352,
    24.157.817, 39.088.169, 63.245.986, 102.334.155.
17. Auf genau f_n viele Arten. Wir bezeichnen die Anzahl der Möglichkeiten, die
    n-te Stufe zu erreichen, mit s_n. Die erste Stufe erreicht der Briefträger nur auf
    eine Weise. Ebenso gibt es für die zweite Stufe nur eine Möglichkeit, also gilt
    $s_1 = s_2 = 1$. Um die $(n + 2)$-te Stufe zu erreichen, gibt es zwei prinzipiell verschie-
    dene Möglichkeiten. Im ersten Fall kommt der Briefträger von der $(n + 1)$-ten
    Stufe her, auf die er auf s_{n+1} Möglichkeiten gelangt sein kann. Im zweiten Fall
    kommt er in einem Doppelschritt von der n-ten Stufe her, auf die er auf s_n Ar-
    ten gelangt sein kann. Insgesamt gibt es also $s_{n+2} = s_{n+1} + s_n$ Möglichkeiten,
    auf die $(n + 2)$-te Stufe zu gelangen. Es folgt $s_n = f_n$.
18. Eine Drohne hat in der n-ten Vorfahrensgeneration genau f_n Vorfahren,
    nämlich f_{n-1} weibliche und f_{n-2} männliche. Eine Königin entspricht im Ka-
    ninchenproblem einem gebärfähigen, eine Drohne einem nicht-gebärfähigen
    Paar.
19. Es gilt

$$\frac{M}{m} = \frac{M+m}{M} \Leftrightarrow \frac{M^2}{m} = M + m \Leftrightarrow \left(\frac{M}{m}\right)^2 = \frac{M}{m} + 1 \Leftrightarrow \left(\frac{M}{m}\right)^2 - \frac{M}{m} - 1 = 0.$$

Diese quadratische Gleichung hat die Lösungen

$$\frac{M}{m} = \frac{1 \pm \sqrt{5}}{2}$$

Da M die größere Teilstrecke ist, ist folgt $M/m = \varphi$.

20. *Induktionsbasis:* Die Formel gilt für $n = 1$, denn $1 + f_2 = 1 + 1 = 2 = f_3 = f_{2+1}$.
   Induktionsschritt: Für ein $n \geq 1$ gelte $1 + f_2 + f_4 + f_6 + \ldots + f_{2n} = f_{2n+1}$. Dann gilt

$$1 + f_2 + f_4 + f_6 + \ldots + f_{2n} + f_{2(n+1)} = f_{2n+1} + f_{2(n+1)} = f_{2n+1} + f_{2n+2}$$
$$= f_{2n+3} = f_{2(n+1)+1}.$$

21. *Induktionsbasis:* Die Formel gilt für $n = 1$, denn $f_{1+2} = f_3 = 2 = 1 + 1 = f_1 + 1$.
   Induktionsschritt: Für ein $n \geq 1$ gelte $f_{n+2} = f_n + f_{n-1} + \ldots + f_1 + 1$. Dann gilt

$$f_{(n+1)+2} = f_{n+3} = f_{n+1} + f_{n+2} = f_{n+1} + f_n + f_{n-1} + \ldots + f_1 + 1.$$

11.4   Kapitel 4

1. Es sei S die Menge der Studentinnen und E die Menge der Erstsemester. Dann ist $S \cap E$ die Menge der Studentinnen im ersten Semester. Nach der Summenformel gilt

$$|S \cap E| = |S| + |E| - |S \cup E| = 55 + 60 - |S \cup E| \geq 55 + 60 - 80 = 35,$$

   denn $|S \cup E| \leq 80$ (Anzahl alles Hörer). Also ist $|S \cap E| \geq 35$.

2. (a) Für jeden Buchstaben gibt es 26 Möglichkeiten, insgesamt also $26 \cdot 26 \cdot 26 = 26^3 = 17.576$ Möglichkeiten.
   (b) Auf http://www.world-airport-codes.com sind derzeit 9528 Codes aufgelistet.

3. Es gibt $4 \cdot 2 \cdot 10 \cdot 3 = 240$ Möglichkeiten. Dafür braucht man 240 Monate, also 20 Jahre.

4. Für jede Ziffer gibt es 10 Möglichkeiten, insgesamt also $10^5 = 100.000$ Möglichkeiten.

5. Bei zwei 3-stelligen Zahlenschlössern gibt es nur $10^3 + 10^3 = 2000$ Möglichkeiten, bei einem 6-stelligen jedoch $10^6 = 1.000.000$.

6. Für die erste Stelle gibt es 9 Möglichkeiten $(1, 2, \ldots, 9)$, für die zweite dann ebenfalls noch 9 $(0, 1, 2, \ldots, 9,$ ausgenommen die Ziffer der ersten Stelle), für die dritte 8 und für die vierte 7. Insgesamt gibt es also nur noch $9 \cdot 9 \cdot 8 \cdot 7 = 4536$ Möglichkeiten (statt $9 \cdot 10 \cdot 10 \cdot 10 = 9000$, wenn er nichts verraten hätte).

7. Es sei F die Menge der Frauen und M die Menge der Männer. Dann gilt $|F| = 42.103.000$ und $|M| = 82.259.500 - 42.103.000 = 40.156.500$. Die Anzahl aller verschiedengeschlechtlichen Paare ist dann

$$|F \times M| = |F| \cdot |M| = 1.690.709.119.500.000.$$

   Wenn es gleich viele Männer wie Frauen gäbe, wäre $|F| = |M| = 82.259.500/2 = 41.129.750$. Dann gäbe es mehr Paare:
   $$|F \times M| = |F| \cdot |M| = 1.691.656.335.062.500.$$

8. Die Menge sei $M = \{m_1, m_2, \ldots, m_n\}$. Wir ordnen jeder Teilmenge T von M wie folgt eine binäre Folge $\{b_1, b_2, \ldots, b_n\}$ zu: Es gilt $b_i = 1$, falls $m_i \in T$ ist, sonst gilt $b_i = 0$. Da diese Zuordnung eineindeutig (bijektiv) ist, gibt es genau so viele Teilmengen wie binäre Folgen, also 2^n.

9. $\binom{10}{5} = \frac{10!}{5! \cdot 5!} = 252$, $\binom{42}{40} = \frac{42!}{2! \cdot 40!} = 42 \cdot 41/2 = 861$, $\binom{47}{11} = 52.251.400.851$.

10. Es gibt 7 Dominos mit gleichen Zahlen (0-0, 1-1, $\ldots$, 6-6) und $\binom{7}{2} = 21$ Dominos mit verschiedenen Zahlen. Insgesamt gibt es also 28 Stück.

11. (a) $\binom{10}{2} = 45$.

    (b) Aus $\binom{n}{2} = 55$ folgt $n = 11$.

    (c) Wegen $\binom{10}{2} < 50 < \binom{11}{2}$ kann die Behauptung nicht stimmen.

12. Es klingelt $\binom{m}{2} - m$ mal.

13. Auf der Party befinden sich 4 Paare und 4 Singles: Die 4 Paare stoßen $\binom{8}{2} - 4$ $= 24$ mal miteinander an, die 4 Singles stoßen mit $11 + 10 + 9 + 8 = 38$ anderen Leuten an.

14. Im Pascalschen Dreieck findet man in der $(n + 1)$-ten Zeile an $(k + 1)$-ten Stelle die Binomialzahl $\binom{n}{k}$. Da diese die Anzahl der k-elementigen Teilmengen einer n-elementigen Menge angibt, ist die Zeilensumme gleich der Anzahl *aller* Teilmengen einer n-elementigen Menge. Nach Satz 4.1.4 ist diese Anzahl gleich 2^n.

15. Wegen $\binom{n+1}{2} = (n + 1)n/2$ kann man die Dreieckszahlen in der dritten „Spalte" des Pascalschen Dreiecks finden.

16. Wie betrachten eine Menge M mit n Elementen und wollen aus dieser eine k-elementige Teilmenge auswählen. Nach Definition der Binomialzahlen gibt es dafür genau $\binom{n}{k}$ Möglichkeiten. Andererseits kann man eine solche Teilmenge auch dadurch auswählen, dass man die restlichen $n - k$ Elemente von M auswählt. Dafür gibt es $\binom{n}{n-k}$ Möglichkeiten.

17. Es gibt $\binom{m+n}{n}$ Möglichkeiten, den Punkt rechts oben zu erreichen.

18. Nach Satz 4.2.5 gibt es $\binom{12+7-1}{7} = 31.824$ Möglichkeiten.

19. Es gilt $\frac{n!}{2!\cdot(n-2)!} < \frac{n!}{3!\cdot(n-3)!} \Leftrightarrow 3!\cdot(n-3)! < 2!\cdot(n-2)! \Leftrightarrow 3 < n-2 \Leftrightarrow 5 < n.$

20. Am Pascalschen Dreieck erkennt man, dass die Binomialzahlen „in der Mitte" am größten sind, also für gerades n bei $k = n/2$ und für ungerades n bei $k = (n \pm 1)/2$.

21. Der Term $a^2bc^3d^4$ hat den Koeffizienten 12.600.

22. Ja, es gilt $1,0001^{10.000} > 2$.

23. $\binom{n}{k} = \frac{n!}{k!\cdot(n-k)!} = \frac{n\cdot(n-1)!}{k\cdot(k-1)!\cdot(n-1-(k-1))!} = \frac{n}{k}\cdot\binom{n-1}{k-1}.$

24. Wir verteilen die Türme der Reihe nach. Erste Spalte: 8 Möglichkeiten, zweite Spalte: nur noch 7 Möglichkeiten, dritte Spalte: noch 6 Möglichkeiten, … achte Spalte: nur noch eine Möglichkeit. Das ergibt insgesamt $8\cdot7\cdot6\cdot5\cdot4\cdot3\cdot2\cdot1 = 8! = 40.320$ Möglichkeiten.

25. Wenn es n Schlitze gibt, von denen jeder 8 mögliche Tiefen haben kann, kann man 8^n verschiedene Schlüssel herstellen. Es soll also $8^n \geq 1.000.000$ gelten. Durch Logarithmieren auf beiden Seiten ergibt sich $n \cdot \lg(8) \geq \lg(1.000.000)$. Auflösen nach n ergibt $n \geq \lg(1.000.000)/\lg(8) \approx 6,64$. Es werden also mindestens 7 Schlitze benötigt.

26.
$$|A \cup B \cup C \cup D| = |A| + |B| + |C| + |D|$$
$$- |A \cap B| - |A \cap C| - |A \cap D| - |B \cap C| - |B \cap D| - |C \cap D|$$
$$+ |A \cap B \cap C| + |A \cap B \cap D| + |A \cap C \cap D| + |B \cap C \cap D|$$
$$- |A \cap B \cap C \cap D|.$$

27. Wir nummerieren die Briefe und die Umschläge mit $1, 2, 3, \ldots, 10$, wobei der Umschlag i genau der sein soll, der zu Brief Nr. i gehört. Jedes Eintüten der Briefe ist eine Permutation der Menge $\{1, 2, 3, \ldots, 10\}$. Eine Aktion, bei der kein Brief im richtigen Umschlag ist, entspricht einer Permutation ohne Fixpunkte. Nach Satz 4.3.4 ist die Anzahl der Permutationen einer 10-elementigen Menge ohne Fixpunkt gleich

$$a(10) = 10!\frac{10!}{1!} + \frac{10!}{2!}\frac{10!}{3!} + \frac{10!}{4!}\frac{10!}{5!} + \frac{10!}{6!}\frac{10!}{7!} + \frac{10!}{8!}\frac{10!}{9!} + \frac{10!}{10!}$$

$$= 3.628.800 - 3.628.800 + 1.814.400 - 604.800 + 151.200 - 30.240$$

$$+ 5040 - 720 + 90 - 10 + 1 = 1.334.961\,.$$

28. Offensichtlich gilt $a(1) = 0$ und $a(2) = 1$. O. B. d. A. bestehe die n-elementige Menge aus den Zahlen von 1 bis n. Bei einer fixpunktfreien Permutation darf die 1 nicht auf sich selbst abgebildet werden, für sie gibt es also genau $n-1$

mögliche Plätze. Wenn die 1 auf Platz Nr. x abgebildet wird ($x \neq 1$), dann wird das Element x entweder auf Platz Nr. 1 abgebildet oder nicht. Für den ersten Fall gibt es genau $a(n-2)$ Möglichkeiten, denn alle Elemente außer 1 und x können beliebig fixpunktfrei permutiert werden. Für den zweiten Fall gibt es $a(n-1)$ Möglichkeiten, denn alle Elemente außer 1 können fixpunktfrei permutiert werden. Insgesamt folgt, dass es $(n-1) \cdot (a(n-2) + a(n-1))$ fixpunktfreie Permutationen gibt.

29. Es seien Z, D und F die Mengen aller Vielfachen der Zahlen 2, 3 bzw. 5. Ferner sei

$$\alpha_1 = |Z| + |D| + |F| = 51 + 34 + 21 = 106$$

$$\alpha_2 = |Z \cap D| + |Z \cap F| + |D \cap F| = 17 + 11 + 7 = 35$$

$$\alpha_3 = |Z \cap D \cap F| = 4 \, .$$

Nach Satz 4.3.1 können wir die gesuchte Anzahl wie folgt berechnen:

$$\alpha_1 - \alpha_2 + \alpha_3 = 106 - 35 + 4 = 75 \, .$$

30.

n	1	2	3	4	5	6	7	8	9	10	11	12	13
$\varphi(n)$	1	1	2	2	4	2	6	4	6	4	10	4	12

31. Da jede Primzahl p nur durch 1 und sich selbst teilbar ist, ist sie zu den Zahlen 1 bis $p-1$ teilerfremd. Es gilt daher $\varphi(p) = p - 1$.

32. Nach Aufgabe 33 gilt: $\varphi(2^a) = 2^a - 2^{a-1} = 2^{a-1} \cdot (2-1) = 2^{a-1}$.

33. Eine Primzahlpotenz p^a ist nur zu Vielfachen von p nicht teilerfremd. Es gibt p^{a-1} Vielfache von p, die kleiner oder gleich p^a sind: $1 \cdot p$, $2 \cdot p$, ..., $p^{a-1} \cdot p$. Daher gilt: $\varphi(p^a) = p^a - p^{a-1}$.

34. Wenn p und q verschiedene Primzahlen sind, gilt $\varphi(p \cdot q) = (p-1) \cdot (q-1)$.

11.5   Kapitel 5

1. Aus $a \mid b$ und $b \mid a$ folgt $b = q_1 a$ und $a = q_2 b$ mit ganzen Zahlen q_1 und q_2. Einsetzen ergibt die Gleichung folgt $b = q_1 a = q_1 q_2 b$. Daraus folgt $b = 0$ oder $1 = q_1 q_2$. Da q_1 und q_2 ganze Zahlen sind, folgt $q_1 = q_2 = 1$ oder $q_1 = q_2 = -1$, also $a = \pm b$.

2. *Induktionsbasis:* Die Aussage gilt für $n = 0$, denn aus $0 = 6 \cdot 0$ folgt $6 \mid 0$.

Induktionsschritt: Für ein $n \geq 0$ sei $n^3 - n = 6 \cdot k$ mit einer natürlichen Zahl k. Dann ist

$$(n+1)^3 - (n+1) = n^3 + 3n^2 + 3n + 1 - n - 1 = n^3 - n + 3n^2 + 3n$$
$$= 6 \cdot k + 3n(n+1)$$

ebenfalls durch 6 teilbar, denn das Produkt $n(n+1)$ aus einer Zahl und ihrem Nachfolger ist durch 2, also $3n(n+1)$ durch 6 teilbar.

3. Zu zeigen: Wenn die Aussage für positives b gilt, dann gilt sie auch für negatives b. Wir setzen voraus, dass die Aussage für positives b gilt. Sei b negativ. Dann ist $-b$ positiv, und es gibt q^* und r^* mit

$$-b = aq^* + r^* \quad \text{und} \quad 0 \leq r^* < |a|.$$

Indem wir beide Seiten mit -1 multiplizieren, erhalten wir

$$b = a \cdot (-q^*) - r^*.$$

Wenn $r^* = 0$ ist, haben wir bereits eine Darstellung gefunden. Sei also $r^* > 0$. Dann gilt

$$b = a \cdot (-q^*) - r^* = a(-q^* \mp 1) + (|a| - r^*) =: aq + r.$$

Dabei setzen wir $r := |a| - r^*$ und $q := -q^* - 1$ falls $a > 0$ ist. Falls $a < 0$ gilt, setzen wir $q := -q^* + 1$. Wegen $0 < r^* < |a|$ gilt dann $r > 0$ und $r < |a|$. Damit ist die Behauptung bewiesen.

4. $217 \bmod 23 = 10$, $11.111 \bmod 37 = 11$, $123.456.789 \bmod 218 = 119$.

5. (a) $n + 1 \bmod n = 1$, $n^2 \bmod n = 0$, $2n + 5 \bmod n = 5 \bmod n$, $3n + 6 \bmod n = 6 \bmod n$, $4n - 1 \bmod n = n - 1$.

   (b) $(n+2) \bmod (n+1) = 1$, $(2n+2) \bmod (n+1) = 0$, $(n^2 + 1) \bmod (n+1) = 2$, $(n^2) \bmod (n+1) = 1$.

   (c) $(n+1)^2 \bmod n = 1$, $(n+1)^{1000} \bmod n = 1$, $(n-1)^2 \bmod n = 1$, $(n-1)^{10.001} \bmod n = n - 1$.

   (d) $(n+1)n \bmod n = 0$, $n^3 + 2n^2 + 4 \bmod n = 4 \bmod 4$, $(2n+2)(n+1) \bmod n = 2 \bmod n$, $n! \bmod n = 0$.

6. (a) Drei Beispiele mit unterschiedlichen Seitenlängen erkennen Sie in Abb. 11.3.

   (b) Bei $b = a$ genügt ein Zug, bei $b = 2a$ benötigt man zwei Züge und für $b = 2a + 1$ werden $3a$ Züge gebraucht.

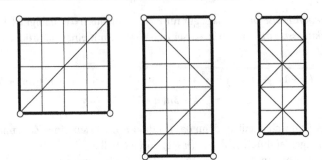

Abb. 11.3 Drei Billardtische

7. Die gesuchte Zahl ist 43.

8. (a) Wegen $a^2 - b^2 = (a-b)(a+b)$ suchen wir Zahlen a und b, für die das Produkt $(a-b)(a+b) = 11$ ist. Da 11 eine Primzahl ist, muss einer der Faktoren gleich 1 und der andere gleich 11 sein. Die Lösung dieses Gleichungssystems ist $a = 6$ und $b = 5$. Die gesuchten Quadratzahlen sind also 36 und 25.

    (b) Wir suchen Lösungen der Gleichung $a^2 - b^2 = (a-b)(a+b) = 1001$. Für die Faktoren $a - b$ und $a + b$ gibt es mehrere Möglichkeiten, denn 1001 ist gleich

    $$1 \cdot 1001 = 7 \cdot 143 = 11 \cdot 91 = 13 \cdot 77. \qquad \text{.}$$

    Die ersten beiden Faktoren $a - b = 1$ und $a + b = 1001$ führen zur Lösung $(a, b) = (501, 500)$. Die weiteren Faktoren ergeben die Lösungen $(75, 68)$, $(51, 40)$, $(45, 32)$.

9. $\mathrm{ggT}(123.456.789, 987.654.321) = 9$.

10. Die aufeinander folgenden ungeraden Zahlen seien $2n + 3$ und $2n + 1$. Der euklidische Algorithmus liefert dann: $2n + 3 = (2n + 1) \cdot 1 + 2$, $2n + 1 = 2 \cdot n + 1$, $2 = 1 \cdot 2 + 0$. Also gilt $\mathrm{ggt}(2n + 3, 2n + 1) = 1$.

11. *Induktionsbasis:* Die Aussage gilt für $n = 1$, denn $\mathrm{ggT}(f_1, f_3) = \mathrm{ggT}(1, 2) = 1$. *Induktionsschritt:* Für ein $n \geq 1$ gelte $\mathrm{ggT}(f_n, f_{n+2}) = 1$. Wir führen die ersten Schritte des euklidischen Algorithmus durch:

    $$f_{n+3} = f_{n+1} \cdot 1 + f_{n+2}, f_{n+1} = f_{n+2} \cdot 0 + f_{n+1}, f_{n+2} = f_{n+1} \cdot 1 + f_n.$$

    Nach Satz 5.3.1 folgt $\mathrm{ggT}(f_{n+3}, f_{n+1}) = \mathrm{ggT}(f_{n+1}, f_{n+2}) = \mathrm{ggT}(f_{n+1}, f_n) = 1$.

12. (a) Aus der Simpson-Identität (Satz 3.4.3) folgt $f_n^2 = f_{n+1} \cdot f_{n-1} - (-1)^n$. Modulo f_{n+1} ergibt sich $f_n^2 \bmod f_{n+1} = 0 - (-1)^n = (-1)^{n+1}$.

(b) Aus $f_n \cdot f_n \bmod f_{n+1} = \pm 1$ ergibt sich, dass entweder f_n oder $-f_n$ die Inverse von f_n ist.

13. Der erweiterte euklidische Algorithmus liefert

$$1 = 1234 \cdot (-17) + 567 \cdot 37.$$

14. $(10101010)_2 = 170$, $(2002)_{11} = 2664$, $(ABCD)_{16} = 43.981$.

15. $2007 = (11111010111)_2 = (31012)_5 = (1565)_{11} = (7D7)_{16}$.

16. Damit die Quersumme durch 9 teilbar ist, muss das Fragezeichen durch eine 3 ersetzt werden.

17. Die Zahl $19a9b$ muss durch 4 und durch 9 teilbar sein. Daher müssen sowohl die letzten beiden Ziffern durch 4 (also $b = 2$ oder $b = 6$) als auch die Quersumme durch 9 teilbar sein. Für $b = 2$ ergibt sich die Quersumme $21 + a$, also $a = 6$. Für $b = 6$ ergibt sich die Quersumme $25 + a$, also $a = 2$. Also sind 19.296 und 19.692 durch 36 teilbar.

18. Die Zahlen müssen durch 9 und durch 11 teilbar sein. Sie sind durch 11 teilbar, wenn die alternierende Quersumme durch 11 teilbar ist. Dies ist für Zahlen der Form „aabb" immer erfüllt, denn $a - a + b - b = 0$. Die Zahlen sind durch 9 teilbar, wenn ihre Quersumme $2a + 2b$ durch 9 teilbar ist. Da a die Werte von 1 bis 9 und b die Werte von 0 bis 9 annehmen kann, kommen als Quersummen nur die Zahlen 18 und 36 in Frage. Für die Quersumme 36 ergibt sich $a = b = 9$, also 9999 als gesuchte Zahl. Für die Quersumme 18 gibt es mehrere Möglichkeiten: 1188, 2277, 3366, 4455, 5544, 6633, 7722, 8811, 9900.

19. Es sei $z = a_n \cdot 12^n + a_{n-1} \cdot 12^{n-1} + \ldots + a_1 \cdot 12^1 + a_0 \cdot 12^0$ eine natürliche Zahl, die im Zwölfersystem die Darstellung $(a_n a_{n-1} \ldots a_1 a_0)$ hat. Bei Division von z durch 12 ergibt sich der Rest a_0. Daraus ergeben sich folgenden Regeln für $i \in \{12, 6, 4, 3, 2\}$: z ist genau dann durch i teilbar, wenn die Endstelle durch i teilbar ist.

20. Da 10^2 durch 4, 10^3 durch 8, 10^4 durch 16, ... teilbar ist, erkennt man an folgenden Darstellungen, dass n genau dann durch 4 (8, 16, ...) teilbar ist, wenn die aus den letzten 2 (3, 4, ...) Ziffern gebildete Zahl durch 4 (8, 16, ...) teilbar ist:

$$n = a_{k-1} \cdot 10^{k-1} + a_{k-2} \cdot 10^{k-2} + \ldots + a_1 \cdot 10^1 + a_0 \cdot 10^0$$

$$= 10^2 \cdot \left(a_{k-1} \cdot 10^{k-3} + a_{k-2} \cdot 10^{k-4} + \ldots + a_2 \cdot 10^0 \right) + a_1 \cdot 10^1 + a_0 \cdot 10^0$$

$$= 10^3 \cdot \left(a_{k-1} \cdot 10^{k-4} + a_{k-2} \cdot 10^{k-5} + \ldots + a_3 \cdot 10^0 \right) + a_2 \cdot 10^2 + a_1 \cdot 10^1$$
$$+ a_0 \cdot 10^0$$

$$= 10^4 \cdot \left(a_{k-1} \cdot 10^{k-5} + a_{k-2} \cdot 10^{k-6} + \ldots + a_4 \cdot 10^0 \right) + a_3 \cdot 10^3 + a_2 \cdot 10^2$$
$$+ a_1 \cdot 10^1 + a_0 \cdot 10^0 \, .$$

21. (a) Da b durch t teilbar ist, ist auch die Zahl

$$n - a_0 = a_{k-1} \cdot b^{k-1} + a_{k-2} \cdot b^{k-2} + \ldots + a_1 \cdot b^1$$

durch t teilbar. Folglich gilt $n - a_0 \equiv 0 \pmod{t}$, also $n \equiv a_0 \pmod{t}$.

(b) Da t ein Teiler von $b-1$ ist, teilt t auch $b^2 - 1 = (b-1)(b+1)$, $b^3 - 1 = (b-1)(b^2 + b + 1)$, $\ldots$, $b^{k-1} - 1 = (b-1)(b^{k-2} + \ldots + b + 1)$, also auch

$$a_{k-1} \cdot (b^{k-1} - 1) + a_{k-2} \cdot (b^{k-2} - 1) + \ldots + a_1 \cdot (b^1 - 1)$$

$$= a_{k-1} \cdot b^{k-1} + a_{k-2} \cdot b^{k-2} + \ldots + a_1 \cdot b^1$$

$$+ a_0 \cdot b^0 \left(a_{k-1} + a_{k-2} + \ldots + a_1 + a_0 \right)$$

$$= n - Q(n).$$

22. Es gilt:

$$(b+1)(b^{2s} - b^{2s-1} + b^{2s-2} - b^{2s-3} \ldots + b^2 - b + 1)$$

$$= b^{2s+1} - b^{2s} + b^{2s-1} - b^{2s-2} \ldots + b^3 - b^2 + b$$

$$+ b^{2s} - b^{2s-1} + b^{2s-2} \ldots b^3 + b^2 - b + 1$$

$$= b^{2s+1} + 1.$$

23. (a) Die Quersumme einer solchen Zahl ist $0 + 1 + 2 + 3 + 4 + 5 + 6 + 7 + 8 + 9 = 45$, also durch 9 teilbar. Nach Korollar 5.5.6 ist dann auch die Zahl selbst durch 9 teilbar.

(b) Wenn die Zahl im Dezimalsystem die Darstellung „ababab" hat, so kann man sie schreiben als

$$100.000a + 10.000b + 1000a + 100b + 10a + b$$

$$= 101.010a + 10.101b = 10.101 \cdot (10a + b).$$

Da $10.101 (= 7 \cdot 1443)$ durch 7 teilbar ist, ist es die Zahl „ababab" ebenfalls.

(c) Hat die ursprüngliche Zahl die Form $a_{k-1} \ldots a_1 a_0$, so ergibt sich nach dem Anhängen des Spiegelbildes die Zahl $a_{k-1} \ldots a_1 a_0 a_0 a_1 \ldots a_{k-1}$. Die alternierende Quersumme dieser Zahl ist gleich 0, denn jede Ziffer geht einmal mit positivem und einmal mit negativem Vorzeichen ein. Nach Korollar 5.5.9 ist die Zahl dann durch 11 teilbar.

24. Wenn n keine Primzahl ist, dann kann man n nach Satz 5.6.5 eindeutig als Produkt von Primzahlpotenzen schreiben:

$$n = p_1^{e_1} \cdot p_2^{e_2} \cdot \ldots \cdot p_S^{e_S}.$$

Wir wählen zwei weitere Primzahlen p^* und q^*, die unter den Primzahlen p_1, $p_2, \ldots, p_S$ nicht vorkommen. Dann sind die Zahlen $a = p^* \cdot p_2^{e_2} \cdot \ldots \cdot p_S^{e_S}$ und $b = q^* \cdot p_1^{e_1}$ nicht durch n teilbar, wohl aber das Produkt $ab = p^* \cdot q^* \cdot n$.

25. 2, 3, 5, 7, 11, 13, 17, 19, 23, 29, 31, 37, 41, 43, 47, 53, 59, 61, 67, 71, 73, 79, 83, 89, 97, 101, 103, 107, 109, 113, 127, 131, 137, 139, 149, 151, 157, 163, 167, 173, 179, 181, 191, 193, 197, 199.

26. Für $x = 40$ ergibt sich $40^2 + 40 + 41 = 40 \cdot (40 + 1) + 41 = 41 \cdot 41$, also keine Primzahl. Für $x = 41$ ergibt sich $41^2 + 41 + 41 = 41 \cdot (41 + 1) + 41 = 43 \cdot 41$, ebenfalls keine Primzahl.

27. Angenommen, es gibt nur endlich viele Primzahlen $p_1, p_2, \ldots, p_S$. Wir betrachten die Zahl

$$n = p_1 \cdot p_2 \cdot \ldots \cdot p_S^{-1}.$$

Nach Hilfssatz 5.6.1 gibt es eine Primzahl p_i ($i \in \{1, 2, \ldots, s\}$) mit $p_i \mid n$. Außerdem ist $n + 1$ das Produkt aller Primzahlen und wird daher ebenfalls von p_i geteilt. Nach Hilfssatz 5.1.1 folgt aus $p_i \mid n$ und $p_i \mid n + 1$, dass gilt $p_i \mid (n + 1) - n$, also $p_i \mid 1$. Dies ist ein Widerspruch, da p_i größer als 1 ist.

28. (a) Seien $[a]$ und $[b]$ zwei verschiedene Restklassen modulo n. Wir müssen zeigen, dass $[a]$ und $[b]$ disjunkt sind. Sei x ein Element aus $[b]$, das heißt $x \equiv b \pmod{n}$. Angenommen, x wäre auch ein Element von $[a]$, das heißt $x \equiv a \pmod{n}$. Dann wäre $a \equiv b \pmod{n}$. Das bedeutet, $a - b$ wäre durch n teilbar. Nach Satz 5.7.1 wären dann die beiden Restklassen $[a]$ und $[b]$ gleich, ein Widerspruch.

(b) Es ist klar, dass jede ganze Zahl z in der Restklasse $[z]$ enthalten ist. Angenommen, z wäre in einer weiteren Restklasse $[a] \neq [z]$ enthalten. Dann gilt $z \equiv a \pmod{n}$, woraus $z - a \equiv 0 \pmod{n}$ bzw. $n \mid z - a$ folgt. Dann gilt nach Satz 5.7.1 aber $[a] = [z]$, ein Widerspruch.

29. Die Multiplikationstafeln von $\mathbb{Z}_7$ und $\mathbb{Z}_{12}$ sind in Abb. 11.4 und 11.5 dargestellt.

(a) In $\mathbb{Z}_7$ sind alle Elemente außer der 0 invertierbar, es gilt: $[1]^{-1} = [1]$, $[2]^{-1} = [4]$, $[3]^{-1} = [5]$, $[6]^{-1} = [6]$ und umgekehrt.

Abb. 11.4 Multiplikationstafel von $\mathbb{Z}_7$

·	[0]	[1]	[2]	[3]	[4]	[5]	[6]
[0]	[0]	[0]	[0]	[0]	[0]	[0]	[0]
[1]	[0]	[1]	[2]	[3]	[4]	[5]	[6]
[2]	[0]	[2]	[4]	[6]	[1]	[3]	[5]
[3]	[0]	[3]	[6]	[2]	[5]	[1]	[4]
[4]	[0]	[4]	[1]	[5]	[2]	[6]	[3]
[5]	[0]	[5]	[3]	[1]	[6]	[4]	[2]
[6]	[0]	[6]	[5]	[4]	[3]	[2]	[1]

(b) In $\mathbb{Z}_{12}$ sind nur die Elemente [1], [5], [7] und [11] invertierbar, und zwar sind sie zu sich selbst invers.

30. In $\mathbb{Z}_{101}$ gilt $[2]^{-1} = 51$, $[3]^{-1} = 34$ und $[50]^{-1} = 99$.

31. Dass $\mathbb{Z}_n{}^*$ abgeschlossen bezüglich der Multiplikation ist, wurde in Satz 5.7.8 gezeigt. Das neutrale Element ist $1 \in \mathbb{Z}_n{}^*$. Nach Definition von $\mathbb{Z}_n{}^*$ hat jedes Element ein multiplikatives Inverses. Da nach Satz 5.7.6 in $\mathbb{Z}_n$ das Assoziativgesetz der Multiplikation gilt, gilt es erst recht in $\mathbb{Z}_n{}^*$.

·	[0]	[1]	[2]	[3]	[4]	[5]	[6]	[7]	[8]	[9]	[10]	[11]
[0]	[0]	[0]	[0]	[0]	[0]	[0]	[0]	[0]	[0]	[0]	[0]	[0]
[1]	[0]	[1]	[2]	[3]	[4]	[5]	[6]	[7]	[8]	[9]	[10]	[11]
[2]	[0]	[2]	[4]	[6]	[8]	[10]	[0]	[2]	[4]	[6]	[8]	[10]
[3]	[0]	[3]	[6]	[9]	[0]	[3]	[6]	[9]	[0]	[3]	[6]	[9]
[4]	[0]	[4]	[8]	[0]	[4]	[8]	[0]	[4]	[8]	[0]	[4]	[8]
[5]	[0]	[5]	[10]	[3]	[8]	[1]	[6]	[11]	[4]	[9]	[2]	[7]
[6]	[0]	[6]	[0]	[6]	[0]	[6]	[0]	[6]	[0]	[6]	[0]	[6]
[7]	[0]	[7]	[2]	[9]	[4]	[11]	[6]	[1]	[8]	[3]	[10]	[5]
[8]	[0]	[8]	[4]	[0]	[8]	[4]	[0]	[8]	[4]	[0]	[8]	[4]
[9]	[0]	[9]	[6]	[3]	[0]	[9]	[6]	[3]	[0]	[9]	[6]	[3]
[10]	[0]	[10]	[8]	[6]	[4]	[2]	[0]	[10]	[8]	[6]	[4]	[2]
[11]	[0]	[11]	[10]	[9]	[8]	[7]	[6]	[5]	[4]	[3]	[2]	[1]

Abb. 11.5 Multiplikationstafel von $\mathbb{Z}_{12}$

11.6 Kapitel 6

1. Sei $(a_1, a_2, \ldots, a_{n-1}, a_n)$ ein Codewort. Dann ist $k = a_1 + a_2 + \ldots + a_n$ eine gerade Zahl. Angenommen auch $(a_1, \ldots, a_i', \ldots, a_n)$ mit $a_i' \neq a_i$ wäre ein Codewort. Dann wäre auch $k' = a_1 + \ldots + a_i' + \ldots + a_n$ eine gerade Zahl. Dann wäre auch die Differenz $k' - k = a_i' - a_i$ eine gerade Zahl. Da a_i' und a_i aus der Menge $\{0, 1\}$ sind, folgt $a_i' - a_i = 0$, also $a_i' = a_i$. Dies widerspricht der Annahme.

2. (a) $C = \{a_1 a_2 a_3 a_4 a_5 a_6 a_7 a_8 a_9 \mid 10$ teilt $a_1 + 3a_2 + a_3 + 3a_4 + \ldots + 3a_8 + a_9\}$, C ist also ein Paritätscode der Länge 9 zur Basis 10 mit den Gewichten 1 und 3.

   (b) Nach Korollar 6.2.4 erkennt dieser Code alle Einzelfehler, da alle Gewichte teilerfremd zu 10 sind. Allerdings erkennt er Vertauschungsfehler nicht, wenn sich die vertauschten Ziffern um 5 unterscheiden. Zum Beispiel sind sowohl 169 828 013 als auch 619 828 013 Codewörter.

3. Der Code erkennt nicht alle Einzelfehler, da zum Beispiel die Ziffern 1 und 4 bei ihrer Gewichtung mit 3 zur gleichen Quersumme führen. So sind etwa sowohl 189 828 017 als auch 189 828 047 Codewörter. Er erkennt auch nicht alle Vertauschungsfehler: Zum Beispiel sind sowohl 189 828 091 als auch 189 828 901 erlaubte Codewörter. Insofern ist der Code aus Aufgabe 2 besser.

4. Nach Korollar 6.2.4 muss g teilerfremd zur Basis des Codes sein. Bei der Basis 12 kommen daher nur die Gewichte 1, 5, 7 oder 11 in Frage.

5. Bei einer EAN $a_1 a_2 a_3 a_4 a_5 a_6 a_7 a_8$ mit 8 Stellen wird das Prüfsymbol a_8 so bestimmt, dass $3 \cdot a_1 + 1 \cdot a_2 + 3 \cdot a_3 + 1 \cdot a_4 + 3 \cdot a_5 + 1 \cdot a_6 + 3 \cdot a_7 + 1 \cdot a_8$ durch 10 teilbar ist. Bei einer EAN $a_1 a_2 a_3 a_4 a_5 a_6 a_7 a_8 a_9 a_{10} a_{11} a_{12} a_{13}$ mit 13 Stellen wird das Prüfsymbol a_{13} so bestimmt, dass $1 \cdot a_1 + 3 \cdot a_2 + 1 \cdot a_3 + 3 \cdot a_4 + \ldots + 3 \cdot a_{12} + 1 \cdot a_{13}$ durch 10 teilbar ist. Es sei $a_1 a_2 a_3 \ldots$ eine gültige EAN und $a_1 \ldots a_{i-1} a_i' a_{i+1} \ldots$ die EAN mit einem Einzelfehler an der Stelle i, also $a_i' \neq a_i$. Dann gibt es zwei Fälle:

   (1.) Die Ziffer a_i bzw. a_i' wird mit dem Faktor 1 gewichtet. Dann ist die Differenz der beiden gewichteten EAN gerade $a_i - a_i'$. Da a_i und a_i' Ziffern von 0 bis 9 sein können, kann die Differenz $a_i - a_i'$ Werte von -9 bis 9 annehmen. Der einzige Wert in diesem Bereich, der modulo 10 keinen Rest, also keinen Unterschied in der Prüfziffer ergeben würde, ist die Differenz 0. Die tritt aber nur dann auf, wenn $a_i = a_i'$ gilt. Somit wird ein Einzelfehler erkannt.

   (2.) Die Ziffer a_i bzw. a_i' wird mit dem Faktor 3 gewichtet. Dann ist die Differenz der beiden gewichteten EAN gerade $3a_i - 3a_i' = 3(a_i - a_i')$. Da a_i und a_i' Ziffern von 0 bis 9 sein können, kann die Differenz $3(a_i - a_i')$ Werte von -27 bis 27 annehmen. Modulo 10 würden die Differenzen -20, -10,

0, 10 und 20 keinen Rest ergeben. Der einzige Wert, der in diesem Bereich aber angenommen werden kann, ist die Differenz 0, da als Differenzen nur Vielfache von 3 in Frage kommen. Die Differenz 0 tritt aber nur dann auf, wenn $a_i = a_i'$ gilt. Somit wird ein Einzelfehler erkannt.

6. (a) 9 783406 418716 ist eine korrekte EAN, denn als gewichtete Quersumme ergibt sich 110, also eine Zehnerzahl.

(b) 4000 6542 ist keine korrekte EAN, denn als gewichtete Quersumme ergibt sich 49, also keine Zehnerzahl. Die korrekte EAN wäre 4000 6543.

7. Es sei $a_1 a_2 a_3 \dots$ eine gültige EAN. Vertauscht man zwei Ziffern a_i und a_k (mit $i \neq k$), so muss man zwei Fälle unterscheiden:

(1.) Die Ziffern a_i und a_k werden mit dem gleichen Gewicht (also entweder beide mit 1 oder beide mit 3) gewichtet. Dann erhält man keinen Unterschied in der gewichteten Summe, also keinen Unterschied in der Prüfziffer. Der Vertauschungsfehler wird also nicht erkannt. *Beispiel:* 12345670 hat die gewichtete Summe 60, aber auch 32145670 und 14325670 haben die gewichtete Summe 60.

(2.) Die Ziffern a_i und a_k werden mit unterschiedlichen Gewichten versehen (zum Beispiel a_i mit 1 und a_k mit 3). Dann erhält man als Differenz der gewichteten Summen $3a_i + a_k - a_i - 3a_k = 2a_i - 2a_k = 2(a_i - a_k)$. Da a_i und a_k Ziffern von 0 bis 9 sein können, gibt es für diese Differenz mögliche Werte von -18 bis 18. Dabei sind -10, 0 und 10 Differenzen, die modulo 10 keinen Unterschied ergeben, also nicht entdeckt werden. Die Differenz 0 ist dabei harmlos, da dann a_i und a_k gleich sind. Die Differenzen ± 10 bedeuten aber, dass sich die Ziffern a_i und a_k um 5 unterscheiden, eine Vertauschung der beiden Ziffern aber nicht erkannt wird.

Der EAN-Code erkennt also Vertauschungsfehler höchstens von Ziffern mit unterschiedlichen Gewichten und auch nur dann, wenn sich die beiden vertauschten Ziffern nicht um 5 unterscheiden. *Beispiel:* 12345670 hat die gewichtete Summe 60, aber 62345170 hat die gewichtete Summe 70, ist also ebenfalls eine Zehnerzahl.

8. (a) 3-282-87144-X ist keine korrekte ISBN, denn die gewichtete Quersumme ist 243, also keine Elferzahl. Das korrekte Prüfsymbol ist 9.

(b) 3-528-06783-7 ist eine korrekte ISBN, denn als gewichtete Quersumme ergibt sich die Elferzahl $110 = 10 \cdot 11$.

9. Der ISBN-Code ist ein Paritätscode der Länge 10 zur Basis 11 mit den Gewichten 10, 9, 8, ..., 1. Da alle Gewichte teilerfremd zu 11 sind, folgt nach Korollar 6.2.4, dass der ISBN-Code alle Einzelfehler erkennt.

10. Sei $a_1a_2a_3\ldots a_9a_{10}$ eine ISBN. Dann ist

$$10 \cdot a_1 + 9 \cdot a_2 + 8 \cdot a_3 + 7 \cdot a_4 + 6 \cdot a_5 + 5 \cdot a_6 + 4 \cdot a_7 + 3 \cdot a_8 + 2 \cdot a_9 + 1 \cdot a_{10}$$

eine durch 11 teilbare Zahl. Durch Vertauschen der 2. und der 5. Stelle entsteht die Folge $a_1a_5a_3a_4a_2a_6\ldots a_{10}$. Wir können $a_2 \neq a_5$ voraussetzen, denn sonst wäre die Vertauschung belanglos. Angenommen, auch dies wäre ein Codewort. Dann müsste auch

$$10 \cdot a_1 + 9 \cdot a_5 + 8 \cdot a_3 + 7 \cdot a_4 + 6 \cdot a_2 + 5 \cdot a_6 + 4 \cdot a_7 + 3 \cdot a_8 + 2 \cdot a_9 + 1 \cdot a_{10}$$

eine durch 11 teilbare Zahl sein. Zusammen folgt mit Hilfssatz 5.1.1, dass 11 auch die Differenz $9 \cdot a_2 + 6 \cdot a_5 - (9 \cdot a_5 + 6 \cdot a_2) = 3(a_2 - a_5)$ teilen muss. Da 3 teilerfremd zu 11 ist, folgt, dass 11 ein Teiler von $a_2 - a_5$ sein muss. Da a_2 und a_5 beide zwischen 0 und 9 liegen, ist die Differenz $a_2 - a_5$ eine Zahl zwischen -9 und $+9$. Die einzige durch 11 teilbare Zahl in diesem Bereich ist aber 0. Daher muss $a_1 = a_2$ sein. Dieser Widerspruch zeigt, dass der ISBN-Code Vertauschungen der 2. und 5. Stelle 100%ig erkennt.

11. Ersetzt man eine Ziffer durch eine andere mit Abstand 7, so wird der Fehler nicht erkannt. Zum Beispiel wäre 1 2 3 4 5 6 7 8 9 0 (mit der gewichteten Quersumme 210) korrekt, aber 8 2 3 4 5 6 7 8 9 0 (mit der gewichteten Quersumme 280) ebenfalls.

12. Sei $(g_1, g_2, \ldots, g_n)$ ein Codewort eines Gruppencodes mit Kontrollsymbol c und Permutationen $\pi_1, \pi_2, \ldots, \pi_n$. Das heißt, dass $\pi_1(g_1) \cdot \pi_2(g_2) \cdot \ldots \cdot \pi_n(g_n) = c$ ist. Bei der Übertragung möge ein Fehler an der i-ten Stelle passiert sein, es wird also der Vektor $(g_1, \ldots, h_i, \ldots, g_n)$ mit $h_i \neq g_i$ empfangen. Wenn dieser Vektor auch ein Codewort wäre, dann müsste $\pi_1(g_1) \cdot \ldots \cdot \pi_i(h_i) \cdot \ldots \cdot \pi_n(g_n) = c = \pi_1(g_1) \cdot \ldots \cdot \pi_i(g_i) \cdot \ldots \cdot \pi_n(g_n)$ gelten. Indem man von rechts der Reihe nach mit $\pi_n(g_n)^{-1}, \pi_{n-1}(g_{n-2})^{-1}, \ldots, \pi_{i+1}(g_{i+1})^{-1}$ und von links mit $\pi_1(g_1)^{-1}, \pi_2(g_2)^{-1}, \ldots \pi_{i-1}(g_{i-1})^{-1}$ multipliziert, erhält man schließlich $\pi_i(h_i) = \pi_i(g_i)$. Da Permutationen injektiv sind, folgt $h_i = g_i$, ein Widerspruch.

13. Aus $\pi_i(x) = \pi_i(x')$ folgt $g_ix = g_ix'$. Da $g_i \in \mathbb{Z}_q{}^*$, also invertierbar ist, führt die Multiplikation mit g_i^{-1} auf $x = x'$. Also ist die Abbildung π_i injektiv und daher als Abbildung einer endlichen Menge in sich auch bijektiv. Also ist die Abbildung $\pi_i: \mathbb{Z}_q \to \mathbb{Z}_q$ mit $x \mapsto x \cdot g_i$ eine Permutation von $\mathbb{Z}_q$. Die Multiplikation mit Gewichten kann man also auch als Permutation auffassen. Jeder Paritätscode mit Gewichten $g_i \in \mathbb{Z}_q{}^*$ ist daher auch ein Code mit Permutationen über der Gruppe $(\mathbb{Z}_q, +)$.

14. Wenn in jeder Zeile und Spalte der Verknüpfungstafel jedes Element genau einmal vorkommt, so sind für alle Elemente g und h die Gleichungen $g \cdot x = h$

und $x \cdot g = h$ eindeutig lösbar. Sei g ein Element der Menge und sei e die Lösung von $x \cdot g = g$, das heißt, es gelte $e \cdot g = g$. Wir zeigen nun, dass e das neutrale Element ist, das heißt, dass dann für *jedes* Element a gilt $e \cdot a = a$. Sei also a ein beliebiges Element und sei x die Lösung von $g \cdot x = a$. Dann folgt mit Hilfe der Assoziativität

$$e \cdot a = e \cdot (g \cdot x) = (e \cdot g) \cdot x = g \cdot x = a.$$

Aus der Lösbarkeit von $x \cdot a = e$ folgt außerdem, dass es für jedes Element a ein inverses Element gibt. Damit sind alle Gruppenaxiome erfüllt.

15.

$$\pi_3 = \begin{pmatrix} 0 & 1 & 2 & 3 & 4 & 5 & 6 & 7 & 8 & 9 \\ 8 & 9 & 1 & 6 & 0 & 4 & 3 & 5 & 2 & 7 \end{pmatrix},$$

$$\pi_4 = \begin{pmatrix} 0 & 1 & 2 & 3 & 4 & 5 & 6 & 7 & 8 & 9 \\ 9 & 4 & 5 & 3 & 1 & 2 & 6 & 8 & 7 & 0 \end{pmatrix},$$

$$\pi_5 = \begin{pmatrix} 0 & 1 & 2 & 3 & 4 & 5 & 6 & 7 & 8 & 9 \\ 4 & 2 & 8 & 6 & 5 & 7 & 3 & 9 & 0 & 1 \end{pmatrix},$$

$$\pi_6 = \begin{pmatrix} 0 & 1 & 2 & 3 & 4 & 5 & 6 & 7 & 8 & 9 \\ 2 & 7 & 9 & 3 & 8 & 0 & 6 & 4 & 1 & 5 \end{pmatrix},$$

$$\pi_7 = \begin{pmatrix} 0 & 1 & 2 & 3 & 4 & 5 & 6 & 7 & 8 & 9 \\ 7 & 0 & 4 & 6 & 9 & 1 & 3 & 2 & 5 & 8 \end{pmatrix},$$

$$\pi_8 = \begin{pmatrix} 0 & 1 & 2 & 3 & 4 & 5 & 6 & 7 & 8 & 9 \\ 0 & 1 & 2 & 3 & 4 & 5 & 6 & 7 & 8 & 9 \end{pmatrix},$$

$$\pi_9 = \pi_1, \ \pi_{10} = \pi_2, \ \pi_{11} = \pi_3.$$

16. Individuelle Lösung.

17. Wir übersetzen die Buchstaben zunächst in Ziffern und erhalten 2 5 3 0 7 6 6 0 3 5. Wenden wir die Permutationen π_i auf die jeweils i-te Stelle an,

$$\pi^1(2) = 7, \ \pi^2(5) = 9, \ \pi^3(3) = 6, \ldots, \ \pi^{10}(5) = 9,$$

so ergibt sich 7 9 6 9 9 6 3 0 6 9. Mit Hilfe der Verknüpfungstabelle der Diedergruppe können wir das Produkt dieser Zahlen berechnen. Es ergibt sich

$$7 * 9 * 6 * 9 * 9 * 6 * 3 * 0 * 6 * 9 = 3.$$

Wiederum aus der Verknüpfungstabelle entnehmen wir, dass 2 das zu 3 inverse Element ist. Daher ist die Prüfziffer gleich 2 und die gesamte Banknotennummer lautet G N 3 0 7 6 6 0 3 N 2.

18. Die zwei Ziffernpaare (g_{10}, g_{11}), deren Vertauschung nicht bemerkt würde, sind (1, 8) und (4, 7), denn es gilt

$$\pi_2(1) \cdot 8 = 8 \cdot 8 = 0 = 4 \cdot 1 = \pi_2(8) \cdot 1,$$
$$\pi_2(4) \cdot 7 = 7 \cdot 7 = 0 = 1 \cdot 4 = \pi_2(7) \cdot 4.$$

11.7 Kapitel 7

1. Individuelle Lösung.
2. VENI VEDI VICI („Ich kam, ich sah, ich siegte.")
3. DIESER TEXT IST NICHT MEHR GEHEIM.
4. I AM A MAN.
5. Als Hilfe sind hier die häufigsten Buchstaben des Geheimtextes: q, a, l, c, d, x.
6. Machen Sie das!
7. Der Text hat 60 Zeichen und endet mit einem Ausrufezeichen, was darauf hin deutet, dass wir nur Teiler von 60 als Abstand der Klartextbuchstaben voneinander betrachten müssen. Entsprechend schreiben wir den Text von oben nach unten in Spalten, wobei die Zeilen- und die Spaltenzahl Teiler von 60 sind. Bei fünf Spalten erhalten wir den folgenden Klartext: Ich wusste, dass diese Transpositionschiffre leicht zu knacken ist!
8. Lösung: IST DAS EIN GUTER ALGORITHMUS?
9. MFBTVCJVCDKMG.
10. Mit dem Schlüsselwort BUERO ergibt sich der folgende Klartext: Den hoechsten Organisationsstand erfuhr die Kryptologie in Venedig, wo sie in Form einer staatlichen Buerotaetigkeit ausgeuebt wurde. Es gab Schluessel-Sekretaere, die ihr Buero im Dogenpalast hatten und fuer ihre Taetigkeit rund zehn Dukaten im Monat bekamen. Es wurde dafuer gesorgt, dass sie waehrend ihrer Arbeit nicht gestoert wurden. Sie durften ihre Bueros aber auch nicht verlassen, bevor sie eine gestellte Aufgabe geloest hatten.
11. „Worum geht es bei der jüngsten Aufregung um Echelon und die Spionage der Vereinigten Staaten gegen europäische Wirtschaftsunternehmen? Fangen wir mit ein paar offenen Worten von amerikanischer Seite an. Ja, meine kontinentaleuropäischen Freunde, wir haben euch ausspioniert. Und es stimmt, wir benutzen Computer, um Daten nach Schlüsselwörtern zu durchsuchen. Aber habt ihr euch auch nur für einen Augenblick gefragt, wonach wir suchen? Der jüngste Bericht des Europäischen Parlaments über Echelon, verfasst von dem britischen Journalisten Duncan Campbell, hat zornige Beschuldigungen der

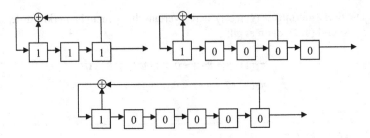

Abb. 11.6 Lineare Schieberegister mit maximaler Periode

Kontinentaleuropäer ausgelöst. Der US-Geheimdienst, heißt es, stehle Spitzentechnologie europäischer Unternehmen, um sie – man höre und staune – zur Verbesserung der eigenen Konkurrenzfähigkeit an amerikanische Unternehmen weiterzugeben. Liebe europäische Freunde, kommt bitte auf den Boden der Tatsachen zurück. Es stimmt zwar, dass die Europäer den Amerikanern auf einer Hand voll Gebiete technologisch überlegen sind. Aber, um es so behutsam wie möglich zu formulieren: Die Anzahl dieser Gebiete ist sehr, sehr gering. Die meiste europäische Technologie lohnt den Diebstahl einfach nicht. Richtig, meine kontinentalen Freunde, wir haben euch ausspioniert, weil ihr mit Bestechung arbeitet. Die Produkte eurer Unternehmen sind oftmals teurer oder technologisch weniger ausgereift als die eurer amerikanischen Konkurrenten, manchmal sogar beides. Deshalb bestecht ihr so oft. Die Komplizenschaft eurer Regierungen geht sogar so weit, dass Bestechungsgelder in mehreren europäischen Staaten noch immer steuerlich absetzbar sind."

12. (a) HFGSCFEBYFFTTXNQHFG.

 (b) QXVHCAMDMZSJECBYDPM.

 (c) Individuelle Lösung.

13. Addition modulo 2 liefert den Schlüssel 111111.

14. Für jede der n Zellen gibt es zwei Möglichkeiten: Entweder sie trägt zur Summe bei oder nicht. Dementsprechend gibt es bei n Zellen 2^n Möglichkeiten, ein lineares Schieberegister zusammenzustellen.

15. Die gesuchten linearen Schieberegister mit maximalen Perioden sind in Abb. 11.6 dargestellt.

16. Nein, denn die Folge beginnt mit vier Nullen. Ein Schieberegister der Länge 4 muss diesen Nullzustand jedoch immer beibehalten, sobald er einmal aufgetreten ist.

Abb. 11.7 Ein lineares
Schieberegister

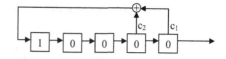

17. Damit die Folge mit 00001 beginnen kann, muss 1, 0, 0, 0, 0 der Anfangs-
    zustand gewesen sein. Die Rückkopplungskoeffizienten c_i bestimmen wir wie
    folgt. Für den Inhalt der linken Zelle, der nacheinander 0, 0, 0, 1, 1 sein muss,
    gilt

    nach einem Takt: $0 = c_5 \cdot 1 + c_4 \cdot 0 + c_3 \cdot 0 + c_2 \cdot 0 + c_1 \cdot 0$,
    nach zwei Takten: $0 = c_5 \cdot 0 + c_4 \cdot 1 + c_3 \cdot 0 + c_2 \cdot 0 + c_1 \cdot 0$,
    nach drei Takten: $0 = c_5 \cdot 0 + c_4 \cdot 0 + c_3 \cdot 1 + c_2 \cdot 0 + c_1 \cdot 0$,
    nach vier Takten: $1 = c_5 \cdot 0 + c_4 \cdot 0 + c_3 \cdot 0 + c_2 \cdot 1 + c_1 \cdot 0$,
    nach fünf Takten: $1 = c_5 \cdot 1 + c_4 \cdot 0 + c_3 \cdot 0 + c_2 \cdot 0 + c_1 \cdot 1$.

    Dieses lineare Gleichungssystem hat die Lösung $c_1 = 1$, $c_2 = 1$, $c_3 = 0$, $c_4 = 0$,
    $c_5 = 0$, in die Summe gehen also nur die ersten beiden Zellen ein (siehe
    Abb. 11.7).

18. Aus $p = 23$ und $q = 37$ können wir $n = pq = 851$ und $\varphi(n) = (p-1)(q-1) = 792$
    berechnen. Als zu φ teilerfremde Zahl wählen wir zum Beispiel $e = 17$. Damit
    können wir die Nachricht $m = 537$ zu $c = m^e \bmod n = 537^{17} \bmod 851 = 220$ ver-
    schlüsseln. Der erweiterte euklidische Algorithmus ergibt als Lösung von ed
    $\bmod \varphi = 1$ den privaten Schlüssel $d = 233$. Damit können wir $c = 220$ wieder
    entschlüsseln: $c^d \bmod n = 220^{233} \bmod 851 = 537 = m$.

19. (a) Es ergibt sich $n = pq = 33$. Wir verschlüsseln jeden codierten Buchstaben
    $m_i = 13, 1, 20, 8, 5, 13, 1, 20, 9, 11$ einzeln zu $c_i = m_i^e \bmod n = 19, 1, 14, 17$,
    $26, 19, 1, 14, 3, 11$. Dies entspricht der Buchstabenfolge „SANQZSANCK".

    (b) Mit $\varphi = (p-1)(q-1) = 20$ liefert der erweiterte euklidische Algorithmus
    den geheimen Schlüssel $d = 7$. Damit entschlüsseln wir die einzelnen
    Buchstabencodes $c_i = 13, 21, 14$ separat zu $c_i^d \bmod n = 7, 21, 20$. Dies
    entspricht dem Wort „GUT".

20. Sei i eine natürliche Zahl mit $1 \le i \le p - 1$. Da p eine Primzahl ist, ist p teiler-
    fremd zu allen Zahlen, die kleiner sind als p. Insbesondere ist p teilerfremd zu
    allen Zahlen $1, 2, \ldots, i$, also auch zu $i!$ und zu $(p-i)!$. Da die Binomialzahl

$$\binom{p}{i} = \frac{p!}{i! \cdot (p-i)!} = \frac{p \cdot (p-1)!}{i! \cdot (p-i)!}$$

eine natürliche Zahl ist, teilt der Nenner $i! \cdot (p-i)!$ den Zähler $p \cdot (p-1)!$. Da
der Nenner teilerfremd zu p ist, muss er $(p-1)!$ teilen. Also gilt $(p-1)! =$

$k \cdot i! \cdot (p - i)!$ mit einer natürlichen Zahl k. Daraus folgt

$$\binom{p}{i} = k \cdot p.$$

21. (a) Da $m^{16} = (((m^2)^2)^2)^2$ gilt, benötigt man 4 Multiplikationen.
    (b) Wegen $m^{21} = m^{16} \cdot m^4 \cdot m$ benötigt man nach (a) $4 + 2 = 6$ Multiplikationen.
    (c) Die Idee ist, m wiederholt zu quadrieren und dann geeignete Terme zu multiplizieren. Diesen Square-and-Multiply-Algorithmus zur Berechnung von m^d mit höchstens $2 \cdot [\mathrm{ld}(d)]$ Multiplikationen kann man wie folgt formulieren:
        (1.) Setze $z := 1$ und $c := x$ (dabei speichert z die Zwischenergebnisse und c enthält die Potenzen von x).
        (2.) Wenn d durch 2 teilbar ist, dann quadriere c, teile d ganzzahlig durch 2 ($d := d$ div 2) und beginne wieder mit (2.).
        (3.) Wenn d nicht durch 2 teilbar ist, dann quadriere c, teile d ganzzahlig durch 2 ($d := n$ div 2), multipliziere z mit c ($z := z \cdot c$) und gehe zu (2.).
        (4.) Führe dieses Verfahren solange durch, bis $d = 0$ ist. Das Endergebnis steht dann in der Variablen c.

22. Aus den beiden Gleichungen $n = p \cdot q = 14.803$ und $\varphi(n) = (p - 1) \cdot (q - 1) = 14.560$ folgt durch Eliminieren von q die Gleichung $(p - 1) \cdot (14.803/p - 1) = 14.560$. Ausmultiplizieren ergibt $14.803 - p - 14.803/p + 1 = 14.560$. Zusammenfassen und Multiplikation mit p liefert die quadratische Gleichung $0 = p^2 - 244p + 14.803$. Diese hat die Lösungen $p_1 = 131$ und $p_2 = 113$. Dementsprechend sind $q_1 = 113$ und $q_2 = 131$.

11.8 Kapitel 8

1. Alle Graphen mit genau vier Ecken sind in Abb. 11.8 zu sehen (von Permutationen der Ecken abgesehen).

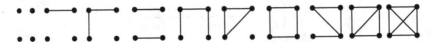

Abb. 11.8 Die Graphen mit genau vier Ecken

2. $K_{m,n}$ hat $m + n$ Ecken und $m \cdot n$ Kanten.

3. Nur dann, wenn der Kreis gerade Länge hat, kann man seine Ecken abwechselnd mit zwei Farben färben, so dass es am Ende aufgeht. Bei ungerader Länge müsste die letzte Ecke die gleiche Farbe wie die erste Ecke bekommen; dadurch hätten zwei benachbarte Ecken die gleiche Farbe.

4. Ein Graph ist genau dann bipartit, wenn er nur Kreise gerader Länge hat. Wir betrachten einen bipartiten Graphen mit der Partition $\{E_1, E_2\}$. In jedem Kreis müssen sich dann Ecken aus E_1 und E_2 abwechseln. Dann muss die Anzahl der Ecken im Kreis gerade sein.

    Seien umgekehrt alle Kreise gerade. Sei e_0 eine beliebige Ecke. Sei E_1 die Menge aller Ecken, die einen ungeraden kürzesten Abstand zu e_0 haben, und sei E_2 die Menge aller Ecken, die einen geraden kürzesten Abstand zu e_0 haben. Dann ist $\{E_1, E_2\}$ eine Bipartition. Denn: Angenommen, es gibt eine Kante von E_1 nach E_1 (oder von E_2 nach E_2. Diese würde einen ungeraden Kreis schließen.

5. Wir betrachten eine beliebige Ecke e_0 mit einer ihrer anschließenden Kanten k_0. Sei e_1 die andere Ecke von k_0. Da e_1 mindestens den Grad 2 hat, gibt es eine weitere Kante k_1 durch e_1. Usw. Da der Graph nur endlich viele Ecken besitzt, kommen wir irgendwann an einer Ecke e_j an, an der wir schon waren, das heißt $e_j = e_i$ mit $i < j$. Dann ist die besuchte Kantenfolge von e_i bis e_j ein Kreis.

6. In Abschn. 1.2 haben wir bewiesen: *In jeder Gruppe von mindestens zwei Personen gibt es zwei, die die gleiche Anzahl von Bekannten innerhalb dieser Gruppe haben.* Wir übertragen diesen Satz auf einfache Graphen, indem wir Ecken mit Personen und Kanten mit der Bekanntsheitsrelation identifizieren. Die Anzahl der Bekannten einer Person entspricht dann dem Grad der zugehörigen Ecke. Wir erhalten den Satz: *In jedem einfachen Graphen (mit mindestens zwei Ecken) gibt es zwei Ecken, die den gleichen Grad haben.*

7. Die Graphen mit $\Delta \leq 2$ setzen sich aus Kreisen und Pfaden (Wege mit paarweise verschiedenen Ecken) zusammen.

8. (a) Bei diesem Verfahren werden bei jedem Durchgang durch eine Ecke zwei Kanten verbraucht, außer beim Start in der Anfangsecke. Würde das Verfahren in einer Ecke geraden Grades enden, die nicht die Anfangsecke ist, so wären an dieser schon geradzahlig viele Kanten verbraucht worden und es wäre noch mindestens eine Kante übrig, um aus der Ecke wieder herauszulaufen. Dies wäre ein Widerspruch zum Ende des Verfahrens.

    (b) Beim Start in einer Ecke ungeraden Grades wird eine Kante verbraucht und es bleiben noch geradzahlig viele Kanten übrig. Bei jedem Durchgang durch die Anfangsecke werden zwei Kanten verbraucht. Wenn überhaupt, bleiben also immer geradzahlig viele Kanten übrig, so dass man stets aus der Anfangsecke wieder herauskommt.

Abb. 11.9 Graph des modifizierten Königsberger Brückenproblems

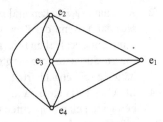

9. (b) Ja, denn jede Ecke hat einen geraden Grad.

   (c) Zum Beispiel: links oben anfangen, dann waagerecht nach rechts gehen und im Zick-Zack-Muster zurück gehen usw.

10. Der Graph $K_{m,n}$ ist genau dann eulersch, wenn n und m gerade sind.

11. Allgemein kann man K_n (mit ungeradem n) nach folgender Regel in einem Zug zeichnen: „Gehe zunächst einmal außen herum und danach im Uhrzeigersinn immer zur nächsten Ecke, zu der noch keine Kante führt." Wenn die Ecken von K_7 im Uhrzeigersinn nummeriert sind, liefert dieses Verfahren folgenden eulerschen Weg: 1, 2, 3, 4, 5, 6, 7, 1, 3, 5, 7, 2, 4, 6, 1, 4, 7, 3, 6, 2, 5, 1.

12. (a) Der zugehörige planare Graph ist in Abb. 11.9 zu sehen.

    (b) Der Graph ist nicht eulersch, da nicht alle Ecken einen geraden Grad haben: Die Ecke e_1 hat Grad 1 und die Ecke e_3 hat Grad 5.

    (c) Da es genau zwei Ecken mit ungeradem Grad gibt, besitzt der Graph eine offene eulersche Linie: $e_1 - e_2 - e_3 - e_1 - e_4 - e_3 - e_2 - e_4 - e_3$.

13. Sei die Kantenmenge von G eine Vereinigung disjunkter Kreise. Da jede Ecke eines Kreises den Grad 2 hat, hat auch jede Ecke der Vereinigung von disjunkten Kreisen geraden Grad. Umgekehrt: Sei G ein eulerscher Graph. Wir beweisen die Behauptung durch Induktion nach der Anzahl der Kanten von G. Da G eulersch ist, besitzt G einen Kreis. Man entferne die Kanten dieses Kreises. Jede Komponente des so erhaltenen Graphen G^* ist eulersch, also nach Induktion eine Vereinigung disjunkter Kreise.

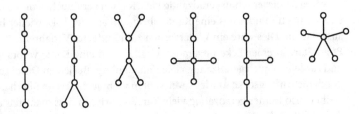

Abb. 11.10 Die Bäume mit sechs Ecken

Abb. 11.11 K_5 ohne eine
Kante ist plättbar

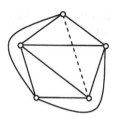

14. Die sechs Bäume mit sechs Ecken sind in Abb. 11.10 zu sehen.

15. Die Behauptung folgt aus den Aufgaben 27 und 29.

16. Sei G ein minimal zusammenhängender Graph. Angenommen, G enthält einen Kreis. Dann könnte man aus dem Kreis eine Kante entfernen und der Graph wäre immer noch zusammenhängend, ein Widerspruch zur Minimalität.

17. Sei G ein Baum. Da je zwei Ecken eines Baums durch einen Kantenzug verbunden sind, führt das Einfügen einer weiteren Kante zu einem geschlossenen Kantenzug, also einem Kreis. Sei umgekehrt G ein maximal kreisloser Graph. Dann enthält G keinen Kreis, ist also ein Baum.

18. Es genügt, eine Kante (gestrichelt eingezeichnet) aus K_5 zu entfernen (siehe Abb. 11.11).

19. Es genügt, die gestrichelte Kante zu entfernen. Abbildung 11.12 zeigt eine planare Darstellung.

20. (a) $g = 1$, (b) $m = 8$, (c) $n = 9$.

21. Mit $n = 4$ Ecken, $m = 6$ Kanten und $g = 4$ Gebieten gilt $n - m + g = 4 - 6 + 4 = 2$ (siehe Abb. 11.13).

22. Nein. Schauen Sie sich den Beweis von Folgerung 8.4.2 noch mal an. Angenommen, es gäbe nur eine Ecke vom Grad 5, dann hätten alle anderen einen Grad größer gleich 6. In die Ungleichung eingesetzt ergibt sich ein Widerspruch.

23. Wenn der Graph keine Dreiecke enthält, dann gilt für die Anzahl $m(L)$ der Kanten um ein Gebiet L die Abschätzung $m(L) \geq 4$. Ist g die Anzahl aller Gebiete, so folgt

$$\sum_{L \text{ Gebiet}} m(L) \geq 4g \ .$$

Abb. 11.12 $K_{3,3}$ ohne eine
Kante ist plättbar

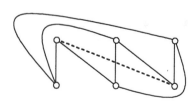

Abb. 11.13 Projektion eines
Tetraeders

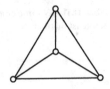

Da jede Kante höchstens zwei Gebiete trennt, ist

$$\sum_{L \text{ Gebiet}} m(L) \leq 2m \,.$$

Zusammen folgt $2\,m \geq 4\,g$ bzw. $m \geq 2\,g$. Mit der Eulerschen Polyederformel $n - m + g = 2$ ergibt sich $m \geq 2\,g = 4 - 2n + 2\,m$, also $2n - 4 \geq m$.

24. Der Graph aus Aufgabe 21 hat $\chi(G) = 4$.

25. Siehe zum Beispiel http://www.matheprisma.de/Module/4FP/Seite10.htm.

26. $\chi(G) = 4$.

27. Der Baum, der nur aus einer Ecke besteht, hat die chromatische Zahl 1. Jeder Baum mit mehr als einer Ecke hat chromatische Zahl 2. Letzteres kann man sich wie folgt klar machen. Wir färben ein Ecke mit der ersten Farbe, dann alle Ecken, die mit ihr verbunden sind, mit der zweiten Farbe. Da ein Baum keine Kreise enthält, können wir auf diese Weise abwechselnd mit den beiden Farben sämtliche Ecken färben.

28. Die Nummerierung auf der linken Seite von Abb. 11.14 führt zu 2 ($= \chi$) Farben, die auf der rechten Seite zu 4 ($= \Delta + 1$) Farben.

29. Ein Graph ist genau dann bipartit, wenn man seine Ecken so in zwei Klassen unterteilen kann, dass benachbarte Ecken zu unterschiedlichen Klassen gehören. Färbt man jeweils die Ecken einer Klasse gleich, so erhält man eine Eckenfärbung mit zwei Farben, so dass benachbarte Ecken unterschiedliche Farben haben.

30. (a) K_6 hat die in Abb. 11.15 gezeigten fünf Faktoren.

    (b) K_8 hat sieben Faktoren.

31. Der vollständige Graph K_{2n} hat $n - 1$ Faktoren.

Abb. 11.14 Zwei Greedy-
Färbungen des Würfels

Abb. 11.15 Faktoren von K_6

32. Da der Graph $K_{n,n}$ regulär und bipartit ist, besitzt er eine Kantenfärbung mit $\Delta = n$ Farben. Die Menge F_i aller Kanten der Farbe i ist dann ein Faktor. $K_{n,n}$ hat also n Faktoren.

33. Der Petersen-Graph ist regulär, alle Ecken haben den Grad 3. Wäre er faktorisierbar, so hätte er 3 Faktoren und es müsste $\chi'(G) = 3$ gelten, aber es ist $\chi'(G) = 4$.

11.9 Kapitel 9

1. Ein gerichteter hamiltonscher Pfad ist in Abb. 11.16 zu sehen.

2. Angenommen, es gibt keine Quelle. Sei e_0 eine Ecke. Da e_0 keine Quelle ist, gibt es mindestens eine Kante k_0, die zu e_0 hinzeigt. Sei e_1 die Anfangsecke von k_0. Da auch e_1 keine Quelle ist, gibt es mindestens eine Kante k_1, die zu e_1 hinzeigt. Sei e_2 die Anfangsecke von k_1. Falls $e_2 = e_0$ ist, enthält der Graph einen gerichteten Kreis. Anderenfalls gibt es mindestens eine weitere Kante k_2, die zu e_2 hinzeigt. Sei e_3 die Anfangsecke von k_2. Falls $e_3 = e_0$ oder $e_3 = e_1$ ist, enthält der Graph einen gerichteten Kreis. Usw. Da der Graph nur endlich viele Ecken

Abb. 11.16 Ein Straßensystem

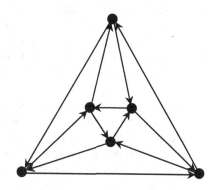

hat, muss irgendwann eine gerichtete Kante k_n eine der Ecken $e_0, \dots, e_{n-1}$ als Anfangsecke haben. Dann enthält der Graph einen gerichteten Kreis.

3. Da jede gerichtete Kante genau eine Anfangsecke und genau eine Eingangsecke hat, wird sowohl bei der Summe aller Ausgangsgrade als auch bei der Summe der Eingangsgrade jede Kante genau einmal gezählt. Die Summen sind also beide gleich der Summe aller Kanten.

4. Da der zugrunde liegende Graph eines Turniers vollständig ist, gilt für jede Ecke e $\deg^+(e) + \deg^-(e) = n - 1$, wobei n die Anzahl aller Ecken ist. Umformen und Quadrieren dieser Gleichung führt zu $\deg^+(e) = (n-1) - \deg^-(e)$ bzw.

$$\left(\deg^+(e)\right)^2 = (n-1)^2 - 2(n-1)\deg^-(e) + \left(\deg^-(e)\right)^2.$$

Bilden wir nun die Summe über alle n Ecken, so erhalten wir

$$\sum_{e \in E} \left(\deg^+(e)\right)^2 = \sum_{e \in E} (n-1)^2 - 2(n-1) \sum_{e \in E} \deg^-(e) + \sum_{e \in E} \left(\deg^-(e)\right)^2$$

Die Summe über alle Eingangsgrade ist gleich der Anzahl aller Kanten (vgl. Lösung der vorherigen Aufgabe), also gleich $\binom{n}{2} = \frac{n(n-1)}{2}$. Damit folgt

$$\sum_{e \in E} \left(\deg^+(e)\right)^2 = n \cdot (n-1)^2 - 2(n-1)\frac{n(n-1)}{2} + \sum_{e \in E} \left(\deg^-(e)\right)^2$$

$$\Leftrightarrow \sum_{e \in E} \left(\deg^+(e)\right)^2 = \sum_{e \in E} \left(\deg^-(e)\right)^2.$$

5. Ein gerichteter hamiltonscher Pfad des Turniers in Abb. 11.17 ist zum Beispiel $1 \to 5 \to 6 \to 2 \to 3 \to 4$.

6. Sei G ein zusammenhängender gerichteter Graph, der einen gerichteten eulerschen Kreis enthält. Sei e eine beliebige Ecke von G. Der gerichtete eulersche Kreis durchquert die Ecke e einige Male, sagen wir a mal. Dabei läuft er genau a mal in die Ecke hinein und kommt genau a mal aus ihr heraus. Da jede gerichtete Kante genau einmal im eulerschen Kreis enthalten ist, folgt $\deg^+(e) = a = \deg^-(e)$.

7. Da i_P die *kleinste* aller Zahlen $c(k) - f(k)$ (falls k eine Vorwärtskante ist) und $f(k)$ (falls k eine Rückwärtskante ist) ist, wird bei Addition von i_P weder auf den Vorwärtskanten die Kapazitätsbeschränkung verletzt noch treten bei Subtraktion auf den Rückwärtskanten negative Werte von f auf. Da i_P auf *allen* Vorwärtskanten von P addiert und *allen* Rückwärtskanten subtrahiert wird, ist außerdem die Flusserhaltung der inneren Ecken gewährleistet. Da der Pfad P

Abb. 11.17 Ein Turnier

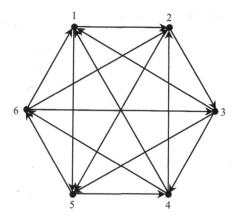

Abb. 11.18 Ein f-ungesättigter Baum

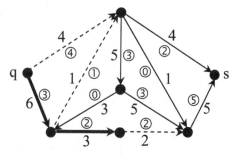

genau eine Vorwärtskante, die von der Quelle ausgeht, enthält, wird durch Addition von i_P auf dieser Kante der Wert des Flusses genau um i_P vergrößert.

8. Abbildung 11.18 zeigt fett gedruckt einen f-ungesättigten Baum, der nicht mehr weiter wachsen kann. Der abgebildete Fluss f ist daher maximal. Der zugehörige minimale Schnitt $(X, \bar{X})$ ist gestrichelt eingezeichnet. Es gilt $w_f = c(X, \bar{X}) = 7$.

9. Abbildung 11.19 zeigt fett gedruckt einen f-ungesättigten Baum, der nicht mehr weiter wachsen kann. Der abgebildete Fluss f ist daher maximal. Der zugehörige minimale Schnitt $(X, \bar{X})$ ist gestrichelt eingezeichnet. Es gilt $w_f = c(X, \bar{X}) = 18$.

10. Folgender Fluss (Abb. 11.20) im Netzwerk aus der vorherigen Aufgabe ist ebenfalls maximal.

11. Nach Satz 9.2.6 werden bei jedem maximalen Fluss die Kapazitäten des minimalen Schnitts voll ausgenutzt, also gilt $f_1(k) = c(k) = f_2(k)$ für alle Kanten k

Abb. 11.19 Ein f-ungesät-
tigter Baum

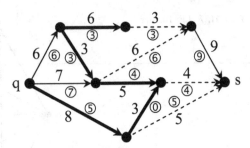

Abb. 11.20 Ein maximaler
Fluss

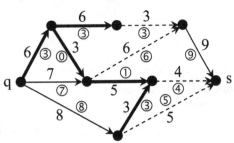

des Schnitts. Wie man am Beispiel des Nullflusses leicht sehen kann, gilt die
Umkehrung nicht.

12. Da sowohl X_1 als auch X_2 die Quelle aber nicht die Senke enthalten, enthalten
    auch der Durchschnitt und die Vereinigungsmenge die Quelle aber nicht die
    Senke. Folglich handelt es sich bei den gegebenen Kantenmengen ebenfalls um
    Schnitte. Ihre Minimalität folgt, da der Durchschnitt bzw. das Komplement der
    Vereinigung höchstens genauso viele ausgehende bzw. eingehende Kanten hat
    wie die Mengen X_1 und X_2.

13. Man kann eine neue „Superquelle" q und eine neue „Supersenke" s hinzufügen,
    die mit den Quellen $q_1, \ldots, q_s$ bzw. mit den Senken $s_1, \ldots, s_t$ über Kanten mit
    unendlich großer Kapazität verbunden werden. Durch diese unendlich großen
    Kapazitäten beeinträchtigen diese zusätzlichen Ecken und Kanten den Fluss
    nicht.

14. Aus einem Pfad in einem ungerichteten Graphen kann man einen gerichte-
    ten Pfad erhalten, indem man alle Kanten des Pfades in der gleichen Richtung
    orientiert. Das heißt, wenn der ungerichtete Pfad die Kanten $\{e_0, e_1\}$, $\{e_1, e_2\}$,
    ... besitzt, so erhält der gerichtete Pfad die Kanten (e_0, e_1), (e_1, e_2), ... Um-
    gekehrt kann man aus einem gerichteten Pfad einem ungerichteten machen,
    indem man auf die Orientierung verzichtet. Das bedeutet, aus jeder gerichteten

Kante (e_i, e_j) wird die ungerichtete $\{e_i, e_j\}$. Da in einem gerichteten Graphen alle Ecken paarweise verschieden sind, enthält auch der ungerichtete Graph keine mehrfach vorkommenden Ecken.

15. Eine Kantenmenge T trennt die Ecken e und e^* eines (ungerichteten) Graphen G, wenn der Teilgraph $G \setminus T$ keinen Weg von e nach e^* enthält. Die Menge T heißt dann auch e und e^* *trennende Kantenmenge*. Eine Menge T von Ecken heißt e und e^* *trennende Eckenmenge*, wenn der Teilgraph $G \setminus T$ keinen Weg von e nach e^* enthält. Ein *Wegesystem* von e nach e^* ist eine Menge von paarweise disjunkten Wegen von e nach e^*. Dabei bedeutet disjunkt, dass die Wege keine Kanten gemeinsam haben. Mit diesen Definitionen kann man den Satz von Menger auch für ungerichtete Graphen G beweisen. Dazu muss man lediglich den assoziierten Graphen von G betrachten und auf diesen den Satz von Menger für gerichtete Graphen anwenden.

16. Die minimale trennende Kantenmenge von $\vec{G}'$ besteht genau aus den gerichteten Kanten $(e^{(1)}, e^{(2)})$, die aus den Ecken e der minimalen trennenden Eckenmenge von $\vec{G}$ entstanden sind.

11.10 Kapitel 10

1. Die Kommutativgesetze $x \wedge y = y \wedge x$ und $x \vee y = y \vee x$ folgen aus Abb. 11.21. Die Assoziativgesetze $x \wedge (y \wedge z) = (x \wedge y) \wedge z$ und $x \vee (y \vee z) = (x \vee y) \vee z$, sowie das zweite Distributivgesetz $x \wedge (y \vee z) = (x \wedge y) \vee (x \wedge z)$ folgen aus Abb. 11.22. Die Gesetze $1 \wedge x = x$, $0 \vee x = x$ und $x \wedge \neg x = 0$, $x \vee \neg x = 1$ folgen aus Abb. 11.23.

2. Der duale Satz lautet

$$(x \wedge (x \vee y)) \vee (y \wedge 1) = ((x \wedge (x \vee y)) \vee y) \wedge ((x \wedge (x \vee y)) \vee 1).$$

3. (a) Beweis mit Hilfe einer Wahrheitstabelle (siehe Abb. 11.24).

x	y	$x \wedge y$	$y \wedge x$	$x \vee y$	$y \vee x$
0	0	0	0	0	0
0	1	0	0	1	1
1	0	0	0	1	1
1	1	1	1	1	1

Abb. 11.21 Kommutativgesetze für $\wedge$ und $\vee$

x	y	z	$x \wedge (y \wedge z)$	$(x \wedge y) \wedge z$	$x \vee (y \vee z)$	$(x \vee y) \vee z$	$x \wedge (y \vee z)$	$(x \wedge y) \vee (x \wedge z)$
0	0	0	0	0	0	0	0	0
0	0	1	0	0	1	1	0	0
0	1	0	0	0	1	1	0	0
0	1	1	0	0	1	1	0	0
1	0	0	0	0	1	1	0	0
1	0	1	0	0	1	1	1	1
1	1	0	0	0	1	1	1	1
1	1	1	1	1	1	1	1	1

Abb. 11.22 Assoziativgesetze und Distributivgesetz

Abb. 11.23 Restliche Gesetze

x	$\neg x$	$x \wedge \neg x$	$x \vee \neg x$	$1 \wedge x$	$0 \vee x$
0	1	0	1	0	0
1	0	0	1	1	1

(b) Setzt man $z = x \vee (x \wedge y)$, so folgt die Äquivalenz der Ausdrücke aus dem Distributivgesetz: $z \wedge (y \vee 0) = (z \wedge y) \vee (z \wedge 0)$.

4. Beweis durch vollständige Induktion nach der Anzahl der Operatoren ($\wedge$, $\vee$, $\neg$):

   Induktionsanfang: Enthält B keinen Operator, so ist B die Nullfunktion, die Identität oder die Einsfunktion. Diese Funktionen erfüllen trivialerweise die Behauptung, denn

$$0^D = 1 = \neg 0, x^D = x = \neg(\neg x), 1^D = 0 = \neg 1.$$

x	y	$x \wedge y$	$x \vee (x \wedge y)$	$(x \vee (x \wedge y)) \wedge (y \vee 0)$	$(x \vee (x \wedge y)) \wedge y$	$((x \vee (x \wedge y)) \wedge y) \vee ((x \vee (x \wedge y)) \wedge 0)$
0	0	0	0	0	0	0
0	1	0	0	0	0	0
1	0	0	1	0	0	0
1	1	1	1	1	1	1

Abb. 11.24 Beweis eines Satzes mit Wahrheitstabelle

Induktionsannahme: Die Behauptung gelte für alle booleschen Ausdrücke mit höchstens m Operatoren ($m \geq 0$).

Induktionsschluss: Zu zeigen ist, dass die Behauptung für alle booleschen Ausdrücke mit $m + 1$ Operatoren gilt. Jeden solchen Ausdruck kann man als

$$B_1(e_1, \ldots, e_n) \wedge B_2(e_1, \ldots, e_n),\, B_1(e_1, \ldots, e_n) \vee B_2(e_1, \ldots, e_n)$$

oder $\neg B_1(e_1, \ldots, e_n)$

schreiben, wobei B_1 und B_2 Ausdrücke mit höchstens m Operatoren sind. Jede dieser drei Formen erfüllt die Behauptung, denn mit der Definition der Dualität, mit der Induktionsannahme und mit den Regeln von De Morgan folgt:

$$(B_1(e_1, \ldots, e_n) \wedge B_2(e_1, \ldots, e_n))^D = B_1^D(e_1, \ldots, e_n) \vee B_2^D(e_1, \ldots, e_n)$$

$$= \neg B_1(\neg e_1, \ldots, \neg e_n) \vee \neg B_2(\neg e_1, \ldots, \neg e_n) = \neg(B_1(\neg e_1, \ldots, \neg e_n)$$

$$\wedge B_2(\neg e_1, \ldots, \neg e_n)),$$

$$(B_1(e_1, \ldots, e_n) \vee B_2(e_1, \ldots, e_n))^D = B_1^D(e_1, \ldots, e_n) \wedge B_2^D(e_1, \ldots, e_n)$$

$$= \neg B_1(\neg e_1, \ldots, \neg e_n) \wedge \neg B_2(\neg e_1, \ldots, \neg e_n) = \neg(B_1(\neg e_1, \ldots, \neg e_n)$$

$$\vee B_2(\neg e_1, \ldots, \neg e_n)),$$

$$(\neg B_1(e_1, \ldots, e_n))^D = \neg B_1^D(e_1, \ldots, e_n) = \neg(\neg B_1(\neg e_1, \ldots, \neg e_n)).$$

Nach vollständiger Induktion folgt, dass die Behauptung für beliebige boolesche Ausdrücke gilt.

5. Das zweite Absorptionsgesetz ergibt sich aus Satz 10.1.1 wie folgt

$$x \vee (x \wedge y) = (x \wedge 1) \vee (x \wedge y) = x \wedge (1 \vee y) = x \wedge 1 = x.$$

Das zweite Idempotenzgesetz folgt aus Satz 10.1.1 durch

$$x \wedge x = (x \wedge x) \vee 0 = (x \wedge x) \vee (x \wedge \neg x) = x \wedge (x \vee \neg x) = x \wedge 1 = x.$$

6. Aus $x \wedge y = 0$ und $x \vee y = 1$ folgt nach Satz 10.1.1 und 10.1.3

$$\neg x = \neg x \vee 0 = \neg x \vee (x \wedge y) = (\neg x \vee x) \wedge (\neg x \vee y) = 1 \wedge (\neg x \vee y)$$

$$= (x \vee y) \wedge (\neg x \vee y) = (x \wedge \neg x) \vee y = 0 \vee y = y.$$

7. Beweis des Involutionsgesetzes $\neg(\neg x) = x$ (siehe Abb. 11.25).
   Die Beweise der Gesetze von de Morgan $\neg(x \wedge y) = \neg x \vee \neg y$ und $\neg(x \vee y) = \neg x \wedge \neg y$ sind in Abb. 11.26 dargestellt.

Abb. 11.25 Beweis des
Involutionsgesetzes

x	$\neg x$	$\neg(\neg x)$
0	1	0
1	0	1

8. Beweis durch vollständige Induktion nach n:
   Induktionsanfang: Die Behauptung gilt trivialerweise für $n = 1$. Für $n = 2$ ergeben sich die Gesetze von de Morgan.
   Induktionsannahme: Die Behauptung gelte für eine natürliche Zahl $n \geq 2$.
   Induktionsschluss: Nach Induktionsannahme gilt die Behauptung dann auch für $n + 1$, denn

$$\neg(x_1 \wedge x_2 \wedge \ldots \wedge x_n \wedge x_{n+1}) = \neg(x_1 \wedge x_2 \wedge \ldots \wedge x_n) \vee \neg x_{n+1}$$

$$= \neg x_1 \vee \neg x_2 \vee \ldots \vee \neg x_n \vee \neg x_{n+1} \quad \text{und}$$

$$\neg(x_1 \vee x_2 \vee \ldots \vee x_n \vee x_{n+1}) = \neg(x_1 \vee x_2 \vee \ldots \vee x_n) \wedge \neg x_{n+1}$$

$$= \neg x_1 \wedge \neg x_2 \wedge \ldots \wedge \neg x_n \wedge \neg x_{n+1}.$$

9. Nach Wien.
10. Andreas und Christian kommen zu Besuch.

x	y	$\neg(x \wedge y)$	$\neg x \vee \neg y$	$\neg(x \vee y)$	$\neg x \wedge \neg y$
0	0	1	1	1	1
0	1	1	1	0	0
1	0	1	1	0	0
1	1	0	0	0	0

Abb. 11.26 Beweise der Gesetze von de Morgan

Abb. 11.27 Ein KV-Dia-
gramm

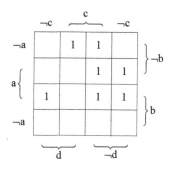

11. Möglichst einfache Ausdrücke für die zweistelligen booleschen Funktionen aus
Abb. 10.3 sind:

$f_1(x, y) = 0$	$f_9(x, y) = \neg(x \vee y)$
$f_2(x, y) = x \wedge y$	$f_{10}(x, y) = (x \wedge y) \vee \neg(x \vee y)$
$f_3(x, y) = x \wedge \neg y$	$f_{11}(x, y) = \neg y$
$f_4(x, y) = x$	$f_{12}(x, y) = x \vee \neg y$
$f_5(x, y) = \neg x \wedge y$	$f_{13}(x, y) = \neg x$
$f_6(x, y) = y,$	$f_{14}(x, y) = \neg x \vee y$
$f_7(x, y) = (x \vee y) \wedge \neg(x \wedge y)$	$f_{15}(x, y) = \neg(x \wedge y)$
$f_8(x, y) = x \vee y$	$f_{16}(x, y) = 1$

12. $(x \vee y \vee z) \wedge (x \vee y \vee \neg z) \wedge (\neg x \vee y \vee z) \wedge (\neg x \vee y \vee \neg z) \wedge (\neg x \vee \neg y \vee z).$

13. $(\neg x \wedge \neg y \wedge \neg z) \vee (\neg x \wedge y \wedge z) \vee (x \wedge \neg y \wedge \neg z) \vee (x \wedge \neg y \wedge z) \vee (x \wedge y \wedge z).$

14. Das KV-Diagramm des Ausdrucks ist in Abb. 11.27 dargestellt.
Zusammenfassen benachbarter Einser zu drei Blöcken ergibt die vereinfachte
Form $(\neg a \wedge \neg b \wedge c) \vee (a \wedge \neg d) \vee (a \wedge b \wedge \neg c)$.

15. Bei fünf Variablen können 32 Vollkonjunktionen auftreten. Diese 32 Plätze
kann man in einem Quader anordnen, der aus zwei übereinander liegenden
4×4 großen Ebenen zusammengesetzt ist. Jede Ebene besteht aus einem KV-
Diagramm für vier Variablen (siehe Abb. 10.6). Die untere Ebene gehört zur
fünften Variable, die obere zu deren Negation. Bei der Vereinfachung von Ausdrücken sollen auch solche Vollkonjunktionen als benachbart gelten, die im
Quader übereinander liegen.

16. Sei f eine dreistellige boolesche Funktion mit der Eigenschaft, dass der Funktionswert negiert wird, wenn genau eine Eingangsvariable negiert wird. Es ist
klar, dass es genau zwei derartige Funktionen gibt, da man $f(0, 0, 0) \in \{0, 1\}$

Abb. 11.28 Eine Wahr-
heitstafel

x	y	z	f(x, y, z)
0	0	0	0
0	0	1	1
0	1	0	1
0	1	1	0
1	0	0	1
1	0	1	0
1	1	0	0
1	1	1	1

wählen kann. Für die Wahl $f(0, 0, 0) = 0$ kann man die Wahrheitstafel wie in Abb. 11.28 zu sehen sukzessive aufbauen:

Aus der Tabelle können wir die disjunktive Normalform ablesen:

$$f(x, y, z) = (\neg x \wedge \neg y \wedge z) \vee (\neg x \wedge y \wedge \neg z) \vee (x \wedge \neg y \wedge \neg z) \vee (x \wedge y \wedge z).$$

Anhand der Tabelle können wir uns davon überzeugen, dass $f(x, y, z) = x \oplus y \oplus z$ gilt, wobei das Zeichen $\oplus$ die XOR-Verknüpfung bezeichnen soll. Die zweite mögliche Funktion ist $g(x, y, z) = \neg f(x, y, z)$.

17. Die Schaltungen folgen unmittelbar aus den definierenden booleschen Ausdrücken (siehe Funktionen f_7, f_{10} bzw. f_{14} in Abschn. 10.2).

18. Eine Realisierung der 2-aus-3-Schaltung nur mit NAND-Bausteinen ist in Abb. 11.29 zu sehen.

Abb. 11.29 2-aus3-Schaltung

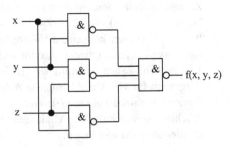

Abb. 11.30 Wertetabelle
für eine Schaltung

x	y	z	f(x, y, z)
0	0	0	1
0	0	1	0
0	1	0	0
0	1	1	1
1	0	0	0
1	0	1	1
1	1	0	1
1	1	1	0

19. Für die Summe s und den Übertrag $\ddot{u}$ des Halbaddierers kann man folgendes schreiben, woraus sich die Schaltung in NOR-Technik direkt ergibt:

$$\ddot{u} = \mathrm{NOR}(\mathrm{NOR}(x, 0), \mathrm{NOR}(y, 0)),$$

$$s = \mathrm{NOR}(\mathrm{NOR}(\mathrm{NOR}(\mathrm{NOR}(\mathrm{NOR}(x, 0), 0), \mathrm{NOR}(y, 0)),$$

$$\mathrm{NOR}(\mathrm{NOR}(x, 0), \mathrm{NOR}(\mathrm{NOR}(y, 0), 0))), 0).$$

20. (a) Wir bezeichnen die Schalter mit x, y und z (1 = geschlossen, 0 = offen) und die Lampe mit $f(x, y, z)$ (1 = leuchtet, 0 = leuchtet nicht). Es ergibt sich die Wertetabelle aus Abb. 11.30.

(b) Aus der Tabelle können wir die disjunktive Normalform ablesen:

$$f(x, y, z) = (\neg x \wedge \neg y \wedge \neg z) \vee (\neg x \wedge y \wedge z)$$
$$\vee (x \wedge \neg y \wedge z) \vee (x \wedge y \wedge \neg z).$$

Abb. 11.31 Eine Schaltung

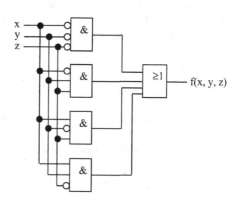

w	x	y	z	f(w, x, y, z)
0	0	0	0	0
0	0	0	1	0
0	0	1	0	0
0	0	1	1	0
0	1	0	0	0
0	1	0	1	0
0	1	1	0	0
0	1	1	1	1

w	x	y	z	f(w, x, y, z)
1	0	0	0	0
1	0	0	1	0
1	0	1	0	0
1	0	1	1	1
1	1	0	0	0
1	1	0	1	1
1	1	1	0	1
1	1	1	1	1

Abb. 11.32 Wertetabelle

Abb. 11.33 Ein KV-Diagramm

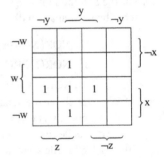

Dieser Term lässt sich mit dem KV-Verfahren nicht mehr vereinfachen, da sich keine Einser zu Blöcken zusammenfassen lassen.

(c) Die zugehörige Gatterschaltung ist in Abb. 11.31 dargestellt.

21. Zunächst stellen wir die Wertetabelle der gesuchten Funktion f auf (Abb. 11.32). Aus der Tabelle können wir die disjunktive Normalform ableiten:

$$f(x, y, z) = (\neg w \wedge x \wedge y \wedge z) \vee (w \wedge \neg x \wedge y \wedge z) \vee (w \wedge x \wedge \neg y \wedge z)$$
$$\vee (w \wedge x \wedge y \wedge \neg z) \vee (w \wedge x \wedge y \wedge z).$$

Zur Vereinfachung tragen wir diese Funktion in ein KV-Diagramm ein (Abb. 11.33).

Es können vier Zweierblöcke gebildet werden, die Vereinfachung lautet daher

$$f(w, x, y, z) = (w \wedge x \wedge z) \vee (w \wedge y \wedge z) \vee (w \wedge x \wedge y) \vee (x \wedge y \wedge z).$$

Abb. 11.34 Eine Schaltung

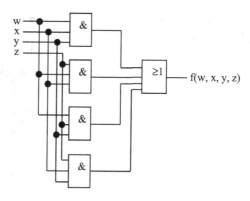

Abb. 11.35 Wertetabelle
für eine Vergleichsschaltung

x	y	a(x, y)	b(x, y)	c(x, y)
0	0	1	0	0
0	1	0	1	0
1	0	0	0	1
1	1	1	0	0

Abb. 11.36 Wertetabelle
eines Volladdierers

x	y	z	ü	s
0	0	0	0	0
0	0	1	0	1
0	1	0	0	1
0	1	1	1	0
1	0	0	0	1
1	0	1	1	0
1	1	0	1	0
1	1	1	1	1

Die zugehörige Gatterschaltung ist in Abb. 11.34 dargestellt.

22. Bei $x = y$ ist $a = 1$, bei $x < y$ zeigt $b = 1$ und bei $x > y$ ist $c = 1$ (siehe Abb. 11.35).
Die Schaltung ergibt sich direkt aus den aus der Tabelle folgenden booleschen
Ausdrücken $a(x, y) = (\neg a \wedge \neg b) \vee (a \wedge b)$, $b(x, y) = a \wedge \neg b$, $c(x, y) = \neg a \wedge b$.

23. Wie beim Halbaddierer bezeichnen wir die beiden Ausgänge mit s (für Summe)
und $ü$ (für Übertrag). Die Wertetabelle hat die in Abb. 11.36 gezeigte Gestalt.

Abb. 11.37 Ein Volladdierer

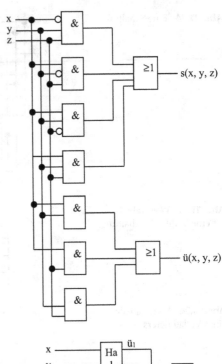

Abb. 11.38 Volladdierer
aus Halbaddierern

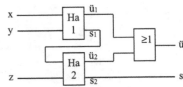

Für beide Ausgänge lesen wir die disjunktive Normalform aus der Tabelle ab:

$$\ddot{u} = (\neg x \wedge y \wedge z) \vee (x \wedge \neg y \wedge z) \vee (x \wedge y \wedge \neg z) \vee (x \wedge y \wedge z),$$

$$s = (\neg x \wedge \neg y \wedge z) \vee (\neg x \wedge y \wedge \neg z) \vee (x \wedge \neg y \wedge \neg z) \vee (x \wedge y \wedge z).$$

Der Ausdruck für s lässt sich nicht weiter vereinfachen. Für $\ddot{u}$ erhält man mit Hilfe eines KV-Diagramms den vereinfachten Ausdruck $\ddot{u} = (x \wedge y) \vee (y \wedge z) \vee (x \wedge z)$. Es ergibt sich die Schaltung in Abb. 11.37.

24. Mit den Halbaddierern Ha 1 und Ha 2 ergibt sich die Volladdiererschaltung wie in Abb. 11.38 zu sehen.

Abb. 11.39 Ein Addierwerk für 4-stellige Binärzahlen

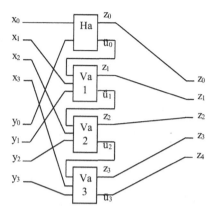

25. Die beiden vierstelligen Binärzahlen seien $x_3x_2x_1x_0$ und $y_3y_2y_1y_0$. Das in Abb. 11.39 dargestellte Paralleladdierwerk liefert die Summe dieser Zahlen als fünfstellige Binärzahl $z_4z_3z_2z_1z_0$.

Sachverzeichnis

A. Beutelspacher und M.-A. Zschiegner, *Diskrete Mathematik für Einsteiger*,
DOI 10.1007/978-3-658-05781-7, © Springer Fachmedien Wiesbaden 2014